全国高等院校测绘专业规划教材

误差理论与测量平差

主　编　夏春林
副主编　钱建国　张恒璟

清华大学出版社
北　京

内 容 简 介

本书是编者汲取多部同类教材的优点并结合长期的教学实践经验编写而成的。全书以适应高校测绘类专业课程改革为目标，以经典测量平差为基本任务，同时又兼顾了近代平差的基础性内容，具有自身的独特风格，能够满足大多数高校测量平差课程的教学要求。

本书在编写过程中，注重了教学内容与测绘行业发展现状的衔接，弃旧纳新。编写风格上注意化难为易，既降低理论难度，又不缺失教学内容，并配有大量经典例题、课后习题及参考答案，以提升学生学习本课程的效率与效果。

本书适合作为普通高校本专科、成人教育和培训班的测量平差课程教材，也可供测绘类工程技术人员自学和参考。

图书在版编目(CIP)数据

误差理论与测量平差/夏春林主编. --北京：清华大学出版社，2015（2023.1 重印）
(全国高等院校测绘专业规划教材)
ISBN 978-7-302-38074-0

Ⅰ. ①误… Ⅱ. ①夏… Ⅲ. ①测量误差—高等学校—教材 ②测量平差—高等学校—教材 Ⅳ. ①P207

中国版本图书馆 CIP 数据核字(2014)第 221111 号

责任编辑：张丽娜
装帧设计：杨玉兰
责任校对：周剑云
责任印制：朱雨萌

出版发行：清华大学出版社
网　址：http://www.tup.com.cn, http://www.wqbook.com
地　址：北京清华大学学研大厦 A 座　　邮　编：100084
社 总 机：010-83470000　　邮　购：010-62786544
投稿与读者服务：010-62776969, c-service@tup.tsinghua.edu.cn
质量反馈：010-62772015, zhiliang@tup.tsinghua.edu.cn
课件下载：http://www.tup.com.cn, 010-62791865
印 装 者：三河市龙大印装有限公司
经　销：全国新华书店
开　本：185mm×260mm　　印　张：13.5　　字　数：323 千字
版　次：2015 年 1 月第 1 版　　印　次：2023 年 1 月第 8 次印刷
定　价：38.00 元

产品编号：058145-02

前　言

“测量平差”既是测绘学科重要的专业基础课，同时又是一门应用科学，是多个应用领域数据处理的基础。随着测量装备、测量方法的日新月异，三角网、测边网等一些传统控制测量方法已逐渐成为历史，GPS 网平差、近代平差等成为测量平差的重要内容。为了适应测绘行业的发展趋势与高校测绘类专业课程改革的需求，结合多年的教学与实践经验，我们编写了本书。

全书共分为 7 章。第 1 章为基础部分，包括观测误差、精度指标、广义传播律、系统误差传播和最小二乘原理等内容；第 2～4 章为核心部分，包括条件平差、间接平差及其综合模型等内容；第 5、6 章分别介绍了误差椭圆和统计假设检验在测量中的应用；第 7 章简要介绍了近代平差的基础内容，为后续学习打下基础。

本书在结构上强调系统性和基础性，加强测量平差基础的系统概念，力争在有限的学时内涵盖测量平差的经典原理与方法；选编内容上强调时代性与实用性，删去了与当前科学技术发展不相称的陈旧内容，保留了导线网等沿用方法的平差内容，适当补充了近代平差方法的基础知识；在学习与训练上注重计算机应用能力培养，把平差模型改造成容易编程实现的表达式，删除了手工计算的过程性表格；为配合教师教学与学生练习，各章都附有习题及参考答案；全书在表述方法上循序渐进，深入浅出，力求化难为易，适合学生自学与复习。

本书由 3 个院校联合编写。辽宁工程技术大学夏春林教授编写第 1 章的 1.1 节、1.7 节、1.8 节以及第 5 章，大连理工大学城市学院文晔老师编写第 1 章的 1.2～1.6 节，辽宁工程技术大学钱建国副教授编写第 1 章的 1.9 节、第 6 章和第 7 章，辽宁工程技术大学张恒璟讲师编写第 2 章和第 3 章，吉林建筑大学李伟东副教授编写第 4 章。全书由夏春林任主编，钱建国、张恒璟任副主编。

本书在编写过程中参阅了大量文献资料，引用了同类书刊的部分内容与算例，在此谨向有关作者表示衷心感谢！

由于作者水平有限，书中错误在所难免，恳请使用本书的广大师生与读者提出宝贵意见，以便再版时修正。

编　者

目　录

第 1 章　误差与误差理论

【学习要点及目标】

- 了解误差来源、观测误差的分类及测量平差的任务；
- 熟悉偶然误差的统计性质；
- 熟悉衡量精度的指标；
- 熟悉协方差传播律及其应用；
- 熟悉权与定权的常用方法；
- 熟悉协因数与协因数传播律及其应用；
- 熟悉由真误差计算中误差及实际应用；
- 熟悉系统误差的传播及系统误差与偶然误差的联合传播；
- 熟悉参数估计与最小二乘估计的计算方法。

在测量工作中，观测的未知量一般是角度、距离和高差等。任何未知量，客观上总存在一个能反映其真正大小的数值，称为真值，而用仪器观测未知量获得的数值称为观测值。通常观测值不会等于真值，因为观测中不可避免地存在误差。例如，对某未知量重复观测两次以上，会发现观测值之间互有差异；观测一个平面三角形的 3 个内角，其和总是不等于理论值 180°。这都说明观测误差普遍存在。测量平差就是以包含误差的观测数据为研究对象，利用所含误差的自身规律，采取一定的数学手段消除或减弱其影响，从而得到未知量的最优估值(也称为最或然值)。本章从观测误差的统计规律入手，引出测量中常用的“精度”概念，推演出观测误差传播的基本定律——广义传播律，介绍其在测量中的典型应用实例，同时给出权的定义以及常用的定权方法。

1.1　观测误差与测量平差的任务

1.1.1　误差来源

既然观测误差不可避免，那么是什么原因使观测误差不可避免呢？产生观测误差的原因很多，其来源可以概括为以下 3 个方面。

1. 测量仪器

测量工作总是要借助测量仪器。由于每种仪器都具有某一限定的精密程度，不可能绝对准确，从而使观测值的精度受到一定的限制。例如，丈量长度的各种尺子，其刻划的格值都含有误差，所标注的长度并不是真长，因此用这些尺子量得的长度就不会是真长。又如，水准仪的视准轴不平行于水准轴时，在水准尺上的读数就会产生误差，而且这个误差将随着水准仪与水准尺间距离的增大而增大。同样，经纬仪、全站仪、GPS 接收机、遥感传感器等仪器本身的缺陷，也会使测量结果产生误差。

2. 观测者

由于人的感知鉴别能力有一定的局限性，所以在仪器安置、照准、读数等方面都会产生误差。同时，观测者的工作态度和技术水平，也将直接影响观测成果质量。

3. 外界条件

观测时所处的外界条件，如温度、湿度、风力、大气折光等因素都会对观测结果产生直接影响。同时，随着以上条件的变化，它们对观测结果的影响也随之改变。因而，在这样的客观环境下进行观测，就必然使观测的结果产生误差。

上述测量仪器、观测者、外界条件 3 个方面的因素是引起误差的主要来源。这 3 方面的因素综合起来称为观测条件。不难想象，观测条件的好坏与观测质量有着密切的关系：观测条件较好，则观测成果的误差小，即质量高，反之质量低；观测条件相同，则观测成果的质量也相同。也就是说，观测条件的优劣决定了观测成果质量的高低，而观测质量也客观反映了观测条件的好坏。因此，测量工作者要尽可能地克服不利因素，创造有利条件，确保观测成果质量达到所要求的标准。

1.1.2 观测误差的分类

根据观测误差对观测结果的影响性质，可将观测误差分为系统误差、偶然误差和粗差 3 类。

1. 系统误差

在相同的观测条件下作一系列观测，如果误差在大小、符号上表现出系统性，或按一定的规律变化，或为某一常数，那么这种误差就称为系统误差。

例如，使用具有一定尺长误差的钢尺量距时，由尺长误差所引起的距离误差会与所测距离成正比，因此距离越长，所积累的误差也越大；经纬仪因校正或安置的不完善而导致的轴系误差会使所测角误差产生规律性变化等，这些都是由于仪器误差而产生的系统误差。又如，用钢尺量距时的温度与钢尺检定时的温度不一致，而使所测的距离产生规律性误差；测角时因大气折光的影响而产生的角度误差等，都是由于外界条件所引起的系统误差。此外，有的观测者在照准目标时，总是习惯地把望远镜十字丝对准目标中央的某一侧，这是由观测者引起的系统误差。

系统误差一般具有累积的效应，对成果质量的影响也特别显著。在实际工作中，应该采用各种方法来消除或者减弱其对观测成果的影响，达到可以忽略不计的程度。一种方法是利用科学的操作程序予以消除。例如，在进行水准测量时，使前后视距相等，以消除视准轴与水准轴不平行所引起的观测高差的系统误差。另一种方法是利用公式进行改正。如对量距用的钢尺预先进行检定，得到尺长误差的大小，然后对所量的距离进行尺长改正，以消除由尺长误差引起的系统误差。

2. 偶然误差

在相同的观测条件下作一系列观测，如果误差在大小和符号上都表现出偶然性，即从单个误差看，该列误差的大小和符号没有规律性，但就大量误差的总体而言，服从一定的统计规律，那么这种误差就称为偶然误差。

例如，用经纬仪测角时，观测值的误差是由仪器误差、照准误差、读数误差、外界条件变化所引起的误差等综合影响的结果。而其中每一项误差又是由许多偶然因素所引起的小误差的代数和。例如，照准误差可能是由于脚架或觇标的晃动、风力风向的变化等偶然因素所产生的小误差的代数和，而每项小误差又随着偶然因素的变化而不断变化，其数值忽大忽小，其符号或正或负。这样，由它们所构成的测角误差的总和，无论大小还是符号都是随机性的。因此，把这种性质的误差称为偶然误差或随机误差。可见，偶然误差是无法使用消除系统误差的方法来消除的。

顺便说明，根据概率统计理论，一组偶然误差作为随机变量，具有一定的统计规律，就其总体而言是服从或近似服从正态分布的。

3. 粗差

粗差是一种大数量级的误差，严格来说是一种错误。含有粗差的观测值不能采用，一旦发现，该观测值必须舍弃或重测。

粗差产生的原因较多，主要是作业人员疏忽大意或失职而造成的，如大数被读错、读数被记错、照准了错误的目标等。

在观测中必须避免出现粗差。行之有效地发现和防范粗差的方法有：①进行必要的重复观测，即多余观测；②采用必要而又严格的检核、验算方式；③遵守国家测绘管理机构制定的各类测量规范和细则，一般也能起到防范粗差的作用。

1.1.3　测量平差的任务

系统误差和偶然误差在观测过程中总是同时产生的。当观测值中有显著的系统误差时，偶然误差就居于次要或可以忽略的地位，观测误差总体上就呈现出系统的性质；反之，则呈现出偶然的性质。当观测列中已经消除了系统误差，或其残余与偶然误差相比已处于次要地位，则该观测列中主要是存在着偶然误差，这样的观测结果与偶然误差便都是一些随机变量。如何处理这些随机变量，是测量平差所要研究的基础内容，一般认为属于“经典测量平差”的范畴。因此，参与经典平差的观测值必须是事先消除了系统误差、只带有偶然误差的观测值。

为了得到一个量的大小，仅测量一次就够了，也就不需要进行平差处理。但这样做是很危险的，因为不知道误差有多大，甚至有无粗差也未可知。因此在实际工作中，为了及时发现粗差，同时也为提高成果质量，通常要使观测值的个数多于未知量的个数，也就是要进行多余观测。如对一条导线边，总是要丈量两次或多次后取平均值作为最后长度。此时偶然误差的影响得到削弱，既防止了粗差又提高了精度。对某未知量的多个观测值取平均值就是一种最简单的平差方法。再如一个平面三角形，尽管观测其中两个内角即可决定它的形状，但通常要求观测 3 个内角，其和一般不等于理论值 180°，产生不符值，从而暴露误差的大小。总之，通过多余观测，必然会发现观测结果之间的不一致或不符合应有关系而产生的不符值。

然后，对这些带有偶然误差的观测值进行处理，消除不符值，得到观测量的最可靠结果，这就是测量平差的一项基本任务。测量平差的另一项任务就是评定观测值及其函数值的最可靠结果的精度，也就是考核测量成果的质量。人们把以上数据处理的整个过程叫作“测量平差”。概括来讲，测量平差有两大任务：一是通过数据处理求未知量的最优估值；二是评定最优估值的精度。

如果观测值中除偶然误差外，还包含系统误差甚至粗差，这时的数据处理相对来说较为复杂，一般认为属于“近代测量平差”的范畴。在设法消除系统误差、粗差影响的条件下，其基本任务仍是求未知量的最优估值和评定其精度。

1.2　偶然误差的统计性质

由于测量平差的基本任务是处理一系列带有偶然误差的观测值，求出未知量的最可靠值，并评定测量成果的精度。因此，解决平差任务的关键问题在于深入研究偶然误差的理论，摸索出偶然误差对观测值的影响趋势及程度(规律)。通过单个偶然误差的大小和符号无法找出相应的规律，呈现偶然性，但就大量的偶然误差来看却是具有一定的统计规律，因此偶然误差被定义为一种随机变量，不难得出，带有偶然误差的观测值也同属于随机变量的范畴，那么有关随机变量的统计学原理也就同样适用于带有偶然误差的观测量的相关研究。

任何一个观测量，客观上总是存在一个能代表其真正大小的数值，这一数值称为该观测值的真值。从概率论与数理统计的观点看，当观测量仅含偶然误差时，其数学期望就是它的真值。

设进行了 n 次观测，得观测值 $L_1,L_2,\cdots,L_n$。假定观测量的真值为 $\tilde{L}_1,\tilde{L}_2,\cdots,\tilde{L}_n$，因为各个观测值中都不可避免地带有一定误差，因此导致了观测值 L_i 与其真值 $\tilde{L}_i$ 或 $E\left(L_i\right)$ 不等，必然存在差值，即

$$\Delta_i = \tilde{L}_i - L_i \tag{1-1}$$

式中，Δ_i 为真误差，简称误差。若记

$$\underset{n\times1}{\boldsymbol{L}} = \begin{bmatrix} L_1 \\ L_2 \\ \vdots \\ L_n \end{bmatrix} \quad \underset{n\times1}{\tilde{\boldsymbol{L}}} = \begin{bmatrix} \tilde{L}_1 \\ \tilde{L}_2 \\ \vdots \\ \tilde{L}_n \end{bmatrix} \quad \underset{n\times1}{\boldsymbol{\Delta}} = \begin{bmatrix} \Delta_1 \\ \Delta_2 \\ \vdots \\ \Delta_n \end{bmatrix}$$

则矩阵形式有

$$\boldsymbol{\Delta} = \tilde{\boldsymbol{L}} - \boldsymbol{L} \tag{1-2}$$

如果以观测量的数学期望

$$E(\boldsymbol{L}) = [E(\boldsymbol{L}_1) \quad E(\boldsymbol{L}_2) \quad \cdots \quad E(\boldsymbol{L}_n)]^{\mathrm{T}}$$

表示其真值，则

$$\left.\begin{aligned} E(\boldsymbol{L}) &= \tilde{\boldsymbol{L}} \\ \boldsymbol{\Delta} &= E(\boldsymbol{L}) - \boldsymbol{L} \end{aligned}\right\} \tag{1-3}$$

在这里，观测值中不含系统误差，Δ 仅仅是指偶然误差。

偶然误差 Δ 的统计规律究竟如何呢？在大部分情况下，这种统计规律可以用正态分布进行描述。而且无数的测量实践也表明，在相同的观测条件下，大量偶然误差的分布确实表现出一定的统计规律性。

这种统计规律性可以从一些实例中分析得出。

某测区，在相同的观测条件下，独立地观测了 358 个三角形的全部内角，求得 358 个三角形的闭合差。由于观测值不可避免地存在误差，每个三角形内角观测值之和 $(\alpha_i+\beta_i+\gamma_i)$ $(i=1,2,\cdots,358)$ 一般与其真值 180° 不等，差值为

$$\Delta_i=180^\circ-(\alpha_i+\beta_i+\gamma_i)\quad i=1,2,\cdots,358$$

式中，Δ_i 为三角形内角和闭合差，也就是三角形内角和的真误差。

为了清晰观察偶然误差的分布情况，现将误差出现的范围按 $\mathrm{d}\Delta=0.20''$ 的间隔，分为若干个相等的小区间，将这一组误差按其正负号与绝对值的大小，分别统计其出现在某区间内的个数 v_i，以及误差出现在某区间内的频率 v_i/n (此处 n=358)，列于表 1-1 中。

表 1-1　某测区 358 个真误差分布情况

误差区间 /(″)	Δ 为负值			Δ 为正值			备　注
	个数 v_i	频率 v_i/n	$\frac{v_i/n}{\mathrm{d}\Delta}$	个数 v_i	频率 v_i/n	$\frac{v_i/n}{\mathrm{d}\Delta}$	
0.00～0.20	45	0.126	0.630	46	0.128	0.640	
0.20～0.40	40	0.112	0.560	41	0.115	0.575	
0.40～0.60	33	0.092	0.460	33	0.092	0.460	
0.60～0.80	23	0.064	0.320	21	0.059	0.295	$\mathrm{d}\Delta=0.20''$；等于区间左端值的误差算入该区间内
0.80～1.00	17	0.047	0.235	16	0.045	0.225	
1.00～1.20	13	0.036	0.180	13	0.036	0.180	
1.20～1.40	6	0.017	0.085	5	0.014	0.070	
1.40～1.60	4	0.011	0.055	2	0.006	0.030	
1.60 以上	0	0	0	0	0	0	
$\sum$	181	0.505		177	0.495		

从表 1-1 中可以明显看出，该组误差的分布有以下规律。

(1) 绝对值较小的误差比绝对值较大的误差出现的个数多。

(2) 绝对值相等的正、负误差出现的个数相近。

(3) 误差的绝对值超过 1.60″ 的个数为 0，也就是说，其不会超过一定的限值。

可以想象，在相同的观测条件下，若得到更多的三角形内角观测值，如果数量足够多，各区间内误差个数会相应增加，但各区间内误差的频率会相对稳定，停留在某一常数即理论频率附近。而且个数越多，频率越稳定，变动的幅度也越小。就如同大家都熟知的“抛硬币”游戏，当抛的次数较少时，正、反面出现的频率并非都是 0.5，随着游戏次数的无限增多，正、反面出现的频率就逐步稳定于 0.5 附近。所以当 $n\to\infty$ 时，各个频率就趋近于一个确定的数值，代表的就是误差出现在该区间内的概率。这就说明，在相同观测条件下得到的观测值或误差，对应着一种确定的误差分布。

为了便于对误差分布进行分析和比较，列出另一测区 421 个等精度独立观测三角形内角和的真误差，按上述方法作了统计，列于表 1-2 中。

表 1-2　另一测区 421 个真误差分布情况

误差区间 l(″)	Δ为负值			Δ为正值			备　注
	个数 v_i	频率 v_i/n	$\frac{v_i/n}{d\Delta}$	个数 v_i	频率 v_i/n	$\frac{v_i/n}{d\Delta}$	
0.00～0.20	40	0.095	0.475	37	0.088	0.440	$d\Delta$=0.20″；等于区间左端值的误差算入该区间内
0.20～0.40	34	0.081	0.450	36	0.085	0.425	
0.40～0.60	31	0.074	0.370	29	0.069	0.345	
0.60～0.80	25	0.059	0.295	27	0.064	0.320	
0.80～1.00	20	0.048	0.240	18	0.043	0.215	
1.00～1.20	16	0.038	0.190	17	0.040	0.200	
1.20～1.40	14	0.033	0.165	13	0.031	0.155	
1.40～1.60	9	0.021	0.105	10	0.024	0.120	
1.60～1.80	7	0.017	0.085	8	0.019	0.095	
1.80～2.00	5	0.012	0.060	7	0.017	0.085	
2.00～2.20	6	0.014	0.070	4	0.009	0.045	
2.20～2.40	2	0.005	0.025	3	0.007	0.035	
2.40～2.60	1	0.002	0.010	2	0.005	0.025	
2.60 以上	0	0	0	0	0	0	
$\sum$	210	0.499		211	0.501		

表 1-2 中所列的数值，尽管其观测条件不同于表 1-1，但同样可以看出，二者具有十分相似的分布特点。因而，表 1-2 中的误差分布情况与表 1-1 中的误差分布情况具有本质上的相同。

描述偶然误差的分布情况，除了采用如表 1-1、表 1-2 所列的误差分布表的形式外，还能够采用其他方式进行形象的表达。譬如利用数理统计里的直方图来表达，以真误差出现的区间作为横坐标，间隔 $d\Delta=0.2''$，以各区间内误差出现的频率与区间间隔的比值作为纵坐标，即 $f(\Delta)=\frac{v_i/n}{d\Delta}$，分别根据表 1-1 和表 1-2 中的数据绘制出直方图，即图 1-1 和图 1-2。

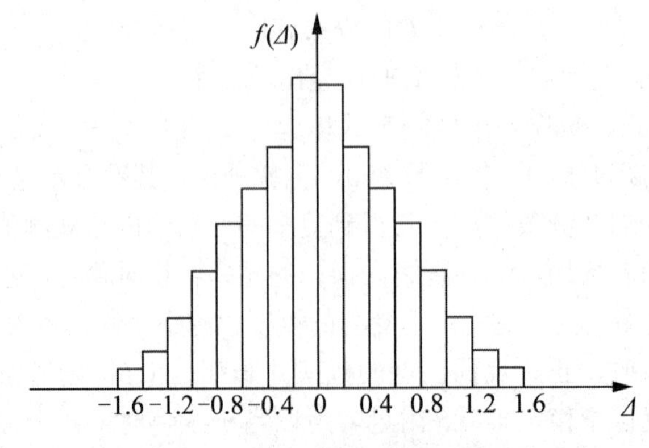

图 1-1　表 1-1 的误差分布直方图

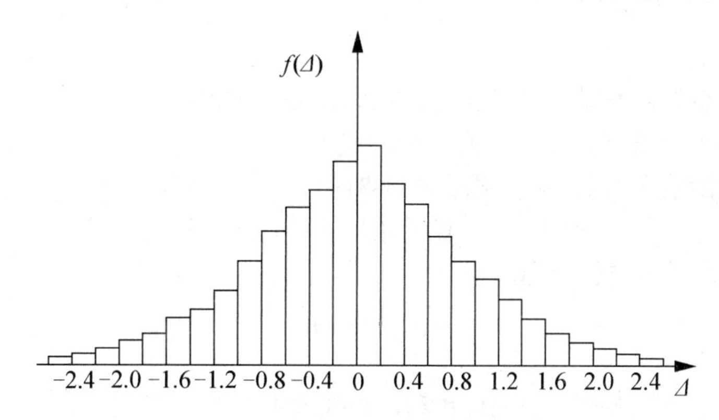

图 1-2　表 1-2 的误差分布直方图

直方图中每个长方条的面积为 $f(\Delta)\mathrm{d}\Delta=\dfrac{v_i}{n}$，即每一误差区间上的长方条面积就代表误差出现在该区间内的频率。那么直方图可以表达出什么样的信息呢？

(1) 较小误差的长方形较高，面积较大，即出现的频率较大；反之，较大误差的长方形较矮，面积较小，即出现的频率较小。

(2) 同时所有长方形基本上对称于纵轴，说明绝对值相等的正、负误差出现的个数接近。

(3) 大于一定数值的误差区间的长方形不存在，即出现的频率为 0。

因此，直方图非常直观地描述了如前所述的偶然误差分布特性。之前已经提及，在 $n\to\infty$ 的情况下，误差出现的频率都已趋于完全稳定。若将误差区间的间隔无限缩小，不难想象出来，图 1-1 及图 1-2 就会成为两条光滑的曲线，如图 1-3 所示，此类曲线称为误差的概率分布曲线或误差分布曲线，曲线所对应的函数则被称为概率密度函数。

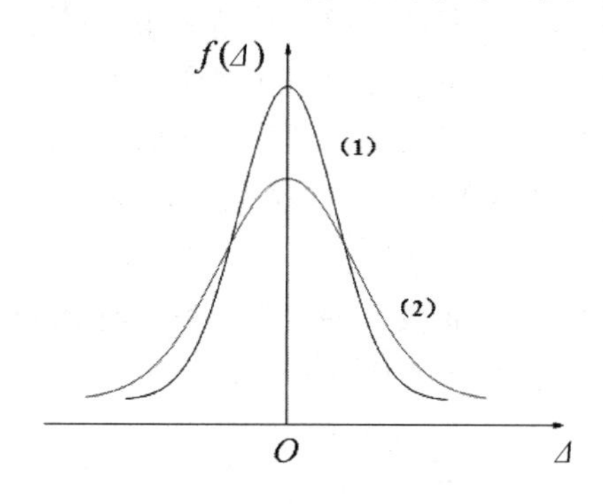

图 1-3　误差分布曲线

由于图 1-1、图 1-2 描述的是偶然误差的频率分布，通常称为经验分布。随着 n 的逐渐增大，经验分布的极限称为理论分布，而偶然误差的频率分布最终都是以正态分布为极限的，因此正态分布称为其理论分布。根据概率论的中心极限定理，大多数测量误差都服从正态分布，这就为偶然误差的理论研究提供了可操作的数学模型，不仅可以带来研究上的便利，同时也比较符合实际情况。

根据正态分布的特点，可以进一步采用概率术语进行归纳，将偶然误差的几个特性做以下几点概括。

(1) 在一定的观测条件下，误差的绝对值有一定的限值，或者说，超出一定限值的误差，

其出现的概率为零。

(2) 绝对值较小的误差比绝对值较大的误差出现的概率大。

(3) 绝对值相等的正、负误差出现的概率相同。

(4) 偶然误差的数学期望为零。根据式(1-3)有

$$E(\boldsymbol{\Delta})=E(E(\boldsymbol{L})-\boldsymbol{L})=E(\boldsymbol{L})-E(\boldsymbol{L})=0 \tag{1-4}$$

由于数学期望的含义就是概率均值，即

$$\lim_{n\to\infty}\frac{[\Delta]}{n}=0$$

在本书中，采用[]表示一系列数值的代数和，与代数中的$\sum\limits_{i=1}^{n}$符号同义。

对于观测而言，不论其观测条件如何，也不论是对同一个量或是对不同的量进行观测，只要是在相同的观测条件下进行的，则所产生的一组偶然误差必然都具有上述4个特性。

在直方图的描述过程中，长方条的面积即为误差出现在该区间内的频率。若将这个问题提升至理论层次进行阐述，以理论分布(图1-3)取代经验分布，则纵坐标值就是Δ的概率密度函数$f(\Delta)$，而长方条的面积为误差出现在该区间内的概率$P(\Delta)$，即

$$P(\Delta)=f(\Delta)\mathrm{d}\Delta \tag{1-5}$$

根据数理统计知识，服从正态分布的随机变量$\boldsymbol{X}$的概率密度函数为

$$f(x)=\frac{1}{\sqrt{2\pi}\sigma}\mathrm{e}^{-\frac{(x-\mu)^2}{2\sigma^2}} \qquad -\infty<x<+\infty \tag{1-6}$$

式中，μ为$\boldsymbol{X}$的数学期望；σ为$\boldsymbol{X}$的标准差，在测量工作中则称为中误差。当x服从参数为(μ,σ^2)的正态分布(也称高斯分布)时，记为$x\sim N(\mu,\sigma^2)$。

正态分布中的μ、σ两个参数有着决定曲线位置和形状的至关重要的作用。若σ固定不变，μ变化，则曲线形状不变，在x轴上进行左右平移，即参数μ决定了曲线的中心位置，称为位置参数；若μ固定不变，σ变化，则σ越小，函数$f(x)$的最大值则越大，即曲线越发陡峭，意味着x落在μ附近的概率增大，因此参数σ是反映随机变量$\boldsymbol{X}$取值的分散程度的参数。

顾及式(1-4)，对于误差概率分布曲线，曲线是以横坐标为O处的纵轴为对称轴，可以得出位置参数$\mu=0$，就可以写出随机变量Δ的概率密度式为

$$f(\Delta)=\frac{1}{\sqrt{2\pi}\sigma}\mathrm{e}^{-\frac{\Delta^2}{2\sigma^2}} \tag{1-7}$$

当参数σ确定后，即可画出所对应的误差分布曲线。当σ不同时，曲线的位置不变，但其形状将会做相应的改变，也就意味着不同的σ对应着不同形状的分布曲线，σ越大，$f(\Delta)$越小，曲线越平缓；σ越小，$f(\Delta)$越大，曲线越陡峭，如图1-3中两条不同的曲线所示。因此，偶然误差Δ是服从$N(0,\sigma^2)$分布的随机变量。

正态分布曲线都具有两个拐点(图1-4)，对于变量$\boldsymbol{X}$，设$E(\boldsymbol{X})=\mu$为$\boldsymbol{X}$的数学期望，则正态分布曲线的拐点在横轴上的坐标为

$$x_{拐}=E(\boldsymbol{X})\pm\sigma=\mu\pm\sigma \tag{1-8}$$

对于偶然误差$\boldsymbol{\Delta}$而言，其数学期望$E(\boldsymbol{\Delta})=\mu=0$，那么拐点在横轴上的坐标即为

$$\Delta_{拐} = \pm\sigma \tag{1-9}$$

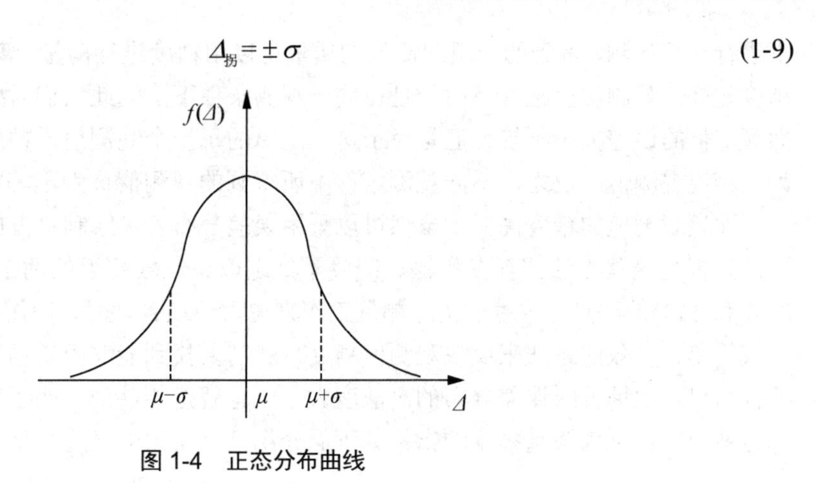

图 1-4　正态分布曲线

1.3　衡量精度的指标

评定测量成果的精度是测量平差的主要任务之一。首先给出精度的概念，在相同的观测条件下，对相同的观测对象进行多次观测，其观测结果之间的符合程度称为精度，表现为误差的密集及分散的程度。

为了能够更深刻地理解和阐述精度的含义，现深入分析上节中的两个实例。

观察表 1-1 及表 1-2 内的数据，可以发现表 1-1 中数值小的误差要相对多一些。经过合并计算，误差出现于−0.60″～+0.60″区间内的频率为 0.665，绝对值大于 0.6″的误差为 1−0.665=0.335，即相对应地各占总数的 66.5%、33.5%。同样对表 1-2 进行合并计算，误差出现于−0.60″～+0.60″区间内的频率为 0.492，绝对值大于 0.6″的误差频率为 1−0.492=0.508，即各占总数的 49.2%、50.8%。

不难看出，表 1-1 中数值小的误差要相对多一些的含义就是其误差更集中在零的附近，即更接近其理论均值。也就意味着误差分布密集，离散程度小，表明该组观测值精度相对较高。再观察表 1-2，误差分布较表 1-1 相对离散，表明该组观测值较表 1-1 精度相对较低。

继续利用直方图分析上节的两个实例，将二者的直方图(图 1-1 和图 1-2)进行对比后不难看出，图 1-1 中图形陡峭，在纵轴附近的峰值较高，说明在此观测条件下，小误差出现的频率较大；图 1-2 中图形相对平缓，在纵轴附近的峰值相对偏低，说明在另一种观测条件下，误差较为分散。

那么从误差分布曲线中能分析出什么？我们知道，误差分布曲线是以直方图为统计基础的，可以想象，观测值数目 $n \to \infty$ 的情况下，误差出现的频率趋于完全稳定，误差区间的间隔也无限缩小，直方图就相应地变成了光滑曲线。

因此，上述的直方图反映精度大小的性质同样反映在误差分布曲线的形态上，即图 1-3 中的误差分布曲线(1)高而陡峭，而曲线(2)则低而平缓。说明相对于第二种观测条件，第一种观测条件下的观测数据质量相对较好，精度高，离散程度小。

综上所述，表示观测值误差分布的密集或离散程度的指标称为精度。在相同的观测条件

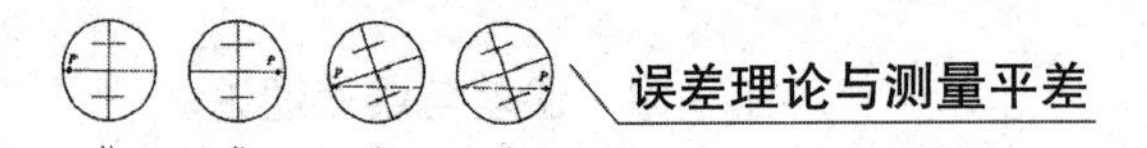

下进行一组观测，得到的一组观测值的质量可以用精度进行衡量，离散度越小，图形越陡峭，精度越高，观测质量越好。由于是在同一观测条件下，因此它们对应着同一种误差分布，虽然观测值的误差大小不等，但是对于这一组中的每一个观测值，精度都是相同的，把它们称为同精度观测值；反之，不同观测条件下所得到的观测值称为不等精度观测值。

比较观测值的精度高低，虽然可以采用误差分布表、绘制直方图或画出误差分布曲线的方法，但是这些方法都存在粗糙、间隔不好选取、比较相近的两个误差分属于不同区间(如0.20 和 0.21)的缺点，这对于实际测量工作来说太烦琐且耗时，操作起来也比较困难，所以要寻找简单、有效的方法来反映观测值精度，就需要找到能够衡量精度的数字特征。这些数字特征可以直观地反映误差分布的离散度大小，也就是能够简单明了地比较观测精度的高低，称这些数字特征为衡量精度的指标。下面介绍几种常用的精度指标。

1.3.1 方差和中误差

在数理统计中，衡量随机变量 $\boldsymbol{X}$ 的离散程度是用 $E[|\boldsymbol{X}-E(\boldsymbol{X})|]$ 来度量的，但如果依据此式进行离散程度运算，则会因为式中有绝对值的存在而产生困难。因此在测量的数据处理中，通常用 $E\{[\boldsymbol{X}-E(\boldsymbol{X})]^2\}$ 来度量随机变量与其均值的偏离程度，称其为方差，即

$$D(\boldsymbol{X})=\sigma^2=E\{[\boldsymbol{X}-E(\boldsymbol{X})]^2\}=\int_{-\infty}^{+\infty}(\boldsymbol{X}-E(\boldsymbol{X}))^2 f(x)\mathrm{d}x \tag{1-10}$$

式中，σ^2 为误差分布的方差；$f(x)$ 为 $\boldsymbol{X}$ 的概率分布密度函数。

这里所研究的对象是偶然误差 $\varDelta$，它也是随机变量，且服从正态分布，其概率密度为(1-7)式，即

$$f(\varDelta)=\frac{1}{\sqrt{2\pi}\sigma}\mathrm{e}^{-\frac{\varDelta^2}{2\sigma^2}}$$

由方差定义式(1-10)，并考虑 $E(\boldsymbol{\varDelta})=0$，则得偶然误差 $\boldsymbol{\varDelta}$ 的方差表达式为

$$\sigma^2=D(\boldsymbol{\varDelta})=E(\varDelta^2)=\int_{-\infty}^{+\infty}\varDelta^2 f(\varDelta)\mathrm{d}\varDelta \tag{1-11}$$

方差为真误差平方 $\boldsymbol{\varDelta}^2$ 的数学期望。式(1-11)可以写成

$$\sigma^2=\lim_{n\to\infty}\sum_{i=1}^{n}\frac{\boldsymbol{\varDelta}_i^2}{n}=\lim_{n\to\infty}\frac{[\varDelta\varDelta]}{n} \tag{1-12}$$

中误差就是方差开方所得，即

$$\sigma=\sqrt{E(\varDelta^2)} \tag{1-13}$$

或者写成

$$\sigma=\lim_{n\to\infty}\sqrt{\frac{[\varDelta\varDelta]}{n}} \tag{1-14}$$

可以看出，上述方差和中误差的定义式，都是在理想情况下定义的，方差 σ^2 和中误差 σ 分别为 $\frac{[\varDelta\varDelta]}{n}$ 和 $\sqrt{\frac{[\varDelta\varDelta]}{n}}$ 的极限值，即当 n 充分大时的理论数值。但在实际计算中，n 总是一个有限值，这意味着，由有限个真误差只能求得方差和中误差的估值。

通常，用符号 $\hat{\sigma}^2$ 和 $\hat{\sigma}$ 表征方差 σ^2 和中误差 σ 的估值，即

方差

$$\hat{\sigma}^2 = \frac{[\Delta\Delta]}{n} \tag{1-15}$$

中误差

$$\hat{\sigma} = \sqrt{\frac{[\Delta\Delta]}{n}} \tag{1-16}$$

以上两式就是根据一组同精度真误差计算方差和中误差估值的计算公式。

不难看出，小误差出现得越多，σ 越小，精度就越高，而且即使有一个真误差显著大时，σ 也会有较大的增长，即中误差可以灵敏地反映出较大真误差的影响，能够明显地反映出精度的高低，这就是为什么我国及其他国家在测量中一般都使用中误差 σ 作为衡量精度的指标的重要原因。

由于在实际的测量工作中，测量中观测次数 n 不可能为无穷，总是有限的，因此实际上只能求得方差 σ^2 和中误差 σ 的估值。故在之后的叙述中，不再突出“估值”的概念，也就是不再着重于 σ^2 与 $\hat{\sigma}^2$ 以及 σ 与 $\hat{\sigma}$ 的区分，统一称为“方差”或“中误差”。

例 1-1　某测区内，等精度地观测 8 个三角形内角，内角和的真误差分别为

$$-5.1''，\ +3.2''，\ -0.1''，\ +1.0''，\ -1.7''，\ +2.2''，\ 0.0''，\ -0.6''$$

试求：三角形内角和的中误差。

解　由题知

$$\Delta_1 = -5.1''，\ \Delta_2 = +3.2''，\ \Delta_3 = -0.1''，\ \Delta_4 = +1.0''$$
$$\Delta_5 = -1.7''，\ \Delta_6 = +2.2''，\ \Delta_7 = 0.0''，\ \Delta_8 = -0.6''$$

将各个真误差数值代入(1-16)式，得

$$\hat{\sigma} = \sqrt{\frac{[\Delta\Delta]}{n}} = \sqrt{\frac{(-5.1)^2 + (+3.2)^2 + (-0.1)^2 + (+1.0)^2 + (-1.7)^2 + (+2.2)^2 + (0.0)^2 + (-0.6)^2}{8}}$$
$$= 2.38''$$

因此，三角形内角和的中误差为2.38″。

例 1-2　对已知长度的距离为 546.539m 等精度丈量 8 次，结果分别是

$$S_1 = 546.533\text{m}，S_2 = 546.545\text{m}，S_3 = 546.520\text{m}，S_4 = 546.541\text{m}$$
$$S_5 = 546.540\text{m}，S_6 = 546.547\text{m}，S_7 = 546.539\text{m}，S_8 = 546.545\text{m}$$

试求：观测值的中误差。

解　各个观测值的真误差 Δ_i 为

$$\Delta_1 = \tilde{S} - S_1 = 546.539 - 546.533 = +0.006(\text{m})$$
$$\Delta_2 = \tilde{S} - S_2 = 546.539 - 546.545 = -0.006(\text{m})$$
$$\Delta_3 = \tilde{S} - S_3 = 546.539 - 546.520 = +0.019(\text{m})$$
$$\Delta_4 = \tilde{S} - S_4 = 546.539 - 546.541 = -0.002(\text{m})$$
$$\Delta_5 = \tilde{S} - S_5 = 546.539 - 546.540 = -0.001(\text{m})$$
$$\Delta_6 = \tilde{S} - S_6 = 546.539 - 546.547 = -0.008(\text{m})$$
$$\Delta_7 = \tilde{S} - S_7 = 546.539 - 546.539 = 0.000(\text{m})$$
$$\Delta_8 = \tilde{S} - S_8 = 546.539 - 546.545 = -0.006(\text{m})$$

将以上数值代入式(1-16)，得观测值的中误差为

$$\hat{\sigma}=\sqrt{\frac{[\varDelta\varDelta]}{n}}=\sqrt{\frac{\varDelta_1^2+\varDelta_2^2+\varDelta_3^2+\varDelta_4^2+\varDelta_5^2+\varDelta_6^2+\varDelta_7^2+\varDelta_8^2}{8}}=0.008(\text{m})$$

因此，该距离的最或然值为546.539m，观测值的中误差为0.008m。

例1-3 设某一角度，用两台经纬仪各观测了9次，其观测值列于表1-3中。该角已用精密经纬仪预先精确测定，其值为50° 33′ 54.1″。由于非常准确，在此看成该角的真值。试分别求出两台经纬仪的观测值的中误差并比较精度高低。

解 计算过程见表1-3。

表1-3 两台经纬仪观测值及其中误差计算表

	第一台经纬仪			第二台经纬仪		
编 号	观测值 L	$\varDelta$	$\varDelta^2$	观测值 L	$\varDelta$	$\varDelta^2$
1	50° 33′52.6″	+1.5	2.25	50° 33′ 50.7″	+3.4	11.56
2	54.8	−0.7	0.49	59.6	−5.5	30.25
3	53.6	+0.5	0.25	54.2	−0.1	0.01
4	55.0	−0.9	0.81	52.6	+1.5	2.25
5	52.2	+1.9	3.61	57.8	−3.7	13.69
6	53.8	+0.3	0.09	51.3	+2.8	7.84
7	54.7	−0.6	0.36	53.9	+0.2	0.04
8	58.1	−4.0	16.00	56.4	−2.3	5.29
9	56.2	−2.1	4.41	55.0	−0.9	0.81
$\sum$			28.27			71.74
$\sigma_1=\sqrt{28.27/9}=1.8''$				$\sigma_2=\sqrt{71.74/9}=2.8''$		

可见，用第一台经纬仪所得的观测值，其中误差为1.8″；用第二台经纬仪所得的观测值，其中误差为2.8″。因为$\sigma_1<\sigma_2$，故第一台经纬仪所得观测值的精度比第二台的高。

中误差σ作为度量观测精度的“尺子”，在测量规范中形成各种各样的精度控制指标。例如，规范规定四等三角测量的测角中误差不得大于2.5″，四等水准测量每公里高差中数偶然中误差不得超过5mm等。

1.3.2 极限误差

根据中误差的定义式得，中误差σ是一组同精度观测误差平方和的平均值的平方根，需要在观测后计算出真误差$\varDelta_i$而进一步求得，并用来评价精度。但通常是在实际工作观测之前，测量的相关规范就已经对观测值的中误差提出了上限要求，譬如1.3.1小节中所述的四等三角测量的测角中误差不得大于2.5″，四等水准测量每公里高差中数偶然中误差不得超过5mm。

在这种存在限值的情况下，应该如何操作才能保证观测精度呢？既然中误差σ与观测值真误差$\varDelta_i$的大小相关，那么要想保证中误差σ的数值就应该控制真误差$\varDelta_i$的大小，让其不超过一定的限值，否则一旦在观测过程中出现了某些问题，导致有较大的误差出现，就可能产生连锁反应，导致中误差σ超过限值，达不到精度的要求。

我们知道，观测误差$\Delta \sim N(0,\sigma^2)$分布，从正态分布表可以查得，在大量同精度观测的一组误差中，误差Δ落在$(-\sigma,+\sigma)$、$(-2\sigma,+2\sigma)$和$(-3\sigma,+3\sigma)$的概率分别为

$$
\begin{aligned}
&P(-\sigma < \Delta < +\sigma) \approx 68.3\% \\
&P(-2\sigma < \Delta < +2\sigma) \approx 95.5\% \\
&P(-3\sigma < \Delta < +3\sigma) \approx 99.7\%
\end{aligned} \tag{1-17}
$$

式(1-17)中右端的百分比数值即概率值，通常称为置信概率。绝对值大于中误差的偶然误差出现的概率为 31.7%；误差绝对值大于 2 倍中误差、大于 3 倍中误差的偶然误差出现的概率仅为 4.5%、0.3%，是一个小概率事件，或者说实际上它是不可能事件，测量中一旦出现，则视为错误，应舍去相应的观测值，以保证最后算得的中误差不超过规范的规定。因此通常情况下，将 3 倍中误差3σ或 2 倍中误差2σ作为偶然误差的极限值$\Delta_{限}$，并称为极限误差，即

$$\Delta_{限}=3\sigma \quad 或 \quad \Delta_{限}=2\sigma \tag{1-18}$$

在实际工作中，最终选择3σ还是2σ作为限值，则是需要根据具体的工作情况、具体的规范要求来进行控制。我国大多数的测量规范通常都选用2σ作为极限误差，并且规范中与误差限差相关的规定，都是由式(1-18)作为基础推导得出的。

虽然真误差Δ是未知的，但关系式给出了由中误差σ估计真误差Δ的概率区间，如置信概率为 95.5%时，真误差Δ就在区间$(-2\sigma,+2\sigma)$内。这就意味着，在限定某量的中误差σ之后，在已知的置信概率下，就能够对真误差Δ作出相应的区间估计，这个性质同样也可以作为保证质量的定量信息。因此中误差σ的意义不仅在于能够代表误差分布的离散度大小，还在于能够对其真误差Δ作出区间限制，这是精度指标中误差完整的统计意义。

例如，丈量一段距离，其观测值及其中误差为 662.84m±9mm，那么该观测值的真误差实际可能出现的范围是多少？若选取$\Delta_{限}=2\sigma$，那么观测值的真误差Δ的范围应该满足$-2\sigma < \Delta < +2\sigma$的条件，将$\sigma = 9\text{mm}$代入，则得$-18\text{mm} < \Delta < +18\text{mm}$。也就是说，若丈量之后得到的观测值真误差$\Delta$超出±18mm 的范围，则视为错误，观测值应该予以舍弃，因此这个数值范围同样起着保证观测质量的重要作用。

1.3.3　相对误差

前面所述的真误差、中误差、极限误差都属于绝对误差的范畴。但是对于某些观测结果，有时单靠绝对误差还不能完全表达观测结果的好坏。譬如在距离测量中，观测误差的绝对量与观测值本身的大小有关，误差具有积累的特点，故长边的误差在理论上应该大于短边的误差，那么在这种情况下，只用绝对误差中的中误差σ来度量其质量优劣就显得不全面或者说不公平。

因此需要引进另一种可以度量其精度的指标，即相对误差。相对误差是绝对误差与观测值之比，通常用于误差与观测值大小有关的情况，如距离或边长误差、闭合环误差等情况。对于真误差与极限误差，有时也用相对误差来表示。例如，经纬仪导线测量时，规范规定相对闭合差不能超过$\dfrac{1}{20000}$，它就是相对误差的极限误差；而在实测中所产生的相对闭合差，则是相对误差的真误差。

当绝对误差是中误差σ时，称为相对中误差，是中误差与观测值之比。相对中误差是一个无名数，在测量中常表示成分子为 1 的形式，分母越大，精度越高，即

$$k=\frac{\sigma}{L}=\frac{1}{N} \tag{1-19}$$

其意义可简单理解为：每观测 N 单位长度时产生 1 单位长度的误差。下面通过例子来进一步理解相对误差的含义。

例 1-4 有两段距离 S_1 和 S_2，经多次观测得观测值分别为 300.00m 和 600.00m，观测值的中误差都为 2cm，试问哪段距离观测精度高？两段观测值的观测真误差是否相同？

解 由题知

$$S_1=300.00\text{m}，\ S_2=600.00\text{m}，\ \sigma_1=\sigma_2=2\text{cm}$$

根据式(1-19)，则有

$$k_1=\frac{\sigma_1}{S_1}=\frac{2}{30000}=\frac{1}{15000}$$

$$k_2=\frac{\sigma_2}{S_2}=\frac{2}{60000}=\frac{1}{30000}$$

由于 $k_1>k_2$，故 S_2 的观测精度高。

两个观测值的中误差虽然相等，$\sigma_1=\sigma_2=2\text{cm}$，但它们各次观测的真误差都是偶然误差，故不会相等。

1.3.4 其他精度指标

衡量精度的指标有很多种，除了前面介绍的方差、中误差、极限误差和相对误差外，还有一些其他精度指标，如平均误差、或然误差等。下面对其他精度指标作一简要说明，并对精度、准确度及精确度的概念加以解释说明。

1. 平均误差

在相同的观测条件下，一组独立的偶然误差的绝对值的数学期望称为平均误差，以 θ 表示，即

$$\theta=E(|\varDelta|)=\int_{-\infty}^{+\infty}|\varDelta|\,f(\varDelta)\,\mathrm{d}\varDelta \tag{1-20}$$

根据数学期望的意义，式(1-20)也可写成

$$\theta=\lim_{n\to\infty}\frac{[|\varDelta_i|]}{n} \tag{1-21}$$

即平均误差是一组独立偶然误差绝对值的算术平均值的极限值。

因为

$$\theta=E(|\varDelta|)=\int_{-\infty}^{+\infty}|\varDelta|f(\varDelta)\,\mathrm{d}\varDelta=2\int_0^{+\infty}\varDelta\frac{1}{\sqrt{2\pi}\sigma}\mathrm{e}^{-\frac{\varDelta^2}{2\sigma^2}}\mathrm{d}\varDelta$$

$$=\frac{2}{\sqrt{2\pi}}\int_0^{+\infty}(-\sigma\mathrm{d}\mathrm{e}^{-\frac{\varDelta^2}{2\sigma^2}})=\frac{2\sigma}{\sqrt{2\pi}}[-\mathrm{e}^{-\frac{\varDelta^2}{2\sigma^2}}]_0^{\infty}$$

所以有

$$\left.\begin{aligned}\theta=\sqrt{\frac{2}{\pi}}\sigma\approx0.7979\sigma\approx\frac{4}{5}\sigma\\ \sigma=\sqrt{\frac{\pi}{2}}\theta\approx1.253\theta\approx\frac{5}{4}\theta\end{aligned}\right\}\tag{1-22}$$

(1-22)式是平均误差θ与中误差σ的理论关系式，不难看出，不同大小的θ，对应着不同的σ，也就对应着不同的误差分布曲线。因此，也同样可以用平均误差θ来作为衡量精度的指标。

同样地，由于观测值的个数n总是一个有限值，因此在实用上也只能用θ的估值$\hat{\theta}$来衡量精度，但仍称为平均误差，即

$$\hat{\theta}=\frac{[|\varDelta|]}{n}\tag{1-23}$$

2. 或然误差

已知，随机变量$\boldsymbol{X}$落入区间(a,b)内的概率为

$$P(a<\boldsymbol{X}\leqslant b)=\int_a^b f(x)\mathrm{d}x$$

故对于偶然误差$\varDelta$来说，$\varDelta$落入区间(a,b)的概率为

$$P(a<\varDelta\leqslant b)=\int_a^b f(\varDelta)\,\mathrm{d}\varDelta\tag{1-24}$$

则或然误差ρ的定义是：误差出现在$(-\rho,+\rho)$之间的概率等于 1/2，即

$$\int_{-\rho}^{+\rho}f(\varDelta)\,\mathrm{d}\varDelta=\frac{1}{2}\tag{1-25}$$

如图 1-5 所示，图中的误差分布曲线与横轴所包围的面积为 1，而在曲线下$(-\rho,+\rho)$间的面积为 1/2。

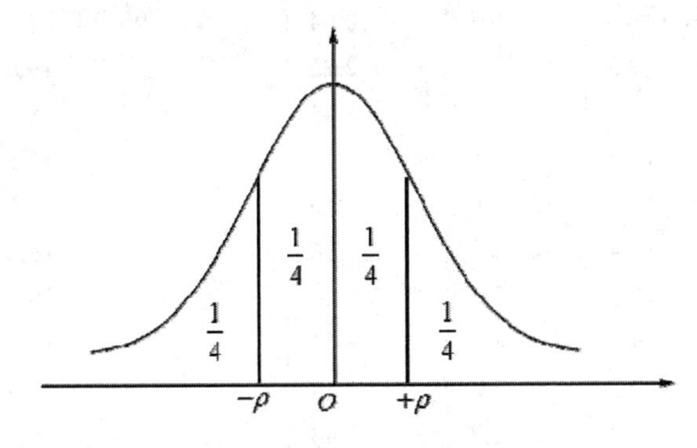

图 1-5　误差的概率分布曲线

将$\varDelta$的概率密度式(1-7)代入式(1-25)，并作变量代换，令

$$\frac{\varDelta}{\sigma}=t,\quad \varDelta=\sigma t,\quad \mathrm{d}\varDelta=\sigma\mathrm{d}t$$

则得

$$\int_{-\rho}^{+\rho}f(\varDelta)\,\mathrm{d}\varDelta=2\int_0^{\rho/\sigma}\frac{1}{\sqrt{2\pi}}\mathrm{e}^{-\frac{t^2}{2}}\,\mathrm{d}t=\frac{1}{2}$$

由概率积分表可查得，当概率为$\frac{1}{2}$时，积分限为 0.6745，即得

$$\left.\begin{aligned}\rho &\approx 0.6745\sigma \approx \frac{2}{3}\sigma \\ \sigma &\approx 1.4826\rho \approx \frac{3}{2}\rho\end{aligned}\right\} \tag{1-26}$$

式(1-26)为或然误差ρ与中误差σ之间的理论关系，也不难得出，不同的ρ对应着不同的σ，也对应着不同的误差分布曲线。因此，或然误差ρ也依然能够作为衡量精度的指标。同样地，观测值个数n总是有限值，也只能得到ρ的估值$\hat{\rho}$，仍称为或然误差。

例 1-5 为了比较两架经纬仪的观测精度，分别对同一角度各进行了 30 次观测，其观测结果列于表 1-4 中。该角已预先用精密经纬仪测定，其值为 76° 42′18.0″。由于此值的精度远远高于上述两架经纬仪的观测精度，故将它看成是该角的真值。试计算这两架经纬仪的中误差、平均误差和或然误差。

解 根据表 1-4 的数据可算得

$$\hat{\sigma}_1=\sqrt{\frac{74.65}{30}}=1.58'' \qquad \hat{\sigma}_2=\sqrt{\frac{25.86}{30}}=0.93''$$

$$\hat{\theta}_1=\frac{43.9}{30}=1.46'' \qquad \hat{\theta}_2=\frac{24.4}{30}=0.81''$$

$$\hat{\rho}_1=1.05'' \qquad \hat{\rho}_2=0.62''$$

在计算时，对精度指标值通常取 2～3 个有效数字，并注明单位。

表 1-4 角度观测值及其真误差

编 号	第一架经纬仪			第二架经纬仪		
	观测值 L	$\|\Delta\|$	Δ^2	观测值 L	$\|\Delta\|$	Δ^2
1	76° 42′17.2″	0.8	0.64	76° 42′19.5″	1.5	2.25
2	19.5	1.5	2.25	19.0	1.0	1.00
3	19.2	1.2	1.44	18.8	0.8	0.64
4	16.5	1.5	2.25	16.9	1.1	1.21
5	19.6	1.6	2.56	18.6	0.6	0.36
6	16.4	1.6	2.56	19.1	1.1	1.21
7	15.5	2.5	6.25	18.2	0.2	0.04
8	19.9	1.9	3.61	17.7	0.3	0.09
9	19.2	1.2	1.44	17.5	0.5	0.25
10	16.8	1.2	1.44	18.6	0.6	0.36
11	15.0	3.0	9.00	16.0	2.0	4.00
12	16.9	1.1	1.21	17.3	0.7	0.49
13	16.6	1.4	1.96	17.2	0.8	0.64
14	20.4	2.4	5.76	16.8	1.2	1.44
15	16.3	1.7	2.89	18.8	0.8	0.64
16	16.7	1.3	1.69	17.7	0.3	0.09
17	16.0	2.0	4.00	18.6	0.6	0.36
18	15.5	2.5	6.25	18.8	0.8	0.64
19	19.1	1.1	1.21	17.7	0.3	0.09
20	18.8	0.8	0.64	17.1	0.9	0.81

续表

编　号	第一架经纬仪			第二架经纬仪		
	观测值 L	$\|\Delta\|$	Δ^2	观测值 L	$\|\Delta\|$	Δ^2
21	18.7	0.7	0.49	16.9	1.1	1.21
22	19.2	1.2	1.44	17.6	0.4	0.16
23	17.5	0.5	0.25	17.0	1.0	1.00
24	16.7	1.3	1.69	17.5	0.5	0.25
25	19.0	1.0	1.00	18.2	0.2	0.04
26	16.8	1.2	1.44	18.3	0.3	0.09
27	19.3	1.3	1.69	19.8	1.8	3.24
28	20.0	2.0	4.00	18.6	0.6	0.36
29	17.4	0.6	0.36	16.9	1.1	1.21
30	16.2	1.8	3.24	16.7	1.3	1.69
$\sum$		43.9	74.65		24.4	25.86

由结果不难看出，第一架经纬仪观测值的中误差、平均误差和或然误差，均相应地大于第二架经纬仪观测值的中误差、平均误差和或然误差，因此后者的精度高于前者。

综上所述，中误差σ、平均误差θ和或然误差ρ都可以作为衡量精度的指标。在实际应用上，由于 n 是有限值，故只能分别求得它们的估值，其与理论值之间存在一定的差异，n 越大，这一差异越小，也就越能反映出观测精度；反之，如果 n 很小，求出来的估值则是不可靠的。

由于当 n 不大时，中误差σ比平均误差θ能够更灵敏地反映出大的真误差的影响，同时，在计算或然误差ρ时往往是先算出中误差，因此，世界各国通常都是采用中误差σ作为精度指标，我国也统一采用中误差σ作为衡量精度的指标。

3. 准确度、精确度

我们已经知道，精度是指误差分布的密集或离散的程度，即各个观测值与其数学期望的接近程度，所以精度是衡量观测结果中偶然误差大小的指标。但由于各种原因，观测值中可能含有残余的系统误差，这时就有必要引进准确度与精确度的概念。

(1) 准确度。

设有观测值(随机变量)$\underset{n\times1}{\boldsymbol{L}}$，其真值为$\underset{n\times1}{\tilde{\boldsymbol{L}}}$，两者差值$\boldsymbol{\Omega}$称为综合误差，属于真误差。严格地讲，显然$\boldsymbol{\Omega}$中应包含偶然真误差$\boldsymbol{\Delta}$与系统误差$\boldsymbol{\varepsilon}$，即

$$\Omega_i = \Delta_i + \varepsilon_i = \tilde{L}_i - L_i$$

若记

$$\underset{n\times1}{\boldsymbol{L}} = \begin{bmatrix} L_1 \\ L_2 \\ \vdots \\ L_n \end{bmatrix},\quad \underset{n\times1}{\tilde{\boldsymbol{L}}} = \begin{bmatrix} \tilde{L}_1 \\ \tilde{L}_2 \\ \vdots \\ \tilde{L}_n \end{bmatrix},\quad \underset{n\times1}{\boldsymbol{\Omega}} = \begin{bmatrix} \Omega_1 \\ \Omega_2 \\ \vdots \\ \Omega_n \end{bmatrix},\quad \underset{n\times1}{\boldsymbol{\Delta}} = \begin{bmatrix} \Delta_1 \\ \Delta_2 \\ \vdots \\ \Delta_n \end{bmatrix},\quad \underset{n\times1}{\boldsymbol{\varepsilon}} = \begin{bmatrix} \varepsilon_1 \\ \varepsilon_2 \\ \vdots \\ \varepsilon_n \end{bmatrix}$$

则有矩阵形式

$$\boldsymbol{\Omega} = \boldsymbol{\Delta} + \boldsymbol{\varepsilon} = \tilde{\boldsymbol{L}} - \boldsymbol{L} \tag{1-27}$$

当 $\underset{n\times1}{\boldsymbol{L}}$ 是对同一个量的多次观测值时，其真值 $\tilde{L}$、偶然中误差 σ 和所含系统误差 ε 都是一个定值。为了叙述严密和方便，下面只对这种情况展开讨论。

如果 $\boldsymbol{\Omega}$ 中只包含偶然误差 $\boldsymbol{\Delta}$，由偶然误差的特性可知，其数学期望应为 $E(\boldsymbol{\Omega})=E(\boldsymbol{\Delta})=0$，这时其方差 $\sigma^2=E(\boldsymbol{\Delta}^2)$ 表征这组观测值本身的离散程度，就是精度。显然，σ 越小表示观测结果与其数学期望越接近，观测的精度越高。

如果 $\boldsymbol{\Omega}$ 中除包含偶然误差 $\boldsymbol{\Delta}$ 外，还包含系统误差 ε，此时由于系统误差 ε 不是随机变量，所以 $\boldsymbol{\Omega}$ 的数学期望为

$$E(\boldsymbol{\Omega})=E(\boldsymbol{\Delta})+\varepsilon=\varepsilon\neq0$$

所以系统误差

$$\varepsilon=E(\boldsymbol{\Omega})=E(\tilde{\boldsymbol{L}}-\boldsymbol{L})=\tilde{\boldsymbol{L}}-E(\boldsymbol{L}) \tag{1-28}$$

即系统误差 ε 就是观测值 $\boldsymbol{L}$ 的数学期望 $E(\boldsymbol{L})$ 与其真值 $\tilde{L}$ 的偏差值。ε 越小，说明 $\boldsymbol{L}$ 越准确。因此也称 ε 为 $\boldsymbol{L}$ 的准确度，又称准度。

(2) 精确度。

精确度指的是观测结果与其真值的接近程度，是精度和准确度的合成。精确度的衡量指标为随机变量 $\boldsymbol{L}$ 的综合误差平方的数学期望 $E(\boldsymbol{\Omega}^2)$，也称为均方误差，用 $\mathrm{MSE}(\boldsymbol{L})$ 表示，即

$$\mathrm{MSE}(\boldsymbol{L})=E(\boldsymbol{L}-\tilde{\boldsymbol{L}})^2=E(\boldsymbol{\Omega}^2)$$

因为

$$\boldsymbol{\Omega}^2=\boldsymbol{\Delta}^2+2\varepsilon\boldsymbol{\Delta}+\varepsilon^2$$

所以均方误差为

$$\mathrm{MSE}(\boldsymbol{L})=E(\boldsymbol{\Omega}^2)=E(\boldsymbol{\Delta}^2)+2\varepsilon E(\boldsymbol{\Delta})+\varepsilon^2$$

又因 $E(\boldsymbol{\Delta})=0$，而 $E(\boldsymbol{\Delta}^2)$ 是由偶然误差产生的方差 σ^2，故有

$$\mathrm{MSE}(\boldsymbol{L})=E(\boldsymbol{\Omega}^2)=\sigma^2+\varepsilon^2 \tag{1-29}$$

可见，精确度指标中同时包含了观测值与其数学期望的接近程度(精度)和数学期望与真值的接近程度(准度)两个指标，它反映了偶然误差和系统误差对观测值的联合影响，是全面衡量观测质量的指标。当不含系统误差时，精确度即为精度。

下面通过“打靶”实验来全面分析精度、准确度、精确度的含义。今有甲、乙、丙 3 人分别对靶心进行射击，其射击结果如图 1-6 至图 1-8 所示。如将打靶过程看成是用枪支对准靶心进行的“观测”，不难分析出以下几点。

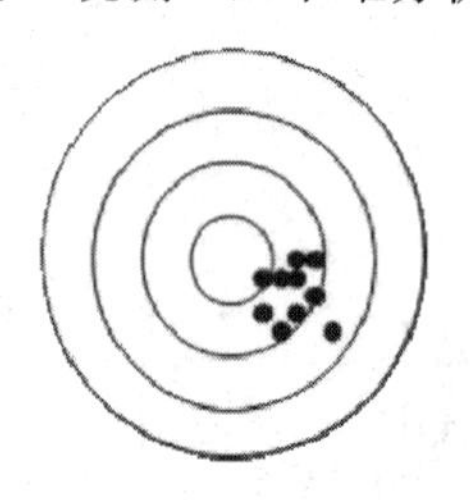

图 1-6　甲弹着点

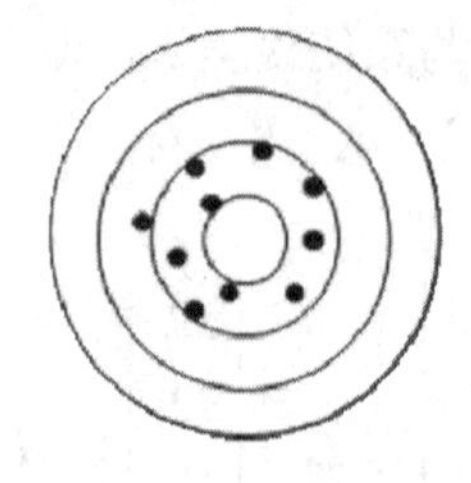

图 1-7　乙弹着点

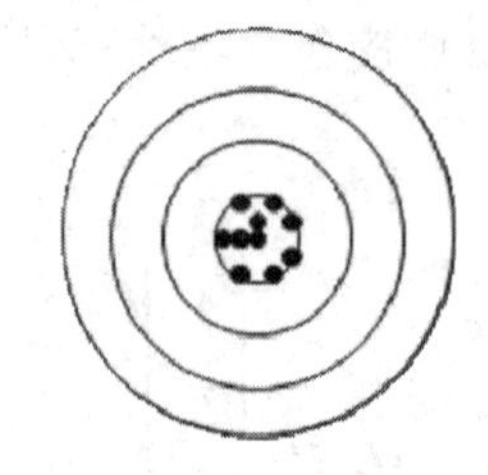

图 1-8　丙弹着点

(1) 甲的弹着点都比较集中，但都离靶心有一段距离，可以说明队员的射击水平还是很高的。但弹着点的平均位置偏离靶心较远，则是由于某些因素影响(如准星偏)而产生的系统

误差所导致的。因此相对来说，甲的射击精度较高，但准确度不高，精确度较差。

(2) 乙的弹着点分布较离散，但大多数都接近靶心附近，则表明其精度较低，但准确度较高，精确度也较好。

(3) 丙的弹着点分布十分密集，且都非常接近靶心，则表明其精度很高，准确度很高，精确度也非常高。

此外，在 1.1.3 小节中讨论过，当观测列中的系统误差或其残余与偶然误差相比处于次要地位时，观测值与偶然误差便都可看成是随机变量，可以进行经典平差处理。那么需要“次要”到什么程度呢？下面进行量化说明。

当含有的系统误差ε为中误差σ的 1/5，即当$\varepsilon=\sigma/5$时，由式(1-29)算得的中误差为

$$\sigma_{\mathrm{L}}=\sqrt{\mathrm{MSE}(\boldsymbol{L})}=\sqrt{\sigma^2+\frac{\sigma^2}{25}}=\sqrt{1.04}\sigma=1.02\sigma$$

而当系统误差ε为中误差σ的 1/3，即当$\varepsilon=\sigma/3$时，可得

$$\sigma_{\mathrm{L}}=\sqrt{\mathrm{MSE}(\boldsymbol{L})}=\sqrt{\sigma^2+\frac{\sigma^2}{9}}=\sqrt{1.11}\sigma=1.05\sigma$$

可见，这时如果不考虑系统误差，所求得的中误差将会有 2%～5%的误差，这是可以接受的。因此在实用中，如果系统误差大小不超过偶然中误差的 1/3 时，则可以将系统误差的影响忽略不计。

1.4　协方差传播律

实际的测量工作中，最容易遇到的情况是所需要或关心的一系列量的大小，并不是直接测定的，而是运用与观测值的相关函数关系间接得出的，即直接观测值的函数。也就是说，在测量数据处理中，观测值分成两种，一种是直接观测值，另一种是间接观测值，后者是通过直接观测值所构成的函数计算得到的。一个平差问题，待求量的估值也总是可以利用观测值的某种函数进行描述和表达。

譬如熟知的三角形定理：三角形内角和为 180°。但观测量都不可避免地存在误差，三角之和与 180°之间会略存差值。因此，若观测了 3 个内角，分别为L_1、L_2、L_3，其闭合差w为

$$w=L_1+L_2+L_3-180^\circ$$

将闭合差平均分配后，所得各角的最或然值$\hat{L}_1$、$\hat{L}_2$、$\hat{L}_3$为

$$\hat{L}_i=L_i-\frac{1}{3}w \quad i=1,2,3$$

在这里，观测的 3 个内角L_1、L_2、L_3作为直接观测量，各角的最或然值$\hat{L}_1$、$\hat{L}_2$、$\hat{L}_3$则是 3 个角度观测值的函数表达。

再如，在三角高程测量中(图 1-9)，是通过A点已知高程及A、C点高差求得C点未知高程。若测得A、B两点间的水平距离为D，竖直角为α，则A、C两点间的高差可以通过以下公式求出，即

$$h = D\tan\alpha$$

通过以上两个简单的例子，不免会有一个疑问，既然观测值不可避免地含有误差，那么观测值的误差会对观测值的函数值产生什么样的连锁影响呢？不难想象，观测值的函数值由于观测值误差存在的原因，肯定也是不可避免地存在误差。

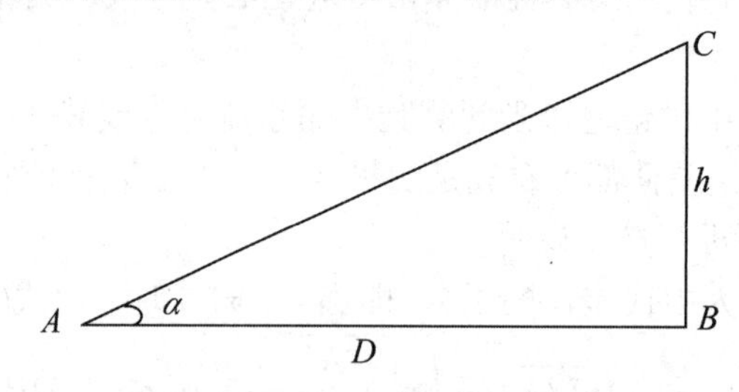

图 1-9　三角高程测量示意图

那么问题也就随之出现了，观测值函数的中误差与观测值的中误差之间，存在怎样的关系？是通过什么样的规律传给函数值的？阐述这种传递关系的公式称为误差传播律。由于中误差是由相应的方差开方得到的，而它们之间的方差关系可以通过方差和协方差的运算规律来导出，故也将其称为协方差传播律。有了这个定律，就可以根据观测值的中误差计算出函数的中误差，并且进一步对函数值的精度作出相应的评价。

1.4.1　协方差与协方差阵

设有观测值 $\boldsymbol{X}$ 和 $\boldsymbol{Y}$，则它们的协方差 σ_{XY} 被定义为

$$\sigma_{XY} = E[(\boldsymbol{X} - E(\boldsymbol{X}))(\boldsymbol{Y} - E(\boldsymbol{Y}))] \tag{1-30}$$

式中，$E(\boldsymbol{X}) - \boldsymbol{X} = \Delta_X$，代表 $\boldsymbol{X}$ 的真误差；$E(\boldsymbol{Y}) - \boldsymbol{Y} = \boldsymbol{\Delta}_Y$，代表 $\boldsymbol{Y}$ 的真误差。

则式(1-30)可写为

$$\sigma_{XY} = E(\boldsymbol{\Delta}_X \boldsymbol{\Delta}_Y) = E(\boldsymbol{\Delta}_Y \boldsymbol{\Delta}_X) = \sigma_{YX} \tag{1-31}$$

即观测值 $\boldsymbol{X}$ 关于 $\boldsymbol{Y}$ 的协方差与 $\boldsymbol{Y}$ 关于 $\boldsymbol{X}$ 的协方差相等。

当 $\boldsymbol{Y} = \boldsymbol{X}$ 时，则式(1-30)变成

$$\sigma_X^2 = \sigma_Y^2 = E[(\boldsymbol{X} - E(\boldsymbol{X}))^2] = E(\boldsymbol{\Delta}_X^2)$$

可以看出，这就是方差。可见，协方差的定义式中包含了方差的概念。

从式(1-30)和式(1-31)可知，协方差是利用数学期望的概念进行定义的。$\boldsymbol{\Delta}_{X_i}$ 是观测值 X_i 的真误差，$\boldsymbol{\Delta}_{Y_i}$ 是观测值 Y_i 的真误差，则协方差 σ_{XY} 为

$$\sigma_{XY} = \lim_{n\to\infty}\frac{[\boldsymbol{\Delta}_X \boldsymbol{\Delta}_Y]}{n} = \lim_{n\to\infty}\frac{1}{n}(\boldsymbol{\Delta}_{X_1}\boldsymbol{\Delta}_{Y_1} + \boldsymbol{\Delta}_{X_2}\boldsymbol{\Delta}_{Y_2} + \cdots + \boldsymbol{\Delta}_{X_n}\boldsymbol{\Delta}_{Y_n}) \tag{1-32}$$

即为 $\boldsymbol{\Delta}_{X_i}$ 、 $\boldsymbol{\Delta}_{Y_i}$ 这两种真误差所有可能取值的对应乘积的理论平均值。

但在实际测量中，n 总是有限的，因此得到的也只能是它的估值，记为

$$\hat{\sigma}_{XY} = \frac{[\boldsymbol{\Delta}_X \boldsymbol{\Delta}_Y]}{n} \tag{1-33}$$

当协方差 σ_{XY}=0 时，表示这两个(或两组)观测值的误差之间互不影响，或者说，它们的误差是不相关的，并称这些观测值为独立观测值；当协方差 $\sigma_{XY} \neq 0$ 时，表示这两个(或两组)观测值的误差是相关的，称这些观测值为相关观测值。

下面来证明一下“独立”二字的含义，也就是独立观测值之间的协方差$\sigma_{XY}=0$这一性质：由于Δ_X与Δ_Y二者不相关，顾及偶然误差的期望为零这一特性，得

$$\sigma_{XY}=E(\boldsymbol{\Delta}_X\boldsymbol{\Delta}_Y)=E(\boldsymbol{\Delta}_X)E(\boldsymbol{\Delta}_Y)=0$$

在测量工作中，高差、距离、角度和方向等一系列观测值都是通过直接观测所获得的，都属于独立观测值的范畴，而经过计算得到的间接观测量不具有独立性质，即为相关观测值。例如，当一个测站上的水平方向值是独立观测值时，由这些方向值所算得的相邻角度就是相关观测值；又如，各种控制网中根据观测角度和边长求得的各点的坐标也是相关观测值。

假定有n个不同精度的相关观测值$X_i\,(i=1,2,\cdots,n)$组成随机向量$\boldsymbol{X}$，它们的数学期望为μ_{X_i}，方差为$\sigma_{X_i}^2$，观测值两两之间的协方差为$\sigma_{X_iX_j}\,(i\neq j)$，用矩阵表示为

$$\boldsymbol{X}=\begin{bmatrix}X_1\\X_2\\\vdots\\X_n\end{bmatrix},\quad \boldsymbol{\mu}_X=\begin{bmatrix}\mu_{X_1}\\\mu_{X_2}\\\vdots\\\mu_{X_n}\end{bmatrix}=E(\boldsymbol{X})$$

其方差是一个矩阵，称为方差—协方差阵，简称方差阵或协方差阵，用矩阵表示为

$$\begin{aligned}\boldsymbol{D}_{XX}&=E[(\boldsymbol{X}-\boldsymbol{\mu}_X)(\boldsymbol{X}-\boldsymbol{\mu}_X)^{\mathrm{T}}]\\&=E\left\{\begin{bmatrix}X_1-E(X_1)\\X_2-E(X_2)\\\vdots\\X_n-E(X_n)\end{bmatrix}[X_1-E(X_1)\quad X_2-E(X_2)\quad\cdots\quad X_n-E(X_n)]\right\}\\&=\begin{bmatrix}\sigma_{X_1}^2&\sigma_{X_1X_2}&\cdots&\sigma_{X_1X_n}\\\sigma_{X_2X_1}&\sigma_{X_2}^2&\cdots&\sigma_{X_2X_n}\\\vdots&\vdots&&\vdots\\\sigma_{X_nX_1}&\sigma_{X_nX_2}&\cdots&\sigma_{X_n}^2\end{bmatrix}\end{aligned}\tag{1-34}$$

式中，$\boldsymbol{X}$为观测值向量，或简称为观测值；$\mu_X=E(\boldsymbol{X})$，为$\boldsymbol{X}$的数学期望；$\boldsymbol{D}_{XX}$为$\boldsymbol{X}$的方差—协方差阵。

在此矩阵中，主对角线上的元素为$\sigma_{x_i}^2$，代表观测值向量$\boldsymbol{X}$中X_i分量的方差；非主对角元素为$\sigma_{X_iX_j}\,(i\neq j)$，则代表$X_i$与$X_j$两个分量之间的协方差。

因此，不难得出，精度指标$\boldsymbol{D}_{XX}$不但描述了各个观测值的方差$\sigma_{X_i}^2$，还体现了观测值之间的相关性，并利用协方差$\sigma_{X_iX_j}\,(i\neq j)$来描述其中两两观测值之间的相关程度。

式(1-34)中

$$\begin{aligned}\sigma_{X_iX_j}&=E\{[X_i-E(X_i)][X_j-E(X_j)]\}\\&=E\{[X_j-E(X_j)][X_i-E(X_i)]\}=\sigma_{X_jX_i}\end{aligned}$$

即方差阵的一个重要性质是对称。

若当n维随机向量$\boldsymbol{X}$中各观测值之间相互独立时，所有协方差都为零，即$\sigma_{X_iX_j}=0$，那么协方差$\boldsymbol{D}_{XX}$此时就变为了对角阵，也就意味着$\boldsymbol{D}_{XX}$为各独立观测值精度指标的集合，即

$$\boldsymbol{D}_{XX}=\begin{bmatrix}\sigma_{X_1}^2 & 0 & \cdots & 0\\ 0 & \sigma_{X_2}^2 & \cdots & 0\\ \vdots & \vdots & & \vdots\\ 0 & 0 & \cdots & \sigma_{X_n}^2\end{bmatrix} \tag{1-35}$$

进一步，如果当 n 个互相独立随机向量精度相同时，即 $\sigma_{X_i}^2=\sigma_{X_j}^2=\sigma^2$，方差阵为数量矩阵，即

$$\boldsymbol{D}_{XX}=\sigma^2\begin{bmatrix}1 & 0 & \cdots & 0\\ 0 & 1 & \cdots & 0\\ \vdots & \vdots & & \vdots\\ 0 & 0 & \cdots & 1\end{bmatrix}=\sigma^2\,\boldsymbol{I} \tag{1-36}$$

式中，$\boldsymbol{I}$ 为单位阵。

如果有 n 维观测值向量 $\underset{n\times1}{\boldsymbol{X}}$ 和 r 维观测值向量 $\underset{r\times1}{\boldsymbol{Y}}$，数学期望分别为 $\underset{n\times1}{\boldsymbol{\mu}_X}$ 和 $\underset{r\times1}{\boldsymbol{\mu}_Y}$，则 $\boldsymbol{X}$ 关于 $\boldsymbol{Y}$ 的协方差是一个 n 行 r 列的矩阵，称为互协方差阵，简称协方差阵。定义为

$$\boldsymbol{D}_{XY}=E\left\{[\boldsymbol{X}-E(\boldsymbol{X})][\boldsymbol{Y}-E(\boldsymbol{Y})]^{\mathrm{T}}\right\} \tag{1-37}$$

即

$$\begin{aligned}\boldsymbol{D}_{XY}&=E\left\{\begin{bmatrix}X_1-E(X_1)\\ X_2-E(X_2)\\ \vdots\\ X_n-E(X_n)\end{bmatrix}[Y_1-E(Y_1)\;Y_2-E(Y_2)\;\cdots Y_r-E(Y_r)]\right\}\\ &=\begin{bmatrix}\sigma_{X_1Y_1} & \sigma_{X_1Y_2} & \cdots & \sigma_{X_1Y_r}\\ \sigma_{X_2Y_1} & \sigma_{X_2Y_2} & \cdots & \sigma_{X_2Y_r}\\ \vdots & \vdots & & \vdots\\ \sigma_{X_nY_1} & \sigma_{X_nY_2} & \cdots & \sigma_{X_nY_r}\end{bmatrix}\end{aligned} \tag{1-38}$$

可以看出，协方差阵 $\boldsymbol{D}_{XY}$ 是一个长方阵，内部的所有元素均是随机变量 $\boldsymbol{X}$ 关于 $\boldsymbol{Y}$ 的协方差。而当 $\boldsymbol{X}$ 与 $\boldsymbol{Y}$ 是互相独立的关系时，$\sigma_{X_iY_j}=0$，互协方差阵即为零矩阵。

例 1-6 随机向量 $\boldsymbol{Z}$ 由一个 n 维向量 $\boldsymbol{X}$ 和一个 r 维向量 $\boldsymbol{Y}$ 组成，构成矩阵 $\boldsymbol{Z}=\begin{bmatrix}\boldsymbol{X}\\ \boldsymbol{Y}\end{bmatrix}$，求 $\boldsymbol{Z}$ 的方差阵。

解 根据方差阵的概念，得

$$\begin{aligned}\boldsymbol{D}_Z&=E\left\{[\boldsymbol{Z}-E(\boldsymbol{Z})][\boldsymbol{Z}-E(\boldsymbol{Z})]^{\mathrm{T}}\right\}\\ &=E\left\{\begin{bmatrix}\boldsymbol{X}-E(\boldsymbol{X})\\ \boldsymbol{Y}-E(\boldsymbol{Y})\end{bmatrix}[\boldsymbol{X}-E(\boldsymbol{X})\;\;\boldsymbol{Y}-E(\boldsymbol{Y})]\right\}\\ &=\begin{bmatrix}\boldsymbol{D}_{XX} & \boldsymbol{D}_{XY}\\ \boldsymbol{D}_{YX} & \boldsymbol{D}_{YY}\end{bmatrix}\end{aligned} \tag{1-39}$$

式中，$\boldsymbol{D}_{XX}$、$\boldsymbol{D}_{YY}$ 分别为随机向量 $\boldsymbol{X}$ 和 $\boldsymbol{Y}$ 的协方差阵；$\boldsymbol{D}_{XY}$、$\boldsymbol{D}_{YX}$ 分别为随机向量 $\boldsymbol{X}$ 关于 $\boldsymbol{Y}$ 的协方差阵和 $\boldsymbol{Y}$ 关于 $\boldsymbol{X}$ 的协方差阵，且

$$\boldsymbol{D}_{XY} = E[(\boldsymbol{X} - \boldsymbol{\mu}_X)(\boldsymbol{Y} - \boldsymbol{\mu}_Y)^{\mathrm{T}}] = \boldsymbol{D}_{YX}^{\mathrm{T}}$$

即可以看出 $\boldsymbol{D}_{XY}$ 与 $\boldsymbol{D}_{YX}$ 互为转置。若 $\boldsymbol{D}_{XY} = 0$，则称 $\boldsymbol{X}$ 与 $\boldsymbol{Y}$ 是相互独立的观测向量。

特别地，当 $\boldsymbol{X}$ 和 $\boldsymbol{Y}$ 的维数 $n = r = 1$(即 $\boldsymbol{X}$ 、$\boldsymbol{Y}$ 都是一个观测值)时，互协方差阵就是 $\boldsymbol{X}$ 关于 $\boldsymbol{Y}$ 的协方差。

1.4.2　观测值线性函数的协方差传播律

1. 观测值线性函数的协方差阵

设有观测值 $\underset{n\times 1}{\boldsymbol{X}}$，其数学期望为 $\underset{n\times 1}{\boldsymbol{\mu}_X}$，协方差阵为 $\underset{n\times n}{\boldsymbol{D}_{XX}}$，即

$$\boldsymbol{X} = \begin{bmatrix} X_1 \\ X_2 \\ \vdots \\ X_n \end{bmatrix}, \quad \boldsymbol{\mu}_X = \begin{bmatrix} \mu_{X_1} \\ \mu_{X_2} \\ \vdots \\ \mu_{X_n} \end{bmatrix} = \begin{bmatrix} E(X_1) \\ E(X_2) \\ \vdots \\ E(X_n) \end{bmatrix} = E(\boldsymbol{X})$$

$$\boldsymbol{D}_{XX} = E[(\boldsymbol{X} - \boldsymbol{\mu}_X)(\boldsymbol{X} - \boldsymbol{\mu}_X)^{\mathrm{T}}] = \begin{bmatrix} \sigma_1^2 & \sigma_{12} & \cdots & \sigma_{1n} \\ \sigma_{21} & \sigma_2^2 & \cdots & \sigma_{2n} \\ \vdots & \vdots & & \vdots \\ \sigma_{n1} & \sigma_{n2} & \cdots & \sigma_n^2 \end{bmatrix} \tag{1-40}$$

又设有关于 $\boldsymbol{X}$ 的线性函数 Z，表达式为

$$\underset{1\times 1}{Z} = \underset{1\times n}{\boldsymbol{K}} \underset{n\times 1}{\boldsymbol{X}} + \underset{1\times 1}{k_0} \tag{1-41}$$

式中，$\underset{1\times n}{\boldsymbol{K}} = [k_1 \ k_2 \ \cdots k_n]$；$k_0$ 为一常数。

则式(1-41)的纯量形式表达为

$$Z = k_1X_1 + k_2X_2 + \cdots + k_nX_n + k_0 \tag{1-42}$$

那么，线性函数 Z 的方差 $\boldsymbol{D}_{ZZ}$ 应该如何求呢？

对式(1-41)取数学期望，得

$$E(Z) = E(\boldsymbol{KX} + k_0) = \boldsymbol{K}E(\boldsymbol{X}) + k_0 = \boldsymbol{K}\boldsymbol{\mu}_X + k_0 \tag{1-43}$$

依据方差定义，函数 Z 的方差表达为

$$\underset{1\times 1}{\boldsymbol{D}_{ZZ}} = \sigma_Z^2 = E[(Z - E(Z))(Z - E(Z))^{\mathrm{T}}]$$

将式(1-41)和式(1-43)代入上式，得

$$\begin{aligned} \underset{1\times 1}{\boldsymbol{D}_{ZZ}} = \sigma_Z^2 &= E[(\boldsymbol{KX} - \boldsymbol{K}\boldsymbol{\mu}_X)(\boldsymbol{KX} - \boldsymbol{K}\boldsymbol{\mu}_X)^{\mathrm{T}}] \\ &= E[\boldsymbol{K}(\boldsymbol{X} - \boldsymbol{\mu}_X)(\boldsymbol{X} - \boldsymbol{\mu}_X)^{\mathrm{T}}\boldsymbol{K}^{\mathrm{T}}] \\ &= \boldsymbol{K}E[(\boldsymbol{X} - \boldsymbol{\mu}_X)(\boldsymbol{X} - \boldsymbol{\mu}_X)^{\mathrm{T}}]\boldsymbol{K}^{\mathrm{T}} \end{aligned}$$

即

$$\underset{1\times 1}{\boldsymbol{D}_{ZZ}} = \sigma_Z^2 = \underset{1\times n}{\boldsymbol{K}} \underset{n\times n}{\boldsymbol{D}_{XX}} \underset{n\times 1}{\boldsymbol{K}^{\mathrm{T}}} \tag{1-44}$$

式(1-44)的纯量形式表达为

$$
\underset{1\times1}{\boldsymbol{D}_{ZZ}}=\sigma_Z^2=k_1^2\sigma_1^2+k_2^2\sigma_2^2+\cdots+k_n^2\sigma_n^2+2k_1k_2\sigma_{12}+2k_1k_3\sigma_{13} \\ +\cdots+2k_1k_n\sigma_{1n}+\cdots+2k_{n-1}k_n\sigma_{n-1,\ n} \tag{1-45}
$$

特别地，如果向量中的各分量 $X_i(i=1,2,\cdots,n)$ 不相关，即两两独立时，分量之间的协方差 $\sigma_{ij}=0(i\neq j)$，上式就简化为

$$
\underset{1\times1}{\boldsymbol{D}_{ZZ}}=\sigma_Z^2=k_1^2\sigma_1^2+k_2^2\sigma_2^2+\cdots+k_n^2\sigma_n^2=[k^2\sigma^2] \tag{1-46}
$$

一般将式(1-44)、式(1-45)和式(1-46)统称为协方差传播律。其中式(1-46)是式(1-45)的特例。

例 1-7 在 1:500 的图上，量得两点间的距离 $d=23.4\text{mm}$，已知 d 的测量中误差 $\sigma_\text{d}=0.2\text{mm}$，求该两点间实地距离 S 及其中误差 σ_S。

解

$$
S=500d=500\times23.4=11700\text{mm}=11.7\text{m}
$$

$$
\sigma_\text{S}=\sqrt{500^2\sigma_\text{d}^2}=500\sigma_\text{d}=500\times0.2=100\text{mm}=0.1\text{m}
$$

最后可写成

$$
S=11.7\text{m}\pm0.1\text{m}
$$

例 1-8 Z 为独立观测值 L_1、L_2、L_3 的函数，$Z=\frac{2}{9}L_1-\frac{2}{9}L_2-\frac{5}{9}L_3$，已知 L_1、L_2、L_3 的中误差 $\sigma_1=3\text{mm}$，$\sigma_2=2\text{mm}$，$\sigma_3=1\text{mm}$，求函数 Z 的中误差 σ_Z。

解 由于 L_1、L_2、L_3 是独立观测值，根据协方差传播律，有

$$
\sigma_Z^2=\left(\frac{2}{9}\right)^2\sigma_1^2+\left(-\frac{2}{9}\right)^2\sigma_2^2+\left(-\frac{5}{9}\right)^2\sigma_3^2=\frac{4}{81}\times9+\frac{4}{81}\times4+\frac{25}{81}\times1=\frac{77}{81}=0.95(\text{mm})^2
$$

则函数 Z 的中误差为

$$
\sigma_Z=0.97\text{mm}
$$

例 1-9 已知观测向量 $\boldsymbol{L}=[L_1\ L_2\ L_3]^\text{T}$ 的方差阵 $\boldsymbol{D}_L=\begin{bmatrix}3&-1&0\\-1&4&1\\0&1&3\end{bmatrix}$，试求函数 $X=2L_1+L_3+5$ 的中误差。

解 因为

$$
X=[2\ \ 0\ \ 1]\begin{bmatrix}L_1\\L_2\\L_3\end{bmatrix}+5
$$

根据式(1-44)，有

$$
\boldsymbol{D}_X=[2\ \ 0\ \ 1]\begin{bmatrix}3&-1&0\\-1&4&1\\0&1&3\end{bmatrix}\begin{bmatrix}2\\0\\1\end{bmatrix}=15
$$

则函数 X 的中误差为

$$
\sigma_X=3.87\text{mm}
$$

例 1-10 如图 1-10 所示，设在测站 A 上，已知 $\angle BAC=\alpha$ (设其无误差)，而观测角 β_1 和 β_2 的中误差为 $\sigma_1=\sigma_2=1.4''$，协方差 $\sigma_{12}=-1''^2$。求角 x 的中误差 σ_x。

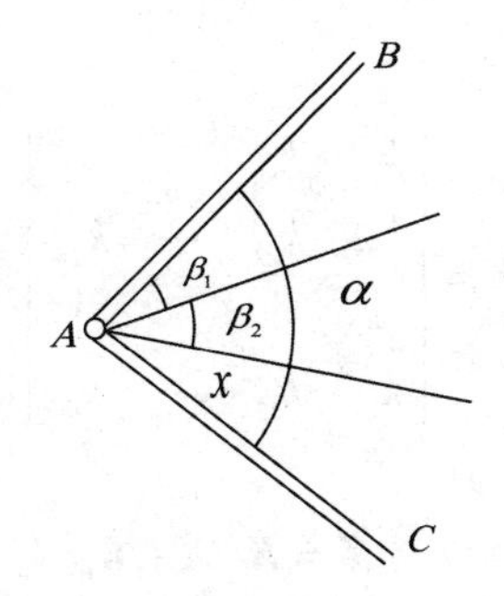

图 1-10　测站观测示意图

解　(1) 因

$$x = \alpha - \beta_1 - \beta_2 = [-1 \quad -1]\begin{bmatrix}\beta_1 \\ \beta_2\end{bmatrix} + \alpha$$

令

$$\boldsymbol{\beta} = \begin{bmatrix}\beta_1 \\ \beta_2\end{bmatrix}$$

再根据 $\sigma_{12} = \sigma_{21}$，则有

$$\boldsymbol{D}_{\beta\beta} = \begin{bmatrix}\sigma_1^2 & \sigma_{12} \\ \sigma_{21} & \sigma_2^2\end{bmatrix} = \begin{bmatrix}1.96 & -1 \\ -1 & 1.96\end{bmatrix}$$

依据式(1-44)，即得

$$\sigma_x^2 = [-1 \quad -1]\begin{bmatrix}1.96 & -1 \\ -1 & 1.96\end{bmatrix}\begin{bmatrix}-1 \\ -1\end{bmatrix} = [-0.96 \quad -0.96]\begin{bmatrix}-1 \\ -1\end{bmatrix} = 1.92$$

因此

$$\sigma_x = 1.4''$$

(2) 若按式(1-45)解算，则有

$$\sigma_x^2 = (-1)^2 \times 1.96 + (-1)^2 \times 1.96 + 2(-1) \times (-1) \times (-1) = 1.92$$

同样

$$\sigma_x = 1.4''$$

2. 多个观测值线性函数的协方差阵

以上所阐述的都是单个线性函数的误差传播问题，如果存在两个或两个以上更多的线性函数的情况，要同时求得多个线性函数的中误差时，应该如何求解呢？

设有观测值 $\underset{n\times1}{\boldsymbol{X}}$，它的数学期望为 $\boldsymbol{\mu}_X$，方差阵为 $\boldsymbol{D}_{XX}$。若有关于 $\boldsymbol{X}$ 的 t 个线性函数，表达为

$$\left.\begin{aligned} Z_1 &= k_{11}X_1 + k_{12}X_2 + \cdots + k_{1n}X_n + k_{10} \\ Z_2 &= k_{21}X_1 + k_{22}X_2 + \cdots + k_{2n}X_n + k_{20} \\ &\vdots \\ Z_t &= k_{t1}X_1 + k_{t2}X_2 + \cdots + k_{tn}X_n + k_{t0} \end{aligned}\right\} \tag{1-47}$$

要推求函数 $Z_1, Z_2, \cdots, Z_t$ 的方差以及函数之间的协方差。

若令

$$\underset{t\times1}{\boldsymbol{Z}}=\begin{bmatrix}Z_1\\Z_2\\\vdots\\Z_t\end{bmatrix},\quad \underset{t\times n}{\boldsymbol{K}}=\begin{bmatrix}k_{11}&k_{12}&\cdots&k_{1n}\\k_{21}&k_{22}&\cdots&k_{2n}\\\vdots&\vdots&&\vdots\\k_{t1}&k_{t2}&\cdots&k_{tn}\end{bmatrix},\quad \underset{t\times1}{\boldsymbol{K}_0}=\begin{bmatrix}k_{10}\\k_{20}\\\vdots\\k_{t0}\end{bmatrix}$$

则式(1-47)可写成

$$\underset{t\times1}{\boldsymbol{Z}}=\underset{t\times n}{\boldsymbol{K}}\ \underset{n\times1}{\boldsymbol{X}}+\underset{t\times1}{\boldsymbol{K}_0} \tag{1-48}$$

现在来推求 $\boldsymbol{Z}$ 的协方差阵 $\boldsymbol{D}_{ZZ}$。

由于 $\boldsymbol{Z}$ 的数学期望为

$$E(\boldsymbol{Z})=E(\boldsymbol{KX}+\boldsymbol{K}_0)=\boldsymbol{K}\boldsymbol{\mu}_X+\boldsymbol{K}_0 \tag{1-49}$$

因此 $\boldsymbol{Z}$ 的协方差阵为

$$\begin{aligned}\underset{t\times t}{\boldsymbol{D}_{ZZ}}&=E[(\boldsymbol{Z}-E(\boldsymbol{Z}))\,(\boldsymbol{Z}-E(\boldsymbol{Z}))^{\mathrm{T}}]\\&=E[(\boldsymbol{KX}-\boldsymbol{K}\boldsymbol{\mu}_X)\,(\boldsymbol{KX}-\boldsymbol{K}\boldsymbol{\mu}_X)^{\mathrm{T}}]\\&=\boldsymbol{K}E[(\boldsymbol{X}-\boldsymbol{\mu}_X)\,(\boldsymbol{X}-\boldsymbol{\mu}_X)^{\mathrm{T}}]\boldsymbol{K}^{\mathrm{T}}\end{aligned}$$

即得

$$\underset{t\times t}{\boldsymbol{D}_{ZZ}}=\underset{t\times n}{\boldsymbol{K}}\ \underset{n\times n}{\boldsymbol{D}_{XX}}\ \underset{n\times t}{\boldsymbol{K}^{\mathrm{T}}} \tag{1-50}$$

不难看出，上式与式(1-44)在书写形式上完全相同，且两式的推导原理及过程也相同。不同之处在于，式(1-44)中的 $\boldsymbol{D}_{ZZ}$ 是观测值单个函数的方差，而式(1-50)中的 $\boldsymbol{D}_{ZZ}$ 是观测值 t 个函数的协方差阵，因此式(1-44)只是式(1-50)的一种特殊情况。

若另有关于 $\boldsymbol{X}$ 的 r 个线性函数，表达为

$$\left.\begin{aligned}Y_1&=f_{11}X_1+f_{12}X_2+\cdots+f_{1n}X_n+f_{10}\\Y_2&=f_{21}X_1+f_{22}X_2+\cdots+f_{2n}X_n+f_{20}\\&\vdots\\Y_r&=f_{r1}X_1+f_{r2}X_2+\cdots+f_{rn}X_n+f_{r0}\end{aligned}\right\} \tag{1-51}$$

若记

$$\underset{r\times1}{\boldsymbol{Y}}=\begin{bmatrix}Y_1\\Y_2\\\vdots\\Y_r\end{bmatrix},\quad \underset{r\times n}{\boldsymbol{F}}=\begin{bmatrix}f_{11}&f_{12}&\cdots&f_{1n}\\f_{21}&f_{22}&\cdots&f_{2n}\\\vdots&\vdots&&\vdots\\f_{r1}&f_{r2}&\cdots&f_{rn}\end{bmatrix},\quad \underset{r\times1}{\boldsymbol{F}_0}=\begin{bmatrix}f_{10}\\f_{20}\\\vdots\\f_{r0}\end{bmatrix}$$

则式(1-51)可写成

$$\underset{r\times1}{\boldsymbol{Y}}=\underset{r\times n}{\boldsymbol{F}}\ \underset{n\times1}{\boldsymbol{X}}+\underset{r\times1}{\boldsymbol{F}_0} \tag{1-52}$$

由 $\boldsymbol{Y}$ 的数学期望

$$E(\boldsymbol{Y})=\boldsymbol{F}\boldsymbol{\mu}_X+\boldsymbol{F}_0 \tag{1-53}$$

借鉴式(1-50)的推导过程，同理可得函数 $\boldsymbol{Y}$ 的协方差阵为

$$\underset{r\times r}{\boldsymbol{D}_{YY}}=\underset{r\times n}{\boldsymbol{F}}\ \underset{n\times n}{\boldsymbol{D}_{XX}}\ \underset{n\times r}{\boldsymbol{F}^{\mathrm{T}}} \tag{1-54}$$

已经求出由多个观测值组成的线性函数 $\boldsymbol{Y}$ 和 $\boldsymbol{Z}$ 各自的协方差阵，那么不免要思考，函数

$\boldsymbol{Y}$ 关于 $\boldsymbol{Z}$ 的互协方差阵 $\underset{r\times t}{\boldsymbol{D}_{YZ}}$ 如何推求呢？

根据互协方差阵的定义可知

$$\boldsymbol{D}_{YZ}=E[(\boldsymbol{Y}-E(\boldsymbol{Y}))(\boldsymbol{Z}-E(\boldsymbol{Z}))^{\mathrm{T}}]$$

将关于函数 $\boldsymbol{Y}$ 的式(1-52)、式(1-53)与关于函数 $\boldsymbol{Z}$ 的式(1-48)、式(1-49)代入上式，则有

$$\begin{aligned}\boldsymbol{D}_{YZ}&=E[(\boldsymbol{FX}-\boldsymbol{F}\boldsymbol{\mu}_X)(\boldsymbol{KX}-\boldsymbol{K}\boldsymbol{\mu}_X)^{\mathrm{T}}]\\&=\boldsymbol{F}E[(\boldsymbol{X}-\boldsymbol{\mu}_X)(\boldsymbol{X}-\boldsymbol{\mu}_X)^{\mathrm{T}}]\boldsymbol{K}^{\mathrm{T}}\end{aligned}$$

即得

$$\underset{r\times t}{\boldsymbol{D}_{YZ}}=\underset{r\times n}{\boldsymbol{F}}\,\underset{n\times n}{\boldsymbol{D}_{XX}}\,\underset{n\times t}{\boldsymbol{K}^{\mathrm{T}}} \tag{1-55}$$

式(1-55)就是根据 $\boldsymbol{X}$ 的协方差阵推求它的两组线性函数 $\boldsymbol{Y}$ 和 $\boldsymbol{Z}$ 之间的互协方差阵的公式。

通常定义式(1-44)、式(1-50)、式(1-55)都为协方差传播律，观测值函数 $\boldsymbol{Z}$ 的协方差阵 $\boldsymbol{D}_{ZZ}$、两组函数 $\boldsymbol{Y}$ 和 $\boldsymbol{Z}$ 的互协方差阵 $\boldsymbol{D}_{YZ}$。

不难注意到，如果 $\boldsymbol{Y}=\boldsymbol{Z}$，则式(1-55)就变为式(1-50)，所以，式(1-50)可看作式(1-55)的特例。

特别说明，函数 $\boldsymbol{Y}$ 和 $\boldsymbol{Z}$ 的互协方差阵 $\boldsymbol{D}_{YZ}$ 中，$\boldsymbol{F}$ 是函数 $\boldsymbol{Y}$ 的系数阵，$\boldsymbol{K}$ 是函数 $\boldsymbol{Z}$ 的系数阵，要注意公式中系数阵与函数之间的对应关系。那么 $\boldsymbol{Z}$ 和 $\boldsymbol{Y}$ 的互协方差阵 $\boldsymbol{D}_{ZY}$ 与 $\boldsymbol{D}_{YZ}$ 是怎样的对应关系？该如何用公式表达？

因为

$$\boldsymbol{D}_{YZ}=\boldsymbol{D}_{ZY}^{\mathrm{T}}$$

所以

$$\underset{t\times r}{\boldsymbol{D}_{ZY}}=(\boldsymbol{F}\boldsymbol{D}_{XX}\boldsymbol{K}^{\mathrm{T}})^{\mathrm{T}}=\underset{t\times n}{\boldsymbol{K}}\,\underset{n\times n}{\boldsymbol{D}_{XX}}\,\underset{n\times r}{\boldsymbol{F}^{\mathrm{T}}} \tag{1-56}$$

例 1-11　设在一个三角形中，同精度独立观测到 3 个内角值 L_1、L_2、L_3，中误差均为 σ。试求将闭合差平均分配后的各角最或然值 $\hat{L}_1$、$\hat{L}_2$、$\hat{L}_3$ 的协方差阵。

解　三角形闭合差为

$$w=(L_1+L_2+L_3)-180^{\circ}$$

而 $\hat{L}_1$、$\hat{L}_2$、$\hat{L}_3$ 为

$$\begin{aligned}\hat{L}_1&=L_1-\frac{1}{3}w=\frac{2}{3}L_1-\frac{1}{3}L_2-\frac{1}{3}L_3+60^{\circ}\\\hat{L}_2&=L_2-\frac{1}{3}w=-\frac{1}{3}L_1+\frac{2}{3}L_2-\frac{1}{3}L_3+60^{\circ}\\\hat{L}_3&=L_3-\frac{1}{3}w=-\frac{1}{3}L_1-\frac{1}{3}L_2+\frac{2}{3}L_3+60^{\circ}\end{aligned}$$

则有

$$\hat{\boldsymbol{L}}=\begin{bmatrix}\hat{L}_1\\\hat{L}_2\\\hat{L}_3\end{bmatrix}=\begin{bmatrix}+\frac{2}{3}&-\frac{1}{3}&-\frac{1}{3}\\-\frac{1}{3}&+\frac{2}{3}&-\frac{1}{3}\\-\frac{1}{3}&-\frac{1}{3}&+\frac{2}{3}\end{bmatrix}\begin{bmatrix}L_1\\L_2\\L_3\end{bmatrix}+\begin{bmatrix}60^{\circ}\\60^{\circ}\\60^{\circ}\end{bmatrix}$$

因 3 个内角是同精度独立观测，则有

$$\boldsymbol{D}_{LL}=\begin{bmatrix}\sigma^2 & 0 & 0\\ 0 & \sigma^2 & 0\\ 0 & 0 & \sigma^2\end{bmatrix}$$

应用式(1-50)，得 $\hat{\boldsymbol{L}}$ 的协方差阵为

$$\boldsymbol{D}_{\hat{L}\hat{L}}=\begin{bmatrix}\sigma_{\hat{L}_1}^2 & \sigma_{\hat{L}_1\hat{L}_2} & \sigma_{\hat{L}_1\hat{L}_3}\\ \sigma_{\hat{L}_2\hat{L}_1} & \sigma_{\hat{L}_2}^2 & \sigma_{\hat{L}_2\hat{L}_3}\\ \sigma_{\hat{L}_3\hat{L}_1} & \sigma_{\hat{L}_3\hat{L}_2} & \sigma_{\hat{L}_3}^2\end{bmatrix}$$

$$=\begin{bmatrix}+\frac{2}{3} & -\frac{1}{3} & -\frac{1}{3}\\ -\frac{1}{3} & +\frac{2}{3} & -\frac{1}{3}\\ -\frac{1}{3} & -\frac{1}{3} & +\frac{2}{3}\end{bmatrix}\begin{bmatrix}\sigma^2 & 0 & 0\\ 0 & \sigma^2 & 0\\ 0 & 0 & \sigma^2\end{bmatrix}\begin{bmatrix}+\frac{2}{3} & -\frac{1}{3} & -\frac{1}{3}\\ -\frac{1}{3} & +\frac{2}{3} & -\frac{1}{3}\\ -\frac{1}{3} & -\frac{1}{3} & +\frac{2}{3}\end{bmatrix}$$

$$=\begin{bmatrix}\frac{2}{3}\sigma^2 & -\frac{1}{3}\sigma^2 & -\frac{1}{3}\sigma^2\\ -\frac{1}{3}\sigma^2 & \frac{2}{3}\sigma^2 & -\frac{1}{3}\sigma^2\\ -\frac{1}{3}\sigma^2 & -\frac{1}{3}\sigma^2 & \frac{2}{3}\sigma^2\end{bmatrix}$$

从 $\boldsymbol{D}_{\hat{L}\hat{L}}$ 中看出，经过闭合差分配后，各角 $\hat{L}_i$ 的中误差均为 $\sqrt{\frac{2}{3}}\sigma$，各角两两之间的协方差均为 $-\frac{1}{3}\sigma^2$。通过这个计算结果，也可以简单地得出一个结论，最或然值的中误差小于相应观测值的中误差，即 $\sqrt{\frac{2}{3}}\sigma<\sigma$，也就是说，最或然值的精度高于其相应观测值的精度，这就是在数据处理过程中，平差所带来的优势，使得数据精度有所提高。

在平差计算过程中，由于数据众多，计算量是非常庞大的，而实际中往往所关心的只是众多元素的一部分，并不需要计算所有观测量的中误差及它们之间的协方差。譬如若只计算 $\hat{L}_2$ 的中误差和 $\hat{L}_3$ 关于 $\hat{L}_2$ 的协方差，应该如何计算才更便捷呢？

由式(1-50)和式(1-55)写出

$$\boldsymbol{D}_{\hat{L}_2\hat{L}_2}=\boldsymbol{K}_2\boldsymbol{D}_{LL}\boldsymbol{K}_2^{\mathrm{T}}$$

$$\boldsymbol{D}_{\hat{L}_3\hat{L}_2}=\boldsymbol{K}_3\boldsymbol{D}_{LL}\boldsymbol{K}_2^{\mathrm{T}}$$

从例 1-11 中可以直接得出

$$\boldsymbol{K}_2=[k_{21}\quad k_{22}\quad k_{23}]=\begin{bmatrix}-\frac{1}{3} & \frac{2}{3} & -\frac{1}{3}\end{bmatrix}$$

$$\boldsymbol{K}_3=[k_{31}\quad k_{32}\quad k_{33}]=\begin{bmatrix}-\frac{1}{3} & -\frac{1}{3} & \frac{2}{3}\end{bmatrix}$$

即得

$$\sigma_{\hat{L}_2}^2 = \boldsymbol{D}_{\hat{L}_2\hat{L}_2} = \begin{bmatrix} -\frac{1}{3} & \frac{2}{3} & -\frac{1}{3} \end{bmatrix} \begin{bmatrix} \sigma^2 & 0 & 0 \\ 0 & \sigma^2 & 0 \\ 0 & 0 & \sigma^2 \end{bmatrix} \begin{bmatrix} -\frac{1}{3} \\ \frac{2}{3} \\ -\frac{1}{3} \end{bmatrix} = \frac{2}{3}\sigma^2$$

$$\sigma_{\hat{L}_3\hat{L}_2} = \boldsymbol{D}_{\hat{L}_3\hat{L}_2} = \begin{bmatrix} -\frac{1}{3} & -\frac{1}{3} & \frac{2}{3} \end{bmatrix} \begin{bmatrix} \sigma^2 & 0 & 0 \\ 0 & \sigma^2 & 0 \\ 0 & 0 & \sigma^2 \end{bmatrix} \begin{bmatrix} -\frac{1}{3} \\ \frac{2}{3} \\ -\frac{1}{3} \end{bmatrix} = -\frac{1}{3}\sigma^2$$

计算结果与矩阵整体解算的结果相同。

特别应该注意的一个重要问题是，应用误差传播律时所列出的线性函数式，必须表达为关于观测值的最简函数形式。例如，如果将函数 $\hat{L}_2$ 不经过合并化简，直接表达为

$$\hat{L}_2 = L_2 - \frac{1}{3}w = L_2 - \frac{1}{3}L_1 - \frac{1}{3}L_2 - \frac{1}{3}L_3 + 60^\circ$$

应用误差传播定律，即得

$$\sigma_{\hat{L}_2}^2 = \sigma_2^2 + \left(-\frac{1}{3}\right)^2 \sigma_1^2 + \left(-\frac{1}{3}\right)^2 \sigma_2^2 + \left(-\frac{1}{3}\right)^2 \sigma_3^2 = \frac{4}{3}\sigma^2 \neq \frac{2}{3}\sigma^2$$

以上计算不正确的原因，就是没有把函数式化为关于观测值的最简表达式，因此在应用时，要极为注意这一点。

例 1-12　设有函数

$$\underset{t\times 1}{\boldsymbol{Z}} = \underset{t\times n}{\boldsymbol{F}_1}\underset{n\times 1}{\boldsymbol{X}} + \underset{t\times r}{\boldsymbol{F}_2}\underset{r\times 1}{\boldsymbol{Y}} + \underset{t\times 1}{\boldsymbol{F}_0}$$

已知 $\boldsymbol{X}$ 和 $\boldsymbol{Y}$ 的协方差阵分别为 $\underset{n\times n}{\boldsymbol{D}_{XX}}$ 、$\underset{r\times r}{\boldsymbol{D}_{YY}}$ ，$\boldsymbol{X}$ 关于 $\boldsymbol{Y}$ 的互协方差阵为 $\underset{n\times r}{\boldsymbol{D}_{XY}}$ ，求 $\boldsymbol{Z}$ 的协方差阵 $\underset{t\times t}{\boldsymbol{D}_{ZZ}}$ 和 $\boldsymbol{Z}$ 关于 $\boldsymbol{X}$ 及 $\boldsymbol{Y}$ 的互协方差阵 $\underset{t\times n}{\boldsymbol{D}_{ZX}}$ 及 $\underset{t\times r}{\boldsymbol{D}_{ZY}}$ 。

解　将函数 $\boldsymbol{Z}$ 写成矩阵形式，得

$$\boldsymbol{Z} = [\boldsymbol{F}_1 \quad \boldsymbol{F}_2] \begin{bmatrix} \boldsymbol{X} \\ \boldsymbol{Y} \end{bmatrix} + \boldsymbol{F}_0 \tag{1-57}$$

应用协方差传播律得

$$\boldsymbol{D}_{ZZ} = [\boldsymbol{F}_1 \quad \boldsymbol{F}_2] \begin{bmatrix} \boldsymbol{D}_{XX} & \boldsymbol{D}_{XY} \\ \boldsymbol{D}_{YX} & \boldsymbol{D}_{YY} \end{bmatrix} \begin{bmatrix} \boldsymbol{F}_1^{\mathrm{T}} \\ \boldsymbol{F}_2^{\mathrm{T}} \end{bmatrix} \tag{1-58}$$

展开得

$$\boldsymbol{D}_{ZZ} = \boldsymbol{F}_1\boldsymbol{D}_{XX}\boldsymbol{F}_1^{\mathrm{T}} + \boldsymbol{F}_1\boldsymbol{D}_{XY}\boldsymbol{F}_2^{\mathrm{T}} + \boldsymbol{F}_2\boldsymbol{D}_{YX}\boldsymbol{F}_1^{\mathrm{T}} + \boldsymbol{F}_2\boldsymbol{D}_{YY}\boldsymbol{F}_2^{\mathrm{T}}$$

仔细观察不难看出，$\boldsymbol{D}_{ZZ}$ 的表达式具有一定的计算和记忆规律，因此在应用中，可以将式(1-58)作为协方差传播律的记忆法则。

仿式(1-57)，$\boldsymbol{X}$、$\boldsymbol{Y}$ 可分别写成以下形式的矩阵

$$\boldsymbol{X}=[\boldsymbol{I}\quad 0]\begin{bmatrix}\boldsymbol{X}\\\boldsymbol{Y}\end{bmatrix},\quad \boldsymbol{Y}=[0\quad \boldsymbol{I}]\begin{bmatrix}\boldsymbol{X}\\\boldsymbol{Y}\end{bmatrix}$$

根据协方差传播律，有

$$\boldsymbol{D}_{ZX}=[\boldsymbol{F}_1\quad \boldsymbol{F}_2]\begin{bmatrix}\boldsymbol{D}_{XX} & \boldsymbol{D}_{XY}\\\boldsymbol{D}_{YX} & \boldsymbol{D}_{YY}\end{bmatrix}\begin{bmatrix}\boldsymbol{I}\\0\end{bmatrix}$$

$$\boldsymbol{D}_{ZY}=[\boldsymbol{F}_1\quad \boldsymbol{F}_2]\begin{bmatrix}\boldsymbol{D}_{XX} & \boldsymbol{D}_{XY}\\\boldsymbol{D}_{YX} & \boldsymbol{D}_{YY}\end{bmatrix}\begin{bmatrix}0\\\boldsymbol{I}\end{bmatrix}$$

再展开，即可得出 $\boldsymbol{D}_{ZX}$、$\boldsymbol{D}_{ZY}$ 的表达式如式(1-59)。若利用式(1-58)的记忆法则就可直接写出最终结果为

$$\left.\begin{aligned}\boldsymbol{D}_{ZX}&=\boldsymbol{F}_1\boldsymbol{D}_{XX}+\boldsymbol{F}_2\boldsymbol{D}_{YX}\\\boldsymbol{D}_{ZY}&=\boldsymbol{F}_1\boldsymbol{D}_{XY}+\boldsymbol{F}_2\boldsymbol{D}_{YY}\end{aligned}\right\}\tag{1-59}$$

若 $\boldsymbol{D}_{XY}=\boldsymbol{D}_{YX}^{\mathrm{T}}=0$，则式(1-58)、式(1-59)综合成

$$\left.\begin{aligned}\boldsymbol{D}_{ZZ}&=\boldsymbol{F}_1\boldsymbol{D}_{XX}\boldsymbol{F}_1^{\mathrm{T}}+\boldsymbol{F}_2\boldsymbol{D}_{YY}\boldsymbol{F}_2^{\mathrm{T}}\\\boldsymbol{D}_{ZX}&=\boldsymbol{F}_1\boldsymbol{D}_{XX}\\\boldsymbol{D}_{ZY}&=\boldsymbol{F}_2\boldsymbol{D}_{YY}\end{aligned}\right\}\tag{1-60}$$

将式(1-58)、式(1-59)、式(1-60)作为公式使用时，要注意其中的规律及前提条件。

1.4.3 观测值非线性函数的协方差传播律

前面所讨论的都是关于观测值的线性函数的协方差传播规律，可在实际应用中，大多数都是非线性的情况，因此研究非线性函数的协方差传播规律十分重要。其核心原理是将非线性函数进行线性化，变换成线性模型，最后利用上述的线性函数的协方差传播规律求出函数方差。

设有独立观测值 $\underset{n\times 1}{\boldsymbol{X}}$ 的一个非线性函数，即

$$\boldsymbol{Z}=f(\boldsymbol{X})=f(X_1,X_2,\cdots,X_n)\tag{1-61}$$

已知 $\underset{n\times 1}{\boldsymbol{X}}$ 的协方差阵 $\boldsymbol{D}_{XX}$，欲求 $\boldsymbol{Z}$ 的方差 $\boldsymbol{D}_{ZZ}$。

根据泰勒级数展开的原理，假定观测值 $\boldsymbol{X}$ 有近似值 $\underset{n\times 1}{\boldsymbol{X}^0}$，即

$$\underset{n\times 1}{\boldsymbol{X}^0}=\begin{bmatrix}X_1^0 & X_2^0 & \cdots & X_n^0\end{bmatrix}^{\mathrm{T}}$$

将式(1-61)在点 $\left(X_1^0,X_2^0,\cdots,X_n^0\right)$ 处泰勒级数展开，得

$$\begin{aligned}\boldsymbol{Z}=&f(X_1^0,X_2^0,\cdots,X_n^0)+\left(\frac{\partial f}{\partial X_1}\right)(X_1-X_1^0)+\left(\frac{\partial f}{\partial X_2}\right)(X_2-X_2^0)\\&+\cdots+\left(\frac{\partial f}{\partial X_n}\right)(X_n-X_n^0)+(\text{二次以上项})\end{aligned}\tag{1-62}$$

式中，$f(X_1^0,X_2^0,\cdots,X_n^0)$、$\left(\dfrac{\partial f}{\partial X_i}\right)_0$ 都为常数。$\left(\dfrac{\partial f}{\partial X_i}\right)_0$ 是函数 $\boldsymbol{Z}$ 对各变量的偏导数在 $\boldsymbol{X}^0$ 处的值；$f(X_1^0,X_2^0,\cdots,X_n^0)$ 是将近似值 $\boldsymbol{X}^0$ 代入所算得的函数值。

当近似值 $\boldsymbol{X}^0$ 与 $\boldsymbol{X}$ 非常接近时，二次以上各项相比就很微小，因此可以略去。故式(1-62)变化为

$$\begin{aligned}\boldsymbol{Z} = &\left(\frac{\partial f}{\partial X_1}\right)_0 X_1 + \left(\frac{\partial f}{\partial X_2}\right)_0 X_2 + \cdots + \left(\frac{\partial f}{\partial X_n}\right)_0 X_n \\ &+ f(X_1^0,\ X_2^0, \cdots, X_n^0) - \sum_{i=1}^{n}\left(\frac{\partial f}{\partial X_i}\right)_0 X_i^0\end{aligned} \tag{1-63}$$

若令

$$\begin{cases}\boldsymbol{K} = [k_1\ k_2 \cdots k_n] = \left[\left(\dfrac{\partial f}{\partial X_1}\right)_0 \quad \left(\dfrac{\partial f}{\partial X_2}\right)_0 \quad \cdots \quad \left(\dfrac{\partial f}{\partial X_n}\right)_0\right] \\ k_0 = f(X_1^0, X_2^0, \cdots, X_n^0) - \displaystyle\sum_{i=1}^{n}\left(\frac{\partial f}{\partial X_i}\right)_0 X_i^0\end{cases}$$

即得

$$\boldsymbol{Z} = k_1X_1 + k_2X_2 + \cdots + k_nX_n + k_0 = \boldsymbol{K}\boldsymbol{X} + k_0 \tag{1-64}$$

通过以上的公式推演，非线性函数式(1-61)就转化成了线性函数式(1-64)，这样就可以利用(1-44)式求得 $\boldsymbol{Z}$ 的方差为

$$\boldsymbol{D}_{ZZ} = \boldsymbol{K}\boldsymbol{D}_{XX}\boldsymbol{K}^{\mathrm{T}}$$

纯量形式表达为(当 $\sigma_{ij} = 0$ 时)

$$\sigma_Z^2 = \left(\frac{\partial f}{\partial X_1}\right)_0^2 \sigma_1^2 + \left(\frac{\partial f}{\partial X_2}\right)_0^2 \sigma_2^2 + \cdots + \left(\frac{\partial f}{\partial X_n}\right)_0^2 \sigma_n^2 = \sum_{i=1}^{n}\left(\frac{\partial f}{\partial X_i}\right)_0^2 \sigma_i^2 \tag{1-65}$$

进行泰勒级数展开的工作无疑是烦琐的，那么可以换一种思路，从式(1-62)出发，引入变量和函数的微分的概念，即考虑到

$$\begin{cases}X_i - X_i^0 = \mathrm{d}X_i \quad i = 1, 2, \cdots, n \\ \boldsymbol{Z} - f(X_1^0,\ X_2^0, \cdots, X_n^0) = \mathrm{d}\boldsymbol{Z}\end{cases}$$

且令

$$\mathrm{d}\boldsymbol{X} = [\mathrm{d}X_1 \quad \mathrm{d}X_2 \quad \cdots \quad \mathrm{d}X_n]^{\mathrm{T}}$$

则式(1-62)就转换成

$$\mathrm{d}\boldsymbol{Z} = \left(\frac{\partial f}{\partial X_1}\right)_0 \mathrm{d}X_1 + \left(\frac{\partial f}{\partial X_2}\right)_0 \mathrm{d}X_2 + \cdots + \left(\frac{\partial f}{\partial X_n}\right)_0 \mathrm{d}X_n = \boldsymbol{K}\,\mathrm{d}\boldsymbol{X} \tag{1-66}$$

不难看出，式(1-66)就是非线性函数式(1-61)的全微分形式。在利用式(1-64)应用协方差传播律求 $\boldsymbol{D}_{ZZ}$ 时，知道系数阵 $\boldsymbol{K}$ 就足够了，也就意味着求出非线性函数的全微分，得到各偏导数值即可，不必每次都用泰勒级数展开。

例 1-13　对于某一矩形场地，量得其长度 a=156.34m±0.1m，宽度 b=85.27m±0.05m，计算该矩形场地的面积 P 及其中误差 σ_P。

解　矩形场地面积的函数式为

$$P = a \cdot b$$

其面积为

$$P = a \cdot b = 156.34 \times 85.27 = 13331.11(\mathrm{m}^2)$$

对面积表达式进行全微分得

$$\mathrm{d}P = b \cdot \mathrm{d}a + a \cdot \mathrm{d}b$$

则根据协方差传播律有

$$\sigma_{\mathrm{P}}^2 = 85.27^2 \times 0.10^2 + 156.34^2 \times 0.05^2 = 133.82(\mathrm{m}^4)$$

即

$$\sigma_{\mathrm{P}} = 11.57(\mathrm{m}^2)$$

最后写成

$$P = 13\,331.11\ \mathrm{m}^2 \pm 11.57\ \mathrm{m}^2$$

假如同时有 t 个非线性函数，即

$$\left.\begin{aligned} Z_1 &= f_1(X_1, X_2, \cdots, X_n) \\ Z_2 &= f_2(X_1, X_2, \cdots, X_n) \\ &\vdots \\ Z_t &= f_t(X_1, X_2, \cdots, X_n) \end{aligned}\right\} \tag{1-67}$$

将此 t 个函数全微分，得

$$\left.\begin{aligned} \mathrm{d}Z_1 &= \left(\frac{\partial f_1}{\partial X_1}\right)_0 \mathrm{d}X_1 + \left(\frac{\partial f_1}{\partial X_2}\right)_0 \mathrm{d}X_2 + \cdots + \left(\frac{\partial f_1}{\partial X_n}\right)_0 \mathrm{d}X_n \\ \mathrm{d}Z_2 &= \left(\frac{\partial f_2}{\partial X_1}\right)_0 \mathrm{d}X_1 + \left(\frac{\partial f_2}{\partial X_2}\right)_0 \mathrm{d}X_2 + \cdots + \left(\frac{\partial f_2}{\partial X_n}\right)_0 \mathrm{d}X_n \\ &\vdots \\ \mathrm{d}Z_t &= \left(\frac{\partial f_t}{\partial X_1}\right)_0 \mathrm{d}X_1 + \left(\frac{\partial f_t}{\partial X_2}\right)_0 \mathrm{d}X_2 + \cdots + \left(\frac{\partial f_t}{\partial X_n}\right)_0 \mathrm{d}X_n \end{aligned}\right\} \tag{1-68}$$

若令

$$\underset{t\times1}{\mathrm{d}\boldsymbol{Z}} = \begin{bmatrix} \mathrm{d}Z_1 \\ \mathrm{d}Z_2 \\ \vdots \\ \mathrm{d}Z_t \end{bmatrix},\quad \underset{t\times n}{\boldsymbol{K}} = \begin{bmatrix} \left(\frac{\partial f_1}{\partial X_1}\right)_0 & \left(\frac{\partial f_1}{\partial X_2}\right)_0 & \cdots & \left(\frac{\partial f_1}{\partial X_n}\right)_0 \\ \left(\frac{\partial f_2}{\partial X_1}\right)_0 & \left(\frac{\partial f_2}{\partial X_2}\right)_0 & \cdots & \left(\frac{\partial f_2}{\partial X_n}\right)_0 \\ \vdots & \vdots & & \vdots \\ \left(\frac{\partial f_t}{\partial X_1}\right)_0 & \left(\frac{\partial f_t}{\partial X_2}\right)_0 & \cdots & \left(\frac{\partial f_t}{\partial X_n}\right)_0 \end{bmatrix},\quad \underset{n\times1}{\mathrm{d}\boldsymbol{X}} = \begin{bmatrix} \mathrm{d}X_1 \\ \mathrm{d}X_2 \\ \vdots \\ \mathrm{d}X_n \end{bmatrix}$$

则有

$$\mathrm{d}\boldsymbol{Z} = \boldsymbol{K}\mathrm{d}\boldsymbol{X} \tag{1-69}$$

应用误差传播律，$\underset{t\times1}{\boldsymbol{Z}}$ 的协方差阵为

$$\boldsymbol{D}_{ZZ} = \boldsymbol{K}\boldsymbol{D}_{XX}\boldsymbol{K}^{\mathrm{T}} \tag{1-70}$$

同样地，若还有 r 个非线性函数，即

$$\left.\begin{aligned} Y_1 &= F_1(X_1, X_2, \cdots, X_n) \\ Y_2 &= F_2(X_1, X_2, \cdots, X_n) \\ &\vdots \\ Y_r &= F_r(X_1, X_2, \cdots, X_n) \end{aligned}\right\} \tag{1-71}$$

若记

$$\underset{r\times 1}{\boldsymbol{Y}} = \begin{bmatrix} Y_1 \\ Y_2 \\ \vdots \\ Y_r \end{bmatrix}, \quad \mathrm{d}\underset{r\times 1}{\boldsymbol{Y}} = \begin{bmatrix} \mathrm{d}Y_1 \\ \mathrm{d}Y_2 \\ \vdots \\ \mathrm{d}Y_r \end{bmatrix}, \quad \underset{r\times n}{\boldsymbol{F}} = \begin{bmatrix} \left(\dfrac{\partial F_1}{\partial X_1}\right)_0 & \left(\dfrac{\partial F_1}{\partial X_2}\right)_0 & \cdots & \left(\dfrac{\partial F_1}{\partial X_n}\right)_0 \\ \left(\dfrac{\partial F_2}{\partial X_1}\right)_0 & \left(\dfrac{\partial F_2}{\partial X_2}\right)_0 & \cdots & \left(\dfrac{\partial F_2}{\partial X_n}\right)_0 \\ \vdots & \vdots & & \vdots \\ \left(\dfrac{\partial F_r}{\partial X_1}\right)_0 & \left(\dfrac{\partial F_r}{\partial X_2}\right)_0 & \cdots & \left(\dfrac{\partial F_r}{\partial X_n}\right)_0 \end{bmatrix}$$

则有

$$\mathrm{d}\boldsymbol{Y} = \boldsymbol{F}\mathrm{d}\boldsymbol{X} \tag{1-72}$$

应用误差传播律，同样可得

$$\boldsymbol{D}_{YY} = \boldsymbol{F}\boldsymbol{D}_{XX}\boldsymbol{F}^{\mathrm{T}} \tag{1-73}$$

依据式(1-55)，函数 $\boldsymbol{Y}$、$\boldsymbol{Z}$ 的互协方差阵为

$$\boldsymbol{D}_{YZ} = \boldsymbol{F}\boldsymbol{D}_{XX}\boldsymbol{K}^{\mathrm{T}} \tag{1-74}$$

比较式(1-70)与式(1-50)、式(1-73)与式(1-54)、式(1-74)与式(1-55)，公式的表达形式都是一样的。不同的是，系数阵 $\boldsymbol{K}$、$\boldsymbol{F}$ 中的各个系数都是相应的偏导数值，是非线性函数进行线性化过程中所求得的。

例 1-14　如图 1-11 所示，设在三角形 ABC 中，同精度独立观测 3 个内角 L_1、L_2、L_3，将闭合差平均分配后得到的各角之值为

$$\hat{L}_1 = 40^\circ 10' 30'', \quad \hat{L}_2 = 50^\circ 05' 20'', \quad \hat{L}_3 = 89^\circ 44' 10''$$

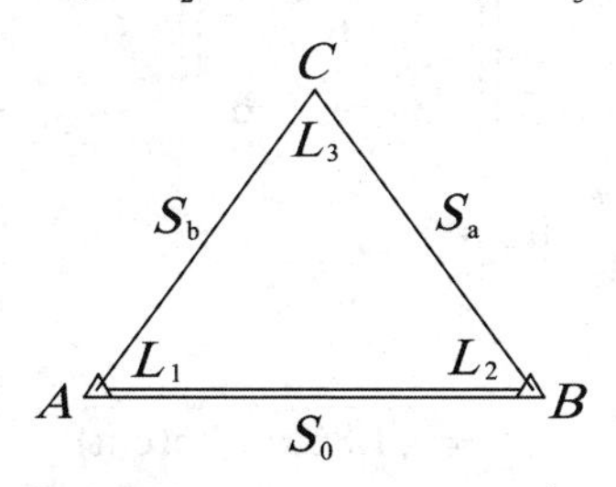

图 1-11　三角形示意图

按例 1-11 的方法已求得它们的协方差阵为

$$\boldsymbol{D}_{\hat{L}\hat{L}} = \begin{bmatrix} 6 & -3 & -3 \\ -3 & 6 & -3 \\ -3 & -3 & 6 \end{bmatrix} ({''}^2)$$

已知边长 $S_0 = 1500.000\text{m}$ (设无误差)，试求 S_a、S_b 的长度和它们的协方差阵 $\boldsymbol{D}_{SS}$ 。

解　边长 S_a、S_b 可按下式计算

$$S_a = S_0 \frac{\sin \hat{L}_1}{\sin \hat{L}_3} = 967.697\text{m}$$

$$S_b = S_0 \frac{\sin \hat{L}_2}{\sin \hat{L}_3} = 1150.573\text{m}$$

首先需要求函数式的全微分。先将函数式取对数，化成线性形式，再求全微分，这样较为简单、快捷。

对函数式取自然对数，得

$$\ln S_a = \ln S_0 + \ln \sin \hat{L}_1 - \ln \sin \hat{L}_3$$
$$\ln S_b = \ln S_0 + \ln \sin \hat{L}_2 - \ln \sin \hat{L}_3$$

求全微分，得

$$\mathrm{d}S_a = S_a \cot\hat{L}_1\, \mathrm{d}\hat{L}_1 - S_a \cot\hat{L}_3\, \mathrm{d}\hat{L}_3$$
$$\mathrm{d}S_b = S_b \cot\hat{L}_2\, \mathrm{d}\hat{L}_2 - S_b \cot\hat{L}_3\, \mathrm{d}\hat{L}_3$$

矩阵形式为

$$\mathrm{d}\boldsymbol{S} = \begin{bmatrix} \mathrm{d}S_a \\ \mathrm{d}S_b \end{bmatrix} = \begin{bmatrix} S_a \cot\hat{L}_1 & 0 & -S_a \cot\hat{L}_3 \\ 0 & S_b \cot\hat{L}_2 & -S_b \cot\hat{L}_3 \end{bmatrix} \begin{bmatrix} \mathrm{d}\hat{L}_1 \\ \mathrm{d}\hat{L}_2 \\ \mathrm{d}\hat{L}_3 \end{bmatrix}$$

这样，就可以利用式(1-50)来算得 $\boldsymbol{D}_{SS}$ 。但需要注意以下几点。

(1) 偏导数的系数是将近似值代入后算出的。

(2) 根据具体情况选择相应的协方差阵可以简化计算过程。

(3) 代入数值计算时，一定要注意各变量单位要统一。这里 $\mathrm{d}\hat{L}_i$ 是以弧度(rad)为单位的，当角度中误差(或方差、协方差)是以″为单位时，则应除以 ρ (或 ρ^2)，将″化为 rad。

本例中的 $\boldsymbol{D}_{\hat{L}\hat{L}}$ 是以″^{2} 为单位，故

$$\boldsymbol{D}_{SS} = \begin{bmatrix} 1146 & 0 & -4 \\ & & \\ 0 & 962 & -5 \end{bmatrix} \begin{bmatrix} 6 & -3 & -3 \\ -3 & 6 & -3 \\ -3 & -3 & 6 \end{bmatrix} \begin{bmatrix} 1146 & 0 \\ 0 & 962 \\ -4 & -5 \end{bmatrix} \times \frac{1}{(206 \times 10^3)^2}$$
$$= \begin{bmatrix} 1.86 & -0.77 \\ -0.77 & 1.32 \end{bmatrix} (\text{cm}^2)$$

则 S_a 与 S_b 的中误差分别为

$$\sigma_{S_a} = \sqrt{1.86} = 1.36(\text{cm})$$
$$\sigma_{S_b} = \sqrt{1.32} = 1.15(\text{cm})$$

而 S_a 和 S_b 的协方差为

$$\sigma_{S_a S_b} = -0.77\text{cm}^2$$

从以上非线性函数的协方差的计算过程中，可以总结出应用协方差传播律的具体步骤。

(1) 按要求写出函数式，如 $Z_i = f_i(X_1, X_2, \cdots, X_n) \quad (i = 1, 2, \cdots, t)$ 。

(2) 对函数式求全微分

$$\mathrm{d}Z_i=\left(\frac{\partial f_i}{\partial X_1}\right)_0\mathrm{d}X_1+\left(\frac{\partial f_i}{\partial X_2}\right)_0\mathrm{d}X_2+\cdots+\left(\frac{\partial f_i}{\partial X_n}\right)_0\mathrm{d}X_n\qquad i=1,2,\cdots,t$$

(3) 将微分关系写成矩阵形式，即

$$\underset{t\times1}{\mathrm{d}\boldsymbol{Z}}=\underset{t\times n}{\boldsymbol{K}}\,\underset{n\times1}{\mathrm{d}\boldsymbol{X}}$$

式中

$$\mathrm{d}\boldsymbol{Z}=\begin{bmatrix}\mathrm{d}Z_1\\\mathrm{d}Z_2\\\vdots\\\mathrm{d}Z_t\end{bmatrix},\quad \boldsymbol{K}=\begin{bmatrix}\left(\frac{\partial f_1}{\partial X_1}\right)_0 & \left(\frac{\partial f_1}{\partial X_2}\right)_0 & \cdots & \left(\frac{\partial f_1}{\partial X_n}\right)_0\\ \left(\frac{\partial f_2}{\partial X_1}\right)_0 & \left(\frac{\partial f_2}{\partial X_2}\right)_0 & \cdots & \left(\frac{\partial f_2}{\partial X_n}\right)_0\\ \vdots & \vdots & & \vdots\\ \left(\frac{\partial f_t}{\partial X_1}\right)_0 & \left(\frac{\partial f_t}{\partial X_2}\right)_0 & \cdots & \left(\frac{\partial f_t}{\partial X_n}\right)_0\end{bmatrix}$$

(4) 应用协方差传播律式(1-44)、式(1-50)或式(1-55)求方差或协方差阵。

协方差传播律是用来求观测值函数的中误差和协方差的基本公式，用于解决测量平差的重要任务——精度评定。之后关于精度计算式的相关内容中，都以协方差传播律为基础，可以从中了解协方差传播律的广泛应用。

1.4.4　协方差传播律的应用

1. 同精度独立观测值的算术平均值的精度

设对某量以同精度独立观测了 N 次，即得到 N 个独立观测值 $L_1,L_2,\cdots,L_n$，中误差均为 σ，则 N 个观测值的算术平均值为

$$x=\frac{1}{N}\sum_{i=1}^{N}L_i=\frac{1}{N}L_1+\frac{1}{N}L_2+\cdots+\frac{1}{N}L_N$$

应用协方差传播律，平均值 x 的方差为

$$\sigma_x^2=\frac{1}{N^2}\sigma^2+\frac{1}{N^2}\sigma^2+\cdots+\frac{1}{N^2}\sigma^2=\frac{1}{N}\sigma^2\tag{1-75}$$

则中误差为

$$\sigma_x=\frac{1}{\sqrt{N}}\sigma\tag{1-76}$$

也就是说，N 个同精度独立观测值的算术平均值的中误差等于各观测值的中误差的 $\frac{1}{\sqrt{N}}$ 倍。

2. 水准测量高差中误差

如图 1-12 所示，经 N 个测站测定 A、B 两水准点间的高差，其中第 i 站的观测高差为 h_i，则 A、B 两水准点间的总高差为

$$h_{\mathrm{AB}}=h_1+h_2+\cdots+h_N$$

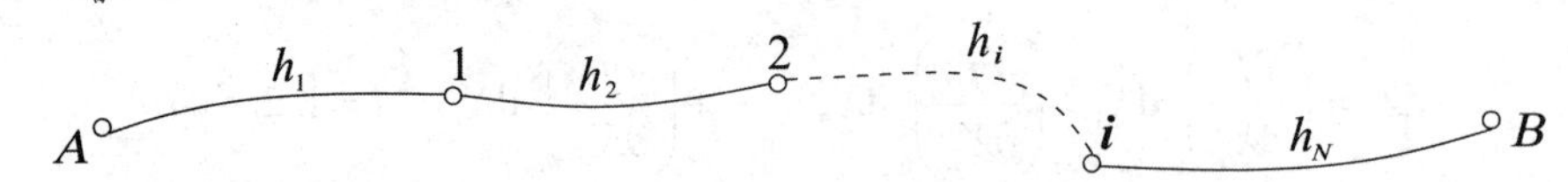

图 1-12　水准测量路线示意图

设各测站观测高差是精度相同的独立观测值，其方差均为$\sigma_{站}^2$，则可由协方差传播律，得h_{AB}的方差$\sigma_{h_{AB}}^2$为

$$\sigma_{h_{AB}}^2 = \sigma_{站}^2 + \sigma_{站}^2 + \cdots + \sigma_{站}^2 = N\sigma_{站}^2$$

得中误差为

$$\sigma_{h_{AB}} = \sqrt{N}\sigma_{站} \tag{1-77}$$

若水准路线布设在平坦地区，前、后两测站间的距离 s 大致相等，设 A、B 间的距离为 S，则测站数 $N = \dfrac{S}{s}$，代入上式得

$$\sigma_{h_{AB}} = \sqrt{\frac{S}{s}}\sigma_{站}$$

如果 $S = 1\,\text{km}$，s 以 km 为单位，则 1km 的测站数为

$$N_{km} = \frac{1}{s}$$

而 1km 观测高差的中误差即为

$$\sigma_{km} = \sqrt{\frac{1}{s}}\sigma_{站} \tag{1-78}$$

所以，距离为 S km 的 A、B 两点的观测高差的中误差为

$$\sigma_{h_{AB}} = \sqrt{S}\sigma_{km} \tag{1-79}$$

式(1-77)、式(1-79)是水准测量中计算高差中误差的基本公式。由式(1-77)可知，当各测站的高差观测精度相同时，水准测量高差的中误差与测站数的平方根成正比。由式(1-79)可知，当各测站的距离大致相等时，水准测量高差的中误差与距离的平方根成正比。

3. 若干独立误差的联合影响

测量工作中经常会遇到这种情况，一个观测结果同时受到许多独立误差的联合影响，如照准误差、读数误差、目标偏心误差和仪器偏心误差对测角的影响。在这种情况下，观测结果的真误差是各个独立误差的代数和，即

$$\Delta_Z = \Delta_1 + \Delta_2 + \cdots + \Delta_n \tag{1-80}$$

由于这里的真误差是相互独立的，各种误差的出现都是纯属偶然(随机)的，因而也可由误差传播律并顾及$\sigma_{ij} = 0 (i \neq j)$得出它们之间的方差关系式，即

$$\sigma_Z^2 = \sigma_1^2 + \sigma_2^2 + \cdots + \sigma_n^2 \tag{1-81}$$

也就是说，观测结果的方差σ_Z^2，等于各独立误差所对应的方差之和。

例 1-15　如图 1-13 所示，某隧道横截面，现通过弓高弦长法来测定圆弧的半径。已测得 $S = 3.6\text{m}$，$H = 0.3\text{m}$，现要求半径的测量精度 $\sigma_R < 0.1\text{m}$，按照误差等影响原则，求 S 和 H

的测量精度分别应为多少？(已知弓高弦长法求半径的公式为$R=\dfrac{H}{2}+\dfrac{S^2}{8H}$。)

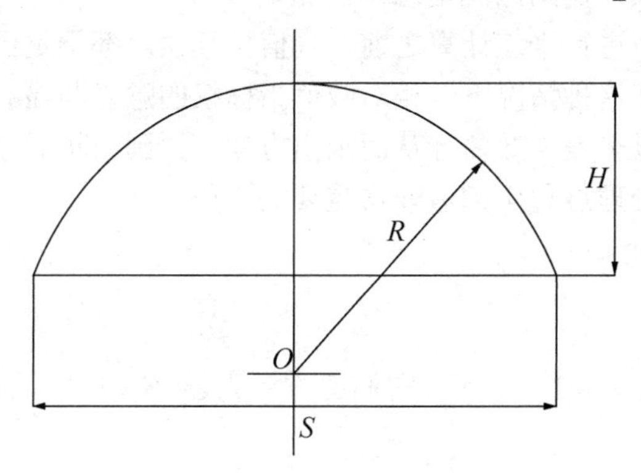

图 1-13　隧道横截面示意图

解　将公式

$$R=\frac{H}{2}+\frac{S^2}{8H}$$

线性化得

$$\mathrm{d}R=\left(\frac{1}{2}-\frac{S^2}{8H^2}\right)\mathrm{d}H+\left(\frac{S}{4H}\right)\mathrm{d}S=-17.5\,\mathrm{d}H+3\,\mathrm{d}S$$

采用方差传播律有

$$\sigma_{\mathrm{R}}^2=(-17.5)^2\sigma_{\mathrm{H}}^2+3^2\sigma_{\mathrm{S}}^2,$$

依题意要求

$$\sigma_{\mathrm{R}}^2=(-17.5)^2\sigma_{\mathrm{H}}^2+3^2\sigma_{\mathrm{S}}^2\leqslant(0.1)^2$$

根据误差等影响原则有

$$(-17.5)^2\sigma_{\mathrm{H}}^2=3^2\sigma_{\mathrm{S}}^2\leqslant\frac{(0.1)^2}{2}$$

即有

$$\sigma_{\mathrm{H}}\leqslant0.004\mathrm{m},\quad \sigma_{\mathrm{S}}\leqslant0.024\mathrm{m}$$

即弦长与弓高测量精度应高于 0.004m 和 0.024m。

1.5　权与定权的常用方法

精度是由观测值的观测条件所决定的，同样的观测对象，不同的观测条件，精度是有一定差别的，因此一定的观测条件对应着一定的误差分布，而一定的误差分布就对应着一个确定的方差(或中误差)。

在不等精度的观测值中，利用方差来表示观测值精度的大小，可以进行数值上的直接比较，所以方差是表征精度的一个绝对的数字指标。而在很多情况下，不需要算得具体的精度数值，只要衡量不同观测值之间的相对精度就可以，也就是利用方差之间的比例关系来比较各观测值之间的精度高低，这种表示比例关系的数字特征称为“权”，即权是表征精度的相对的数字指标。那么，权存在的意义是怎样的呢？

测量工作中，通常在进行平差计算之前，真值、真误差都不是已知的，导致绝对数字指标方差也是不可知的。在这种情况下，相对数值指标权的意义凸显。权可以根据事先给定的条件予以确定，然后通过平差参数估计从而求出方差，达到由相对数值指标求绝对精度指标的目的，因此权在数据处理过程中起着非常重要的作用。

1.5.1 权的定义

设有一组观测值 $L_i\ (i=1,2,\cdots,n)$，它们的方差为 $\sigma_i^2\ (i=1,2,\cdots,n)$，选定任一常数 σ_0，则权的定义为

$$p_i=\frac{\sigma_0^2}{\sigma_i^2} \tag{1-82}$$

式中，p_i 为观测值 L_i 的权。

根据权的定义式(1-82)，能够写出各观测值之间的权比为

$$p_1:p_2:\ \cdots\ :p_n=\frac{\sigma_0^2}{\sigma_1^2}:\frac{\sigma_0^2}{\sigma_2^2}:\cdots:\frac{\sigma_0^2}{\sigma_n^2}=\frac{1}{\sigma_1^2}:\frac{1}{\sigma_2^2}:\cdots:\frac{1}{\sigma_n^2} \tag{1-83}$$

不难看出，对于一组观测值，其权之比等于相应方差的倒数之比。这就意味着，方差(或中误差)越小，其权越大；或者说其权越大，表征该观测值的精度相对越高。同样说明，方差和权都可作为衡量观测值精度高低的指标。

特别地，式(1-82)中的 σ_0 是可以随意选定的任一常数，这就表明权不是唯一的。并且方差 σ_i^2 既可以是同一个量的观测值的方差，也可以是不同量的观测值的方差。因此，用权来比较各观测值之间的精度高低，并不只限于对同一量的观测值。

设在图 1-14 所示的水准网中，已知各条路线的距离为

$$S_1=1.5\text{km},\ S_2=2.5\text{km},\ S_3=2.0\text{km},\ S_4=4.0\text{km},\ S_5=3.0\text{km}$$

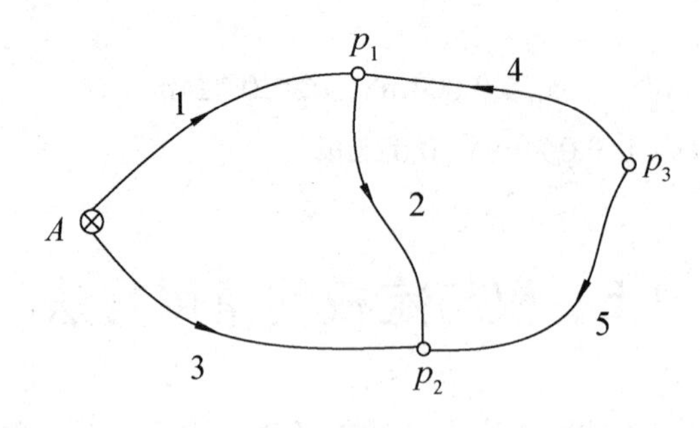

图 1-14　水准网示意图

在这里，每公里观测高差中误差的实际数值是不可知的，只知道每公里观测高差的精度相同(同一等级水准网中的所有水准路线都是按相同的规范要求进行观测的，一般可认为每千米观测高差的精度相同)。设每公里观测高差的中误差为 σ_{km}，由协方差传播律得各线路观测高差的中误差为

$$\sigma_1 = \sqrt{1.5}\sigma_{km},\quad \sigma_2 = \sqrt{2.5}\sigma_{km},\quad \sigma_3 = \sqrt{2.0}\sigma_{km},\quad \sigma_4 = \sqrt{4.0}\sigma_{km},\quad \sigma_5 = \sqrt{3.0}\sigma_{km}$$

σ_0是可以任意选定的常数，根据这个特性，做出以下比较。

(1) 令$\sigma_0 = \sigma_5 = \sqrt{3.0}\sigma_{km}$，利用权定义式$p_i = \dfrac{\sigma_0^2}{\sigma_i^2}$得

$$p_1 = 2.0,\ p_2 = 1.2,\ p_3 = 1.5,\ p_4 = 0.75,\ p_5 = 1.0$$

即有权比为

$$p_1 : p_2 : p_3 : p_4 : p_5 = 2.0:1.2:1.5:0.75:1.0$$

在每千米观测高差的精度相同的前提下，虽然σ_{km}未知，但可以事先计算出各观测值的权，并通过权的大小反映出各观测高差的精度高低。

(2) 另选$\sigma_0' = \sigma_1 = \sqrt{1.5}\,\sigma_{km}$，可得

$$p_1' = 1.0,\ p_2' = 0.6,\ p_3' = 0.75,\ p_4' = 0.375,\ p_5' = 0.5$$

即有权比为

$$p_1' : p_2' : p_3' : p_4' : p_5' = 1.0:0.6:0.75:0.375:0.5$$

将(2)与(1)进行比较，可以看出，这一组权所取的σ_0与前者不相同，数值大小与前一组也不相同，但二者的权比是相等的，即

$$p_1 : p_2 : p_3 : p_4 : p_5 = p_1' : p_2' : p_3' : p_4' : p_5' = 2.0:1.2:1.5:0.75:1.0 = 1.0:0.6:0.75:0.375:0.5$$

对于一组观测值而言，由这个例子可以得出以下结论。

(1) 选定了一个σ_0值，即有一组相对应的权。换句话说，有一组权，必有一个相对应的σ_0值。

(2) 一组观测值的权，其大小是随σ_0的不同而异，但不论σ_0选用何值，权之间的比例关系始终不变。

(3) 在同一平差问题中，只能选定一个σ_0值，不能同时选用几个不同的σ_0值，否则就破坏了权之间的比例关系。

(4) 只要事先给定了一定的条件(例如，已知每公里观测高差的精度相同和各水准线路的公里数，则不一定要知道每公里观测高差精度的具体数值)，就可以确定出权的数值。

可见，方差是反映观测值精度的绝对数，权是比较各观测值之间精度高低的比例数。权的重要意义，不在于它们本身数值的大小，而是所存在的比例关系。并且权的比值通过选定的单位权方差又可归结到精度的绝对大小，即

$$\sigma_i^2 = \sigma_0^2 \frac{1}{p_i} \quad 或 \quad \sigma_i = \sigma_0 \sqrt{\frac{1}{p_i}} \tag{1-84}$$

式(1-84)意味着，任一观测值L_i的中误差σ_i，等于单位权中误差σ_0与该观测值权倒数的平方根$\sqrt{\dfrac{1}{p_i}}$的乘积。p_i可以在平差前根据本节阐述的定权方法求得，σ_0则是在平差计算时求出，其计算式将在之后的有关章节给出。这样就可在精度评定中，根据式(1-84)求出任一观测值的中误差。

特别地，当各观测值的精度相同时，则它们的权相等，为计算方便，一般令其权值

$$p_1 = p_2 = \cdots = p_n = 1$$

1.5.2 单位权中误差

σ_0是可以任意选定的常数，因此σ_0在权中只是起着一个比例常数的作用，并且在平差问题中，只能选定一个σ_0值，但是σ_0值一经选定，它就有其具体的含义了。

在上面水准网的前一组权p_i中，因令$\sigma_0=\sigma_5$，h_5的权即为$p_5=1$，就相当于是以h_5的精度作为标准，其他观测高差的精度都是以它为标准进行比较的，其他观测高差的权同样也是以p_5作为单位而确定的。

同样，在后一组权p_i'中，因令$\sigma_0'=\sigma_1$，故$p_1'=1$，其他观测高差的权是以p_1'作为单位而确定的。可见，凡是中误差等于σ_0的观测值，其权必然等于1；反之亦然。

通常称σ_0为单位权中误差，σ_0^2为单位权方差或方差因子，把$p=1$的观测值为单位权观测值。譬如，上面的第一组权中，$\sigma_0=\sigma_5$，σ_5为单位权中误差，h_5为单位权观测值；而后一组权中，$\sigma_0'=\sigma_1$，σ_1为单位权中误差，h_1为单位权观测值。

既然σ_0可以是任意选定的，故σ_0在选定的过程中，也可以不等于某一个具体观测值的中误差。在测量的实际工作中，为了特定需要或计算方便，可选取某一假定的观测值作为单位权观测值，采用此假定观测值的中误差作为单位权中误差。例如，对于上述的水准网，若选定$\sigma_0=\sqrt{6.0}\sigma_{\text{km}}$，则可求得另一组权为

$$p_1''=4.0,\quad p_2''=2.4,\quad p_3''=3.0,\quad p_4''=1.5,\quad p_5''=2.0$$

可以看到，此时数值为1的权就消失了，这是因为σ_0并没有选定成5个观测值中某一个的中误差。令$\sigma_0=\sqrt{6.0}\sigma_{\text{km}}$，意味着以$S=6.0\text{km}$时的观测高差作为单位权观测值，它的中误差就是单位权中误差。

根据权的定义式$p_i=\dfrac{\sigma_0^2}{\sigma_i^2}$，权是单位权中误差平方$\sigma_0^2$与观测值中误差平方$\sigma_i^2$之比。因为存在比值的关系，量纲的处理分为以下两种情况。

(1) 确定同类观测元素的权值时，通常在选定σ_0的单位时，都是与σ_i的单位相同。因此这种情况下，权就是一组无量纲(或无单位)的数值。

(2) 确定不同类型观测值(或它们的函数)的权值时，σ_0与σ_i的单位就不相同了，在这种情况下，权就变成了有量纲(或有单位)的数值了。譬如，定权的观测值或函数中同时存在了角度和长度两种不同类别的元素，σ_β的单位为“″”，σ_S的单位为“mm”。若将σ_0的单位选定为“″”，那么，所有的角度观测值的权都是无量纲的，但长度观测值的权的量纲则相应变为“″²/mm²”。这类情况在数据处理中经常存在，应依据实际情况进行定权。

从以上内容可以分析出，引入权概念的一个重要意义，就是可以把同类型和不同类型的精度数据进行整体比较。

例 1-16 设某角度的3个观测值及其中误差分别为

$$30°\ 41'20''\pm2.0'',\ 30°\ 41'26''\pm4.0'',\ 30°\ 41'16''\pm1.0''$$

现在分别取2.0″、4.0″、1.0″作为单位权中误差，按照权的定义计算3组不同的权。

解 设观测值中误差分别为σ_1、σ_2、σ_3，观测值的权分别为p_1、p_2、p_3，单位权中误差为σ_0，则由题意知

$$\sigma_1=2.0'',\quad \sigma_2=4.0'',\quad \sigma_3=1.0''$$

根据权定义式 $p_i = \dfrac{\sigma_0^2}{\sigma_i^2}$，有

(1) 当取 σ_0=2.0″ 时

$$p_1 = \frac{\sigma_0^2}{\sigma_1^2} = \frac{2.0^2}{2.0^2} = 1.0\text{，}\quad p_2 = \frac{\sigma_0^2}{\sigma_2^2} = \frac{2.0^2}{4.0^2} = 0.25\text{，}\quad p_3 = \frac{\sigma_0^2}{\sigma_3^2} = \frac{2.0^2}{1.0^2} = 4.0$$

(2) 当取 σ_0=4.0″ 时

$$p_1' = \frac{\sigma_0^2}{\sigma_1^2} = \frac{4.0^2}{2.0^2} = 4.0\text{，}\quad p_2' = \frac{\sigma_0^2}{\sigma_2^2} = \frac{4.0^2}{4.0^2} = 1.0\text{，}\quad p_3' = \frac{\sigma_0^2}{\sigma_3^2} = \frac{4.0^2}{1.0^2} = 16.0$$

(3) 当取 σ_0=1.0″ 时

$$p_1'' = \frac{\sigma_0^2}{\sigma_1^2} = \frac{1.0^2}{2.0^2} = 0.25\text{，}\quad p_2'' = \frac{\sigma_0^2}{\sigma_2^2} = \frac{1.0^2}{4.0^2} = 0.0625\text{，}\quad p_3'' = \frac{\sigma_0^2}{\sigma_3^2} = \frac{1.0^2}{1.0^2} = 1.0$$

验证解题的结果是否正确？

$$p_1 : p_2 : p_3 = 1.0 : 0.25 : 4.0$$

$$p_1' : p_2' : p_3' = 4.0 : 1.0 : 16.0 = 1.0 : 0.25 : 4.0$$

$$p_1'' : p_2'' : p_3'' = 0.25 : 0.0625 : 1.0 = 1.0 : 0.25 : 4.0$$

也就是

$$p_1 : p_2 : p_3 = p_1' : p_2' : p_3' = p_1'' : p_2'' : p_3''$$

通过权比相等这个性质，可以证明解算结果是正确的。

1.5.3　测量中定权的常用方法

进行实际工作时，可根据事先给定的条件求各个观测值的权值，通过平差参数估计，一方面可以计算出各观测值的最可靠值，另一方面能够计算出观测值的方差及其函数的方差。根据权的定义式，可有几种定权的方法。

(1) 如果已知观测值的方差，就可按定义式直接进行定权。

(2) 按测量仪器标称精度定权，属于经验定权。譬如在测边网中，观测边长采用的测距仪标称精度为 $\sigma_S = a + bS$，其中，a 为固定误差，b 为比例误差，二者均为常量，S 为测边长度。则每个边长观测值可定权为

$$p_{S_i} = \frac{\sigma_0^2}{\sigma_{S_i}^2} = \frac{\sigma_0^2}{\left(a + bS_i\right)^2} \tag{1-85}$$

又如，在边角网和导线网中，观测值包含边长和角度两种类型，边长的标称精度是 $\sigma_S = a + bS$，角度的标称精度为 σ_β，并且不同角度的观测精度相同，则边长的权 p_{S_i} 与式(1-85)相同，而角度的权为

$$p_\beta = \frac{\sigma_0^2}{\sigma_\beta^2} \tag{1-86}$$

值得注意的是，σ_0^2 可以任意选定，但此时式(1-85)与式(1-86)中的 σ_0^2 必须相同。

(3) 按误差传播规律定权。前已述及，观测值的精度是由观测条件决定的。若对同一量进行多次同精度观测，取其平均数，观测次数不同，其平均数精度也不相同。在水准测量中，

不同距离或不同测站数的高差观测值精度也不相同。按照误差传播的规律，可用上述影响观测精度的因素(如观测次数、距离长短等)定权。

下面结合几种典型的测量工作，导出其定权的实用公式。

1. 同精度观测值的算术平均值的权

设对某量以同精度独立观测了 n 次，得观测值 L_1，L_2，$\cdots$，L_n，中误差均为σ。设 x 为 n 个观测值的算术平均值，即

$$x=\frac{[L]}{n}=\frac{1}{n}L_1+\frac{1}{n}L_2+\cdots+\frac{1}{n}L_n \tag{1-87}$$

根据协方差传播律，x 的方差为

$$\sigma_x^2=\frac{1}{n^2}\sigma^2+\frac{1}{n^2}\sigma^2+\cdots+\frac{1}{n^2}\sigma^2=\frac{1}{n}\sigma^2$$

则 x 的中误差为

$$\sigma_x=\frac{\sigma}{\sqrt{n}} \tag{1-88}$$

可见，n 个同精度独立观测值的算术平均值的中误差，等于观测值的中误差除以$\sqrt{n}$。这时，每次观测的权均为 1，而 n 次观测平均值的权 $P_x=n$。

以上是只存在一个算术平均值的情况，如果同时存在多个算术平均值，怎样进行定权呢？

今设有 $x_1,x_2,\cdots,x_n$，它们分别是 $N_1,N_2,\cdots,N_n$ 次同精度观测值的平均值，若每次观测的中误差均为σ，则由式(1-88)可知，x_i 的中误差为

$$\sigma_i=\frac{\sigma}{\sqrt{N_i}} \quad i=1,2,\cdots,n$$

若选定

$$\sigma_0=\frac{\sigma}{\sqrt{C}}$$

依据权的定义式，得 x_i 的权为

$$p_i=\frac{N_i}{C} \quad i=1,2,\cdots,n \tag{1-89}$$

即由不同次数的同精度观测值所算得的算术平均值，其权与观测次数成正比。

特别地：

(1) 若 $N_i=1$，则 $C=\frac{1}{p_i}$，表明 C 是单次观测的权倒数。

(2) 若 p_i=1，则 $C=N_i$，表明 C 是单位权观测值的观测次数。

例 1-17 某角以每测回中误差为$3''$的精度观测了 9 个测回，且其平均值的权为 1，试求单位权中误差σ_0。

解 由题知

$$\sigma_\beta=3''，\quad N=9，\quad p=1$$

根据

$$p_i=\frac{N_i}{C}$$

得

$$p_i = \frac{N_i}{C} = \frac{9}{C} = 1$$
$$C = 9$$

再根据 $\sigma_0 = \dfrac{\sigma}{\sqrt{C}}$，得

$$\sigma_0 = \frac{\sigma_\beta}{\sqrt{C}} = \frac{3''}{\sqrt{9}} = 1''$$

因此，单位权中误差 σ_0 为 $1''$。

例 1-18　在相同的观测条件下，观测两个角度得 $\angle A = 30^\circ$，$\angle B = 60^\circ$。设对 $\angle A$ 观测 9 个测回的权 $p_{\mathrm{A}} = 1$，则对 $\angle B$ 观测 16 个测回的权 p_{B} 为多少？

解　由于对 $\angle A$、$\angle B$ 的观测是在相同的观测条件下，因此两个角的每一测回精度都是相同的。当 $\angle A$ 观测 9 个测回时，有

$$N_{\mathrm{A}} = 9$$

根据

$$p_i = \frac{N_i}{C}$$

得

$$C = \frac{N_{\mathrm{A}}}{p_{\mathrm{A}}} = \frac{9}{1} = 9$$

当 $\angle B$ 观测 16 个测回时，有

$$N_{\mathrm{B}} = 16$$

则有

$$p_{\mathrm{B}} = \frac{N_{\mathrm{B}}}{C} = \frac{16}{9}$$

因此，对 $\angle B$ 观测 16 个测回的权 p_{B} 为 $\dfrac{16}{9}$。

2. 水准测量的权

在图 1-15 所示的水准网中，有 $n = 7$ 条水准路线，各路线的观测高差为 $h_1, h_2, \cdots, h_n$，各路线的架设测站数分别为 $N_1, N_2, \cdots, N_n$，各路线的距离为 $S_1, S_2, \cdots, S_n$。讨论在水准测量中，各高差的权如何进行确定。

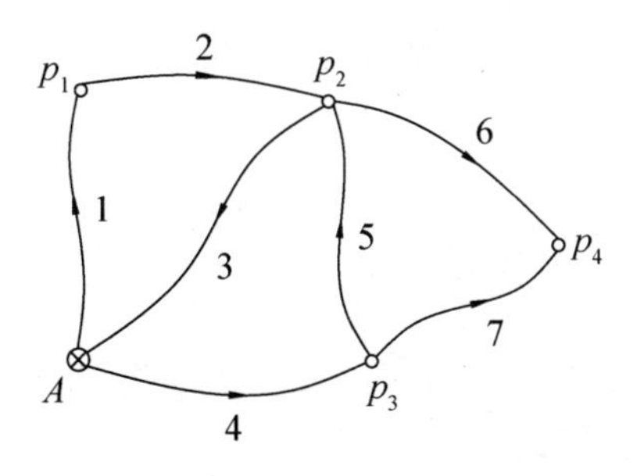

图 1-15　水准网示意图

假设每一测站观测高差的精度相同，中误差均为$\sigma_{站}$，根据权的定义式(1-82)知，中误差的确定是确定权的前提条件。针对单条水准路线，设通过架设N个测站测得了两水准点间的高差h，根据协方差传播律，得h的方差为

$$\sigma_{\mathrm{h}}^2 = \sigma_{站}^2 + \sigma_{站}^2 + \cdots + \sigma_{站}^2 = N\sigma_{站}^2$$

则中误差为

$$\sigma_{\mathrm{h}} = \sqrt{N}\sigma_{站} \tag{1-90}$$

根据式(1-90)，水准网中的各条路线观测高差的中误差可写为

$$\sigma_i = \sqrt{N_i}\,\sigma_{站} \quad i=1,2,\cdots,n \tag{1-91}$$

若设单位权中误差σ_0为

$$\sigma_0 = \sigma_{站} \tag{1-92}$$

将式(1-91)和式(1-92)代入式(1-82)，得权

$$p_i = \frac{1}{N_i} \quad i=1,2,\cdots,n$$

考虑到权具有相对性，则水准测量高差定权的公式为

$$p_i = \frac{C}{N_i} \tag{1-93}$$

权的比例为

$$p_1 : p_2 : \cdots : p_n = \frac{C}{N_1} : \frac{C}{N_2} : \cdots : \frac{C}{N_n} = \frac{1}{N_1} : \frac{1}{N_2} : \cdots : \frac{1}{N_n} \tag{1-94}$$

可见，当各测站的观测高差为同精度时，各路线高差的权与测站数成反比。

特别地：

(1) 若$N_i=1$，则$p_i=C$，表明C是一测站的观测高差的权。

(2) 若$p_i=1$，则$N_i=C$，表明C是单位权观测高差的测站数，或者说是以C个测站的观测高差的中误差作为单位权中误差。

例 1-19 在某水准测量中，每一测站观测的中误差均为3mm，今要求从已知水准点推测待定点的高程中误差不大于5mm，问最多只能设多少站？

解 由题知$\sigma_{站}=3\mathrm{mm}$，要求条件为$\sigma_i \leqslant 5\mathrm{mm}$。

根据

$$\sigma_i = \sqrt{N_i}\,\sigma_{站}$$

得

$$\sigma_i^2 = N_i\sigma_{站}^2 = 3^2 \cdot N_i \leqslant 5^2$$

即

$$N_i \leqslant \frac{25}{9} \approx 2.8$$

因此，最多只能设2站。

例 1-20 设在图1-15所示的水准网中，已知各路线的测站数分别为40、25、50、20、40、50、25。试确定各路线高差的权。

解 取C=100，即取100个测站的观测高差为单位权观测值。

根据

$$p_i = \frac{C}{N_i}$$

得

$$p_1 = \frac{100}{40} = 2.5，\ p_2 = \frac{100}{25} = 4.0，\ p_3 = \frac{100}{50} = 2.0，\ p_4 = \frac{100}{20} = 5.0$$

$$p_5 = \frac{100}{40} = 2.5，\ p_6 = \frac{100}{50} = 2.0，\ p_7 = \frac{100}{25} = 4.0$$

因此，各路线高差的权为 2.5、4.0、2.0、5.0、2.5、2.0、4.0。

除了上述利用测站数 N_i 进行定权的方法外，还可以采用路线长度 S_i 来定权。若水准路线布设在平坦地区，测站间的距离 s 大致相等，每千米的测站数也大致相等，则每公里的观测高差的中误差 σ_{km} 可看作是相等的，这种情况就可利用路线长度来定权。

设某水准路线的总长为 S，观测高差为 h，两个测站间的间隔距离为 s，则相应的测站数 $N = \frac{S}{s}$，依据 $\sigma_{\text{h}} = \sqrt{N}\sigma_{\text{站}}$，得

$$\sigma_{\text{h}} = \sqrt{\frac{S}{s}}\sigma_{\text{站}}$$

若取 S=1km，s 以 km 为单位，则 1km 的测站数为

$$N_{\text{km}} = \frac{1}{s}$$

即 1km 观测高差的中误差为

$$\sigma_{\text{km}} = \sqrt{\frac{1}{s}}\sigma_{\text{站}}$$

则距离为 S km 两点间观测高差的中误差为

$$\sigma_{\text{h}} = \sqrt{S}\sigma_{\text{km}} \tag{1-95}$$

根据式(1-95)，图 1-15 中的各路线观测高差的中误差为

$$\sigma_i = \sqrt{S_i}\ \sigma_{\text{km}} \tag{1-96}$$

若选定

$$\sigma_0 = \sigma_{\text{km}}$$

权为

$$p_i = \frac{1}{S_i} \qquad i=1,2,\cdots,n$$

同样考虑到权的相对性，有

$$p_i = \frac{C}{S_i} \tag{1-97}$$

则权的比例为

$$p_1 : p_2 : \cdots : p_n = \frac{C}{S_1} : \frac{C}{S_2} : \cdots : \frac{C}{S_n} = \frac{1}{S_1} : \frac{1}{S_2} : \cdots : \frac{1}{S_n} \tag{1-98}$$

即当每千米观测高差为同精度时，各路线观测高差的权与距离的千米数成反比。

特别地：

(1) 若 $S_i=1$，则 $p_i=C$，表明 C 是 1km 观测高差的权。

(2) 若 $p_i=1$，则 $S_i=C$，表明 C 是单位权观测高差的路线千米数，或者说是令 Ckm 观测高差的权为 1。

例 1-21 在相同观测条件下，应用水准测量测定了图 1-16 中的三点 A、B、C 之间的高差，设边长 S_1=10km，S_2=8km，S_3=4km，令 40km 的高差观测值为单位权观测。试求：各段高差值的权及单位权中误差。

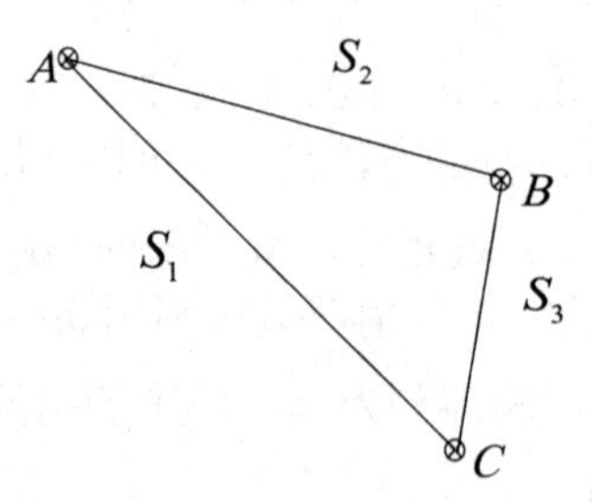

图 1-16 水准网示意图

解 由题知，当 $p=1$ 时，S=40km

根据

$$p_i=\frac{C}{S_i}$$

得

$$C=p\cdot S=40\times1=40$$

则

$$p_1=\frac{C}{S_1}=\frac{40}{10}=4，\quad p_2=\frac{C}{S_2}=\frac{40}{8}=5，\quad p_3=\frac{C}{S_2}=\frac{40}{4}=10$$

因此，各段高差值的权分别为 4、5、10。

例 1-22 如图 1-17 所示，各水准路线的长度为 S_1=3.0km，S_2=6.0km，S_3=2.0km，S_4=1.5km，设每千米观测高差的精度相同，若已知第 4 条路线观测高差的权为 3，试求其他各路线观测高差的权。

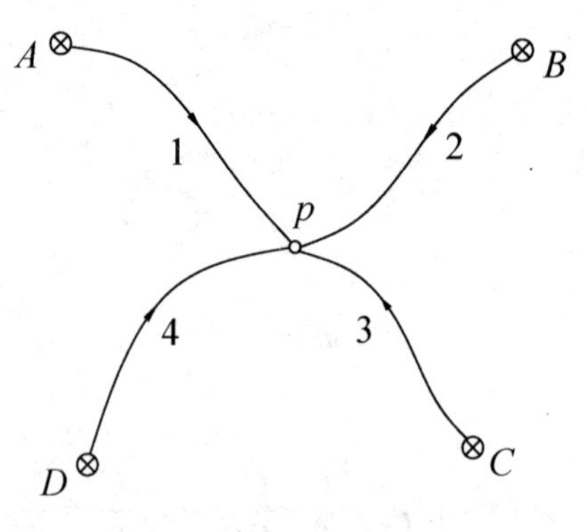

图 1-17 水准网示意图

解　根据

$$p_i = \frac{C}{S_i}$$

则有

$$C = p_4 S_4 = 1.5 \times 3 = 4.5$$

即得

$$p_1 = \frac{C}{S_1} = \frac{4.5}{3.0} = 1.50$$

$$p_2 = \frac{C}{S_2} = \frac{4.5}{6.0} = 0.75$$

$$p_3 = \frac{C}{S_3} = \frac{4.5}{2.0} = 2.25$$

因此，1、2、3 水准路线观测高差的权分别为 1.50、0.75、2.25。

在实际的水准测量工作中，定权方法最终应该是选择利用水准路线的距离 S 定权，还是选择利用测站数 N 定权，需根据实际问题具体分析而定。通常：

(1) 在地形起伏不大、比较平坦的区域，每千米的测站数 N 大致相同，就可根据水准路线的距离 S 进行定权。

(2) 在地形起伏较大的区域，由于每千米的测站数相差会比较大，因此需按照测站数 N 进行定权。

3. 丈量距离的权

在丈量距离 S 时，设用长度为 l 的钢尺丈量了 n 尺段，则有

$$S = l_1 + l_2 + \cdots + l_n \tag{1-99}$$

因每尺段都是独立同精度观测值，其中误差均为 σ_i，由协方差传播律可得

$$\sigma_{\mathrm{S}} = \sigma_i \sqrt{n} \tag{1-100}$$

将 $n \approx \dfrac{S}{l}$ 代入式(1-100)得

$$\sigma_{\mathrm{S}} = \frac{\sigma_i}{\sqrt{l}} \sqrt{S}$$

若令 $\sigma_0 = \dfrac{\sigma_i}{\sqrt{l}}$，则距离 S_i 的中误差为

$$\sigma_{S_i} = \sigma_0 \sqrt{S_i}$$

则任一距离观测值的权为

$$p_i = \frac{1}{S_i}$$

因为权具有相对性，故上式可写成

$$p_i = \frac{C}{S_i} \tag{1-101}$$

即丈量距离的权与其长度成反比。

例 1-23　已知丈量 100m 长的距离一次的权为 1.5，问 300m 长的距离丈量一次的权是多少？

解　由题知，当 $S_1=100\text{m}$ 时，$p_1=1.5$

根据

$$p_i=\frac{C}{S_i}$$

得

$$C=p_1S_1=1.5\times100=150$$

当 $S_2=300\text{m}$ 时

$$p_2=\frac{C}{S_2}=\frac{150}{300}=0.5$$

因此，300m 长的距离丈量一次的权为 0.5。

通过上述内容，不难总结出以上定权方法的共同点都是：在实际进行定权时，不用知道各观测值方差的具体数值信息，只需应用测站数、千米数等信息就能够定权了。其重要意义在于可以避开平差前方差未知的情况，这已经成为定权的常用方法。

1.6　协因数与协因数传播律

我们知道，权是比较观测值之间精度高低的相对指标，那么用权如何来比较各观测值函数之间相对精度的高低呢？

在 1.4 节协方差传播律中，阐述了观测值函数中误差的运算法则——协方差传播律。而权与方差又呈反比关系，因此能够以关于方差的协方差传播律为基础，进而推导出观测值函数的权的运算规律。

在实际的数据处理应用中，以观测值的权为基础来推求观测值函数的权的情况也会常常出现，因此研究推导出观测值函数的权的运算规律十分有必要。在导出法则之前，还需理解协因数、协因数阵和权阵的概念。

1.6.1　协因数与协因数阵

设有观测值 L_i 和 L_j，方差为 σ_i^2 和 σ_j^2，权为 p_i 和 p_j，它们之间的协方差为 σ_{ij}，根据观测值的权与其方差的关系 $p_x=\dfrac{\sigma_0^2}{\sigma_x^2}$，令

$$\left.\begin{aligned}Q_{ii}&=\frac{1}{p_i}=\frac{\sigma_i^2}{\sigma_0^2}\\Q_{jj}&=\frac{1}{p_j}=\frac{\sigma_j^2}{\sigma_0^2}\\Q_{ij}&=\frac{\sigma_{ij}}{\sigma_0^2}\end{aligned}\right\}\tag{1-102}$$

或写为

$$\left.\begin{aligned}\sigma_i^2 &= \sigma_0^2 Q_{ii} \\ \sigma_j^2 &= \sigma_0^2 Q_{jj} \\ \sigma_{ij} &= \sigma_0^2 Q_{ij}\end{aligned}\right\} \tag{1-103}$$

式中，σ_0^2 为单位权中误差；Q_{ii} 为 L_i 的协因数或权倒数；Q_{jj} 为 L_j 的协因数或权倒数；Q_{ij} 为 L_i 关于 L_j 的互协因数或相关权倒数。

可以看出，Q_{ii}、Q_{jj} 与相对应的 σ_i^2、σ_j^2 成正比，与 p_i、p_j 互为倒数关系，Q_{ij} 与 σ_{ij} 成正比。不难理解，协因数 Q_{ii}、Q_{jj} 与权 p_i、p_j 具有相似的存在意义，同样可以用来衡量观测值精度的相对高低，互协因数 Q_{ij} 与协方差 σ_{ij} 相似，也是用来衡量观测值之间相关程度的一种指标，当 $Q_{ij}\,(i\neq j)$=0 时，表示 L_i 与 L_j 互不相关。

延伸协因数的概念，设 n 维随机向量 $\underset{n\times 1}{\boldsymbol{X}}$，其方差阵为

$$\boldsymbol{D}_{XX}=\begin{bmatrix}\sigma_1^2 & \sigma_{12} & \cdots & \sigma_{1n} \\ \sigma_{21} & \sigma_2^2 & \cdots & \sigma_{2n} \\ \vdots & \vdots & & \vdots \\ \sigma_{n1} & \sigma_{n2} & \cdots & \sigma_n^2\end{bmatrix}$$

两端同时除以方差因子 σ_0^2，顾及式(1-102)，得

$$\frac{1}{\sigma_0^2}\boldsymbol{D}_{XX}=\begin{bmatrix}\dfrac{\sigma_{X_1}^2}{\sigma_0^2} & \dfrac{\sigma_{X_1X_2}}{\sigma_0^2} & \cdots & \dfrac{\sigma_{X_1X_n}}{\sigma_0^2} \\ \dfrac{\sigma_{X_2X_1}}{\sigma_0^2} & \dfrac{\sigma_{X_2}^2}{\sigma_0^2} & \cdots & \dfrac{\sigma_{X_2X_n}}{\sigma_0^2} \\ \vdots & \vdots & & \vdots \\ \dfrac{\sigma_{X_nX_1}}{\sigma_0^2} & \dfrac{\sigma_{X_nX_2}}{\sigma_0^2} & \cdots & \dfrac{\sigma_{X_n}^2}{\sigma_0^2}\end{bmatrix}=\begin{bmatrix}Q_{X_1X_1} & Q_{X_1X_2} & \cdots & Q_{X_1X_n} \\ Q_{X_2X_1} & Q_{X_2X_2} & \cdots & Q_{X_2X_n} \\ \vdots & \vdots & & \vdots \\ Q_{X_nX_1} & Q_{X_nX_2} & \cdots & Q_{X_nX_n}\end{bmatrix} \tag{1-104}$$

通常，将由 $\underset{n\times 1}{\boldsymbol{X}}$ 的协因数 Q_{ii} 和互协因数 Q_{ij} 组成的矩阵称为协因数阵，记为 $\boldsymbol{Q}_{XX}$，即

$$\boldsymbol{Q}_{XX}=\frac{1}{\sigma_0^2}\boldsymbol{D}_{XX}=\begin{bmatrix}Q_{X_1X_1} & Q_{X_1X_2} & \cdots & Q_{X_1X_n} \\ Q_{X_2X_1} & Q_{X_2X_2} & \cdots & Q_{X_2X_n} \\ \vdots & \vdots & & \vdots \\ Q_{X_nX_1} & Q_{X_nX_2} & \cdots & Q_{X_nX_n}\end{bmatrix} \tag{1-105}$$

分析式(1-105)可以看出：

(1) 主对角线上的元素 Q_{ii}，即为随机变量 X_i 的协因数(权倒数)。

(2) 非主对角线元素 $Q_{ij}\,(i\neq j)$为随机变量 X_i 关于随机变量 X_j 的互协因数(相关权倒数)，且有 $Q_{ij}=Q_{ji}$。

根据式(1-105)，可以得到以下变形，即

$$\boldsymbol{D}_{XX}=\sigma_0^2\boldsymbol{Q}_{XX} \tag{1-106}$$

即得出任一随机变量的协方差阵 $\boldsymbol{D}_{XX}$ 与协因数阵 $\boldsymbol{Q}_{XX}$ 之间的关系。

同样，若存在观测向量$\underset{r\times 1}{\boldsymbol{Y}}$，方差阵为$\underset{r\times r}{\boldsymbol{D}_{YY}}$，参照上述内容，可得

$$\boldsymbol{Q}_{YY}=\frac{1}{\sigma_0^2}\boldsymbol{D}_{YY}=\begin{bmatrix}\frac{\sigma_{Y_1}^2}{\sigma_0^2} & \frac{\sigma_{Y_1Y_2}}{\sigma_0^2} & \cdots & \frac{\sigma_{Y_1Y_r}}{\sigma_0^2}\\ \frac{\sigma_{Y_2Y_1}}{\sigma_0^2} & \frac{\sigma_{Y_2}^2}{\sigma_0^2} & \cdots & \frac{\sigma_{Y_2Y_r}}{\sigma_0^2}\\ \vdots & \vdots & & \vdots\\ \frac{\sigma_{Y_rY_1}}{\sigma_0^2} & \frac{\sigma_{Y_rY_2}}{\sigma_0^2} & \cdots & \frac{\sigma_{Y_r}^2}{\sigma_0^2}\end{bmatrix}=\begin{bmatrix}Q_{Y_1Y_1} & Q_{Y_1Y_2} & \cdots & Q_{Y_1Y_r}\\ Q_{Y_2Y_1} & Q_{Y_2Y_2} & \cdots & Q_{Y_2Y_r}\\ \vdots & \vdots & & \vdots\\ Q_{Y_rY_1} & Q_{Y_nY_2} & \cdots & Q_{Y_rY_r}\end{bmatrix}$$

则有

$$\boldsymbol{D}_{YY}=\sigma_0^2\boldsymbol{Q}_{YY}$$

设$\underset{n\times 1}{\boldsymbol{X}}$关于$\underset{r\times 1}{\boldsymbol{Y}}$的互协方差阵为$\underset{n\times r}{\boldsymbol{D}_{XY}}$，可得

$$\boldsymbol{Q}_{XY}=\frac{1}{\sigma_0^2}\boldsymbol{D}_{XY}=\begin{bmatrix}\frac{\sigma_{X_1Y_1}^2}{\sigma_0^2} & \frac{\sigma_{X_1Y_2}}{\sigma_0^2} & \cdots & \frac{\sigma_{X_1Y_r}}{\sigma_0^2}\\ \frac{\sigma_{X_2Y_1}}{\sigma_0^2} & \frac{\sigma_{X_2Y_2}^2}{\sigma_0^2} & \cdots & \frac{\sigma_{X_2Y_r}}{\sigma_0^2}\\ \vdots & \vdots & & \vdots\\ \frac{\sigma_{X_nY_1}}{\sigma_0^2} & \frac{\sigma_{X_nY_2}}{\sigma_0^2} & \cdots & \frac{\sigma_{X_nY_r}^2}{\sigma_0^2}\end{bmatrix}=\begin{bmatrix}Q_{X_1Y_1} & Q_{X_1Y_2} & \cdots & Q_{X_1Y_r}\\ Q_{X_2Y_1} & Q_{X_2Y_2} & \cdots & Q_{X_2Y_r}\\ \vdots & \vdots & & \vdots\\ Q_{X_nY_1} & Q_{X_nY_2} & \cdots & Q_{X_nY_r}\end{bmatrix}$$

即

$$\boldsymbol{D}_{XY}=\sigma_0^2\boldsymbol{Q}_{XY}$$

综上所述，可总结出

$$\left.\begin{aligned}\boldsymbol{D}_{XX}&=\sigma_0^2\boldsymbol{Q}_{XX}\\ \boldsymbol{D}_{YY}&=\sigma_0^2\boldsymbol{Q}_{YY}\\ \boldsymbol{D}_{XY}&=\sigma_0^2\boldsymbol{Q}_{XY}\end{aligned}\right\}\tag{1-107}$$

或写为

$$\left.\begin{aligned}\underset{n\times n}{\boldsymbol{Q}_{XX}}&=\frac{1}{\sigma_0^2}\boldsymbol{D}_{XX}\\ \underset{r\times r}{\boldsymbol{Q}_{YY}}&=\frac{1}{\sigma_0^2}\boldsymbol{D}_{YY}\\ \underset{n\times r}{\boldsymbol{Q}_{XY}}&=\frac{1}{\sigma_0^2}\boldsymbol{D}_{XY}\end{aligned}\right\}\tag{1-108}$$

式中，$\boldsymbol{Q}_{XX}$和$\boldsymbol{Q}_{YY}$分别为$\boldsymbol{X}$和$\boldsymbol{Y}$的协因数阵；$\boldsymbol{Q}_{XY}$为$\boldsymbol{X}$关于$\boldsymbol{Y}$的互协因数阵。

在这里，协因数阵$\boldsymbol{Q}_{XX}$中的主对角元素为各X_i的权倒数，非对角元素是X_i关于$X_j\,(i\neq j)$的相关权倒数；$\boldsymbol{Q}_{XY}$中的元素就是X_i关于Y_i的相关权倒数。所以，通常也称$\boldsymbol{Q}_{XX}$和$\boldsymbol{Q}_{YY}$为$\boldsymbol{X}$和$\boldsymbol{Y}$的权逆阵，称互协因数阵$\boldsymbol{Q}_{XY}$为$\boldsymbol{X}$关于$\boldsymbol{Y}$的相关权逆阵。由于$\boldsymbol{D}_{XY}=\boldsymbol{D}_{YX}^{\mathrm{T}}$，所以$\boldsymbol{Q}_{XY}=\boldsymbol{Q}_{YX}^{\mathrm{T}}$。当$\boldsymbol{Q}_{XY}=\boldsymbol{Q}_{YX}^{\mathrm{T}}=0$时，表示$\boldsymbol{X}$和$\boldsymbol{Y}$是互相独立的观测向量。

若记

$$Z = \begin{bmatrix} X \\ Y \end{bmatrix}$$

则 $\boldsymbol{Z}$ 的方差阵 $\boldsymbol{D}_{ZZ}$ 和协因数阵 $\boldsymbol{Q}_{ZZ}$ 为

$$\left.\begin{aligned} \boldsymbol{D}_{ZZ} &= \begin{bmatrix} \boldsymbol{D}_{XX} & \boldsymbol{D}_{XY} \\ \boldsymbol{D}_{YX} & \boldsymbol{D}_{YY} \end{bmatrix} \\ \boldsymbol{Q}_{ZZ} &= \begin{bmatrix} \boldsymbol{Q}_{XX} & \boldsymbol{Q}_{XY} \\ \boldsymbol{Q}_{YX} & \boldsymbol{Q}_{YY} \end{bmatrix} \end{aligned}\right\} \tag{1-109}$$

且有

$$\left.\begin{aligned} \boldsymbol{Q}_{ZZ} &= \frac{1}{\sigma_0^2}\boldsymbol{D}_{ZZ} \\ \boldsymbol{D}_{ZZ} &= \sigma_0^2\boldsymbol{Q}_{ZZ} \end{aligned}\right\} \tag{1-110}$$

1.6.2　权阵

由式(1-102)知，一个观测值 L_i 的权 p_i 与其协因数 Q_{ii} 互为倒数关系，即

$$Q_{ii} = \frac{1}{p_i} = p_i^{-1}$$

或

$$p_i = Q_{ii}^{-1}$$

延伸其权 p_i 的概念，定义 n 维观测向量 $\underset{n\times1}{\boldsymbol{X}}$ 的权阵 $\boldsymbol{P}_{XX}$ 为

$$\boldsymbol{P}_{XX} = \boldsymbol{Q}_{XX}^{-1} \tag{1-111}$$

即权阵与其协因数阵互为逆阵，下式也同样成立，即

$$\boldsymbol{Q}_{XX} = \boldsymbol{P}_{XX}^{-1}$$

顾及 $\boldsymbol{D}_{XX} = \sigma_0^2\boldsymbol{Q}_{XX}$，可以得出权阵 $\boldsymbol{P}_{XX}$ 与其协方差阵 $\boldsymbol{D}_{XX}$ 的关系，即

$$\boldsymbol{D}_{XX} = \sigma_0^2\boldsymbol{P}_{XX}^{-1} \tag{1-112}$$

特别地，当观测向量在仅含有一个观测值的情况下，式(1-112)与式(1-84)相同。并且知道，$\boldsymbol{D}_{XX}$ 为对称矩阵，相应地，$\boldsymbol{P}_{XX}$ 也同样为对称矩阵。记为

$$\boldsymbol{P}_{XX} = \begin{bmatrix} p_{11} & p_{12} & \cdots & p_{1n} \\ & p_{22} & \cdots & p_{2n} \\ & & & \vdots \\ \text{对} & \text{称} & & p_{nn} \end{bmatrix} \tag{1-113}$$

且 $\boldsymbol{P}_{XX}\boldsymbol{Q}_{XX} = \boldsymbol{I}$，$p_{ij} = p_{ji}(i \neq j)$。

协因数与权互为倒数，协因数阵与权阵互为逆矩阵，协因数阵对角线上的元素为各变量的权倒数，那么有一个问题需要思考，是否可以因此说明权阵对角线上的元素就是观测向量的权呢？

下面分两种情况分别讨论。

第一种：设独立观测值 $L_i\ (i=1,2,\cdots,n)$，方差为 σ_i^2，权为 p_i，单位权方差为 σ_0^2，矩阵形式为

$$\underset{n\times1}{\boldsymbol{L}}=\begin{bmatrix}L_1\\L_2\\\vdots\\L_n\end{bmatrix},\quad \underset{n\times n}{\boldsymbol{D}_{LL}}=\begin{bmatrix}\sigma_1^2&0&\cdots&0\\0&\sigma_2^2&\cdots&0\\\vdots&\vdots&&\vdots\\0&0&\cdots&\sigma_n^2\end{bmatrix},\quad \underset{n\times n}{\boldsymbol{P}_{LL}}=\begin{bmatrix}p_1&0&\cdots&0\\0&p_2&\cdots&0\\\vdots&\vdots&&\vdots\\0&0&\cdots&p_n\end{bmatrix}$$

则由式(1-108)知，L_i 的协因数阵为

$$\underset{n\times n}{\boldsymbol{Q}_{LL}}=\frac{1}{\sigma_0^2}\underset{n\times n}{\boldsymbol{D}_{LL}}=\begin{bmatrix}\dfrac{\sigma_1^2}{\sigma_0^2}&0&\cdots&0\\0&\dfrac{\sigma_2^2}{\sigma_0^2}&\cdots&0\\\vdots&\vdots&&\vdots\\0&0&\cdots&\dfrac{\sigma_n^2}{\sigma_0^2}\end{bmatrix}=\begin{bmatrix}Q_{11}&0&\cdots&0\\0&Q_{22}&\cdots&0\\\vdots&\vdots&&\vdots\\0&0&\cdots&Q_{nn}\end{bmatrix}=\begin{bmatrix}\dfrac{1}{p_1}&0&\cdots&0\\0&\dfrac{1}{p_2}&\cdots&0\\\vdots&\vdots&&\vdots\\0&0&\cdots&\dfrac{1}{p_n}\end{bmatrix}=\boldsymbol{P}_{LL}^{-1}\qquad(1\text{-}114)$$

即当观测值独立时，协因数阵 $\boldsymbol{Q}_{LL}$ 与权阵 $\boldsymbol{P}_{LL}$ 均为对角阵，$\boldsymbol{Q}_{LL}$ 中主对角线上的元素为观测值的权倒数，$\boldsymbol{P}_{LL}$ 中主对角线上的元素即为观测值的权。

第二种：当观测值相关时，协因数阵 $\boldsymbol{Q}_{LL}$ 与权阵 $\boldsymbol{P}_{LL}$ 都是非对角阵，$\boldsymbol{Q}_{LL}$ 中主对角线上的元素依然是观测值的权倒数，这是观测向量相关时求观测值权的唯一办法；而权阵主对角线上的元素不再是观测值的权了，在这里 $p_i\neq\dfrac{1}{Q_{ii}}$，因此 $\boldsymbol{P}_{LL}$ 中的元素同时也就不再具有权的意义了。但相关观测向量的权阵在平差计算中，仍能起到与独立观测向量的权阵一样的作用。

例 1-24 已知独立观测值 $\underset{2\times1}{\boldsymbol{L}}$ 的方差阵为 $\boldsymbol{D}_L=\begin{bmatrix}16&0\\0&8\end{bmatrix}$，其单位权方差为 $\sigma_0^2=2$，试求权阵 $\boldsymbol{P}_L$ 及权 p_1 和 p_2。

解 由公式

$$\boldsymbol{D}_L=\sigma_0^2\boldsymbol{Q}_L$$

得

$$\boldsymbol{Q}_L=\begin{bmatrix}8&0\\0&4\end{bmatrix}$$

又因

$$\boldsymbol{P}_L=\boldsymbol{Q}_L^{-1}=\begin{bmatrix}\dfrac{1}{8}&0\\0&\dfrac{1}{4}\end{bmatrix}$$

可知

$$p_1=\frac{1}{8},\quad p_2=\frac{1}{4}$$

例 1-25　已知相关观测值 $\underset{2\times1}{\boldsymbol{L}}$ 的方差阵为 $\boldsymbol{D}_L=\begin{bmatrix}5 & -2\\-2 & 4\end{bmatrix}$，其单位权方差为 $\sigma_0^2=1$，试求权阵 $\boldsymbol{P}_L$ 及权 p_1 和 p_2。

解　由公式

$$\boldsymbol{D}_L=\sigma_0^2\boldsymbol{Q}_L$$

得

$$\boldsymbol{Q}_L=\begin{bmatrix}5 & -2\\-2 & 4\end{bmatrix}$$

由此协因数阵可知

$$p_1=\frac{1}{5},\quad p_2=\frac{1}{4}$$

而

$$\boldsymbol{P}_L=\boldsymbol{Q}_L^{-1}=\begin{bmatrix}5 & -2\\-2 & 4\end{bmatrix}^{-1}=\begin{bmatrix}\frac{1}{4} & \frac{1}{8}\\\frac{1}{8} & \frac{5}{16}\end{bmatrix}$$

可见，观测值相关时，权阵 $\boldsymbol{P}_L$ 主对角线上的数值并非是对应观测值的权。

1.6.3　协因数传播律

理解协因数、协因数阵和权阵的概念后，就可以以协方差传播律为基础，推导出观测值函数的权的运算规律。由协因数阵的定义式

$$\boldsymbol{Q}_{XX}=\frac{1}{\sigma_0^2}\boldsymbol{D}_{XX}$$

可知，协方差阵乘上常数 $\frac{1}{\sigma_0^2}$ 即为协因数阵，因此，根据协方差传播律，可以简单地推导出协因数传播律，进而由观测值的协因数阵求其函数的协因数阵，也就得到了函数的权。

设有观测值 $\underset{n\times1}{\boldsymbol{X}}$，其协因数阵为 $\underset{n\times n}{\boldsymbol{Q}_{XX}}$，另有关于 $\boldsymbol{X}$ 的线性函数 $\underset{r\times1}{\boldsymbol{Y}}$ 和 $\underset{t\times1}{\boldsymbol{Z}}$ 为

$$\left.\begin{aligned}\boldsymbol{Y}&=\boldsymbol{F}\boldsymbol{X}+\boldsymbol{F}_0\\\boldsymbol{Z}&=\boldsymbol{K}\boldsymbol{X}+\boldsymbol{K}_0\end{aligned}\right\}\tag{1-115}$$

现根据协方差传播律，推导由 $\boldsymbol{Q}_{XX}$ 求 $\boldsymbol{Q}_{YY}$、$\boldsymbol{Q}_{ZZ}$ 和 $\boldsymbol{Q}_{YZ}$ 的公式。

设单位权方差为 σ_0^2，按协方差传播律知，$\boldsymbol{Y}$ 和 $\boldsymbol{Z}$ 的协方差阵为

$$\left.\begin{aligned}\boldsymbol{D}_{YY}&=\boldsymbol{F}\boldsymbol{D}_{XX}\boldsymbol{F}^{\mathrm{T}}\\\boldsymbol{D}_{ZZ}&=\boldsymbol{K}\boldsymbol{D}_{XX}\boldsymbol{K}^{\mathrm{T}}\end{aligned}\right\}\tag{1-116}$$

$\boldsymbol{Y}$ 关于 $\boldsymbol{Z}$ 的互协方差阵为

$$\boldsymbol{D}_{YZ}=\boldsymbol{F}\boldsymbol{D}_{XX}\boldsymbol{K}^{\mathrm{T}}\tag{1-117}$$

由式(1-107)知

$$\begin{cases} \boldsymbol{D}_{XX} = \sigma_0^2 \boldsymbol{Q}_{XX}, & \boldsymbol{D}_{YY} = \sigma_0^2 \boldsymbol{Q}_{YY} \\ \boldsymbol{D}_{ZZ} = \sigma_0^2 \boldsymbol{Q}_{ZZ}, & \boldsymbol{D}_{YZ} = \sigma_0^2 \boldsymbol{Q}_{YZ} \end{cases}$$

将上式代入式(1-116)及式(1-117)，得

$$\begin{cases} \sigma_0^2 \boldsymbol{Q}_{YY} = \boldsymbol{F}(\sigma_0^2 \boldsymbol{Q}_{XX}) \boldsymbol{F}^{\mathrm{T}} \\ \sigma_0^2 \boldsymbol{Q}_{ZZ} = \boldsymbol{K}(\sigma_0^2 \boldsymbol{Q}_{XX}) \boldsymbol{K}^{\mathrm{T}} \\ \sigma_0^2 \boldsymbol{Q}_{YZ} = \boldsymbol{F}(\sigma_0^2 \boldsymbol{Q}_{XX}) \boldsymbol{K}^{\mathrm{T}} \end{cases}$$

约去σ_0^2，即得

$$\begin{cases} \boldsymbol{Q}_{YY} = \boldsymbol{F}\boldsymbol{Q}_{XX}\boldsymbol{F}^{\mathrm{T}} \\ \boldsymbol{Q}_{ZZ} = \boldsymbol{K}\boldsymbol{Q}_{XX}\boldsymbol{K}^{\mathrm{T}} \\ \boldsymbol{Q}_{YZ} = \boldsymbol{F}\boldsymbol{Q}_{XX}\boldsymbol{K}^{\mathrm{T}} \end{cases} \tag{1-118}$$

式(1-118)就是观测值的协因数阵与其线性函数的协因数阵的关系式，称为协因数传播律，或称为权逆阵传播律。

协因数传播律在形式上与协方差传播律相同，通常将协方差传播律与协因数传播律合称为广义传播律。

若$\boldsymbol{Y}$和$\boldsymbol{Z}$的各个分量都是$\boldsymbol{X}$的非线性函数，即

$$\left.\begin{aligned} \boldsymbol{Y} &= \begin{bmatrix} Y_1 \\ Y_2 \\ \vdots \\ Y_r \end{bmatrix} = \begin{bmatrix} F_1(X_1, X_2, \cdots, X_n) \\ F_2(X_1, X_2, \cdots, X_n) \\ \vdots \\ F_r(X_1, X_2, \cdots, X_n) \end{bmatrix} \\ \boldsymbol{Z} &= \begin{bmatrix} Z_1 \\ Z_2 \\ \vdots \\ Z_t \end{bmatrix} = \begin{bmatrix} f_1(X_1, X_2, \cdots, X_n) \\ f_2(X_1, X_2, \cdots, X_n) \\ \vdots \\ f_t(X_1, X_2, \cdots, X_n) \end{bmatrix} \end{aligned}\right\}$$

可求$\boldsymbol{Y}$和$\boldsymbol{Z}$的全微分，得

$$\left.\begin{aligned} \mathrm{d}\boldsymbol{Y} = \boldsymbol{F}\mathrm{d}\boldsymbol{X} \\ \mathrm{d}\boldsymbol{Z} = \boldsymbol{K}\mathrm{d}\boldsymbol{X} \end{aligned}\right\}$$

式中

$$\boldsymbol{F} = \begin{bmatrix} \dfrac{\partial F_1}{\partial X_1} & \dfrac{\partial F_1}{\partial X_2} & \cdots & \dfrac{\partial F_1}{\partial X_n} \\ \dfrac{\partial F_2}{\partial X_1} & \dfrac{\partial F_2}{\partial X_2} & \cdots & \dfrac{\partial F_2}{\partial X_n} \\ \vdots & \vdots & & \vdots \\ \dfrac{\partial F_r}{\partial X_1} & \dfrac{\partial F_r}{\partial X_2} & \cdots & \dfrac{\partial F_r}{\partial X_n} \end{bmatrix}, \quad \boldsymbol{K} = \begin{bmatrix} \dfrac{\partial f_1}{\partial X_1} & \dfrac{\partial f_1}{\partial X_2} & \cdots & \dfrac{\partial f_1}{\partial X_n} \\ \dfrac{\partial f_2}{\partial X_1} & \dfrac{\partial f_2}{\partial X_2} & \cdots & \dfrac{\partial f_2}{\partial X_n} \\ \vdots & \vdots & & \vdots \\ \dfrac{\partial f_t}{\partial X_1} & \dfrac{\partial f_t}{\partial X_2} & \cdots & \dfrac{\partial f_t}{\partial X_n} \end{bmatrix}$$

则非线性函数$\boldsymbol{Y}$、$\boldsymbol{Z}$的$\boldsymbol{Q}_{YY}$、$\boldsymbol{Q}_{ZZ}$、$\boldsymbol{Q}_{YZ}$就可按式(1-118)计算。

例 1-26　已知随机变量$\boldsymbol{Y}$、$\boldsymbol{Z}$都是观测值$\underset{3\times1}{\boldsymbol{L}} = [L_1 \quad L_2 \quad L_3]^{\mathrm{T}}$的函数，有函数关系

$$\begin{cases} \boldsymbol{Y} = L_1 + 4L_2 + 3L_3 \\ \boldsymbol{Z} = 7L_1 - 10L_2 + 16L_3 \end{cases}$$

且有

$$\boldsymbol{Q}_{LL} = \begin{bmatrix} 2 & -1 & 0 \\ -1 & 3 & -2 \\ 0 & -2 & 4 \end{bmatrix}$$

试证明：随机变量 $\boldsymbol{Y}$、$\boldsymbol{Z}$ 是相互独立的。

证明 依题意有

$$\boldsymbol{Y} = [1 \quad 4 \quad 3]\ \boldsymbol{L}$$

$$\boldsymbol{Z} = [7 \quad -10 \quad 16]\ \boldsymbol{L}$$

由协因数传播律得

$$\boldsymbol{Q}_{YZ} = [1 \quad 4 \quad 3]\begin{bmatrix} 2 & -1 & 0 \\ -1 & 3 & -2 \\ 0 & -2 & 4 \end{bmatrix}\begin{bmatrix} 7 \\ -10 \\ 16 \end{bmatrix} = [-2 \quad 5 \quad 4]\begin{bmatrix} 7 \\ -10 \\ 16 \end{bmatrix} = 0$$

故，$\boldsymbol{Y}$、$\boldsymbol{Z}$ 是相互独立的。

下面讨论一种关于协因数传播律的特殊情况。

对于独立观测值 $\underset{n\times 1}{\boldsymbol{L}}\ (i=1,2,\cdots,n)$，各 L_i 的权为 p_i，则 $\boldsymbol{L}$ 的权阵、协因数阵均为对角阵，矩阵形式为

$$\underset{n\times n}{\boldsymbol{P}_{LL}} = \begin{bmatrix} p_1 & 0 & \cdots & 0 \\ 0 & p_2 & \cdots & 0 \\ \vdots & \vdots & & \vdots \\ 0 & 0 & \cdots & p_n \end{bmatrix},\quad \underset{n\times n}{\boldsymbol{Q}_{LL}} = \begin{bmatrix} \dfrac{1}{p_1} & 0 & \cdots & 0 \\ 0 & \dfrac{1}{p_2} & \cdots & 0 \\ \vdots & \vdots & & \vdots \\ 0 & 0 & \cdots & \dfrac{1}{p_n} \end{bmatrix}$$

如果有 $\boldsymbol{L}$ 的单个函数

$$Z = f(L_1, L_2, \cdots, L_n) \tag{1-119}$$

全微分得

$$\mathrm{d}Z = \frac{\partial f}{\partial L_1}\mathrm{d}L_1 + \frac{\partial f}{\partial L_2}\mathrm{d}L_2 + \cdots + \frac{\partial f}{\partial L_n}\mathrm{d}L_n = \boldsymbol{K}\mathrm{d}\boldsymbol{L}$$

由协因数传播律式(1-118)可得

$$\boldsymbol{Q}_{ZZ} = \boldsymbol{K}\boldsymbol{Q}_{LL}\boldsymbol{K}^{\mathrm{T}} = \begin{bmatrix} \dfrac{\partial f}{\partial L_1} & \dfrac{\partial f}{\partial L_2} & \cdots & \dfrac{\partial f}{\partial L_n} \end{bmatrix}\begin{bmatrix} \dfrac{1}{p_1} & 0 & \cdots & 0 \\ 0 & \dfrac{1}{p_2} & \cdots & 0 \\ \vdots & \vdots & & \vdots \\ 0 & 0 & \cdots & \dfrac{1}{p_n} \end{bmatrix}\begin{bmatrix} \dfrac{\partial f}{\partial L_1} \\ \dfrac{\partial f}{\partial L_2} \\ \vdots \\ \dfrac{\partial f}{\partial L_n} \end{bmatrix}$$

纯量形式为

$$\frac{1}{p_Z}=\left(\frac{\partial f}{\partial L_1}\right)^2\frac{1}{p_1}+\left(\frac{\partial f}{\partial L_2}\right)^2\frac{1}{p_2}+\cdots+\left(\frac{\partial f}{\partial L_n}\right)^2\frac{1}{p_n} \tag{1-120}$$

式(1-120)即为由独立观测值的权倒数进而推求其函数的权倒数的计算式，称为权倒数传播律。显然，式(1-120)是协因数传播律的一种特殊情况。

将权倒数传播律公式与协方差传播律公式进行比较，即

$$\begin{cases}\dfrac{1}{p_Z}=\left(\dfrac{\partial f}{\partial L_1}\right)^2\dfrac{1}{p_1}+\left(\dfrac{\partial f}{\partial L_2}\right)^2\dfrac{1}{p_2}+\cdots+\left(\dfrac{\partial f}{\partial L_n}\right)^2\dfrac{1}{p_n}\\ \sigma_Z^2=\left(\dfrac{\partial f}{\partial X_1}\right)_0^2\sigma_1^2+\left(\dfrac{\partial f}{\partial X_2}\right)_0^2\sigma_2^2+\cdots+\left(\dfrac{\partial f}{\partial X_n}\right)_0^2\sigma_n^2\end{cases}$$

不难看出，协因数传播律与协方差传播律在形式上具有相同的性质，也同时具有类似的应用步骤，就不详细阐述了。

例 1-27 已知同精度独立观测值 $L_1,L_2,\cdots,L_n$，它们的权均为 p，试求其算术平均值 x 的权 p_x。

解

$$x=\frac{[L]}{n}=\frac{1}{n}L_1+\frac{1}{n}L_2+\cdots+\frac{1}{n}L_n$$

由权倒数传播律得

$$\frac{1}{p_x}=\frac{1}{n^2}\left(\frac{1}{p}+\frac{1}{p}+\cdots+\frac{1}{p}\right)=\frac{1}{n^2}.\frac{n}{p}=\frac{1}{np}$$

所以

$$p_x=np \tag{1-121}$$

即算术平均值的权等于观测值权的 n 倍。

当各个观测值为单位权观测值，即令 p=1 时，则 $p_x=n$。

例 1-28 已知独立观测值 L_i 的权为 $p_i\ (i=1,2,\cdots,n)$，试求加权均值 $x=\dfrac{[pL]}{[p]}$ 的权 p_x。

解

$$x=\frac{[pL]}{[p]}=\frac{1}{[p]}(p_1L_1+p_2L_2+\cdots+p_nL_n)$$

应用权倒数传播律得

$$\frac{1}{p_x}=\frac{1}{[p]^2}\left(p_1^2\frac{1}{p_1}+p_2^2\frac{1}{p_2}+\cdots+p_n^2\frac{1}{p_n}\right)=\frac{1}{[p]}$$

所以

$$p_x=[p] \tag{1-122}$$

即加权平均值的权等于各观测值权之和。当 $p_1=p_2=\cdots=p_n=p$ 时，则由上式得 $p_x=np$，这就是式(1-121)中的结果。

例 1-29 已知观测向量 $\boldsymbol{X}_1$ 和 $\boldsymbol{X}_2$ 的协因数阵 $\boldsymbol{Q}_{X_1X_1}$、$\boldsymbol{Q}_{X_2X_2}$ 和互协因数阵 $\boldsymbol{Q}_{X_1X_2}$，或写为

$$X = \begin{bmatrix} X_1 \\ X_2 \end{bmatrix}, Q_{XX} = \begin{bmatrix} Q_{X_1X_1} & Q_{X_1X_2} \\ Q_{X_2X_1} & Q_{X_2X_2} \end{bmatrix}$$

设有函数

$$\left.\begin{aligned} Y &= FX_1 \\ Z &= KX_2 \end{aligned}\right\} \tag{1-123}$$

试求 Y 关于 Z 的协因数阵 Q_{YZ} 。

解 式(1-123)可写为

$$Y = [F \quad 0]\begin{bmatrix} X_1 \\ X_2 \end{bmatrix}$$

$$Z = [0 \quad K]\begin{bmatrix} X_1 \\ X_2 \end{bmatrix}$$

应用协因数传播律得

$$\begin{aligned} Q_{YZ} &= [F \quad 0]\begin{bmatrix} Q_{X_1X_1} & Q_{X_1X_2} \\ Q_{X_2X_1} & Q_{X_2X_2} \end{bmatrix}\begin{bmatrix} 0 \\ K^{\mathrm{T}} \end{bmatrix} \\ &= \begin{bmatrix} FQ_{X_1X_1} & FQ_{X_1X_2} \end{bmatrix}\begin{bmatrix} 0 \\ K^{\mathrm{T}} \end{bmatrix} \end{aligned}$$

即有

$$Q_{YZ} = FQ_{X_1X_2}K^{\mathrm{T}} \tag{1-124}$$

式(1-124)也可作为协因数传播律的一个公式使用。不难理解，若已知 X_1 关于 X_2 的协方差阵 $D_{X_1X_2}$ ，也可以得到 Y 关于 Z 的协方差阵为

$$D_{YZ} = FD_{X_1X_2}K^{\mathrm{T}} \tag{1-125}$$

1.7 由真误差计算中误差及实际应用

一般地，观测量的真值是得不到的，因此真误差一般也无法得到，这时也就不能直接用 $\hat{\sigma} = \sqrt{[\varDelta\varDelta]/n}$ 这个概念公式计算中误差。然而由若干个观测量(如角度、高差等)所构成的函数，其真值有时是已知的，因而其真误差和中误差是可以求得的(比如三角形内角和是 3 个内角的函数，其真值为 180°，则三角形闭合差就是内角和的真误差，内角和的中误差可求)，这时再基于函数值与观测值的数学关系，运用广义传播律就可能求得观测值的中误差。实际上，测量工作中的许多实用公式都是这样导出的。下面介绍几个实例。

1.7.1 由三角形闭合差求测角中误差

设在一个三角网中，同精度独立观测了各三角形的内角，从而算得各三角形闭合差分别为 $w_1, w_2, \cdots, w_n$，它们是一组真误差。因为三角网中三角形的个数 n 是有限的，可根据 $\hat{\sigma} = \sqrt{[\varDelta\varDelta]/n}$ 求得三角形内角和的中误差的估值为

$$\hat{\sigma}_{\Sigma}=\sqrt{\frac{[ww]}{n}} \tag{1-126}$$

式中，$\hat{\sigma}_{\Sigma}$为三角形内角和的中误差σ_{Σ}的估值；$[ww]=w_1^2+w_2^2+\cdots+w_n^2$；$n$为三角形的个数。

由于内角和$\sum_i$是该三角形中3个内角观测值A_i、B_i和C_i之和，它们的关系为

$$\sum\nolimits_i=A_i+B_i+C_i \quad i=1,2,\cdots,n$$

因各角都是等精度观测的，设其观测中误差均为σ_{β}，则根据广义传播律，得三角形内角和的中误差为

$$\sigma_{\Sigma}^2=\sigma_{\beta}^2+\sigma_{\beta}^2+\sigma_{\beta}^2=3\sigma_{\beta}^2$$

即

$$\sigma_{\Sigma}=\sqrt{3}\sigma_{\beta} \tag{1-127}$$

兼顾式(1-126)和式(1-127)，可得测角中误差的估值为

$$\hat{\sigma}_{\beta}=\sqrt{\frac{[ww]}{3n}} \tag{1-128}$$

这就是大家熟知的菲列罗公式，在三角测量中经常用它来初步评定测角的精度。

1.7.2 用不等精度的真误差计算单位权中误差

已经知道，对于一组同精度独立观测值，利用其真误差$\Delta_1,\Delta_2,\Delta_3,\cdots,\Delta_n$可用中误差定义公式计算其中误差，即

$$\hat{\sigma}=\sqrt{\frac{[\Delta\Delta]}{n}} \tag{1-129}$$

现在设$L_1,L_2,\cdots,L_n$为一组不等精度的独立观测值，它们的权和真误差分别为

$$p_1,p_2,\cdots,p_n$$

$$\Delta_1,\Delta_2,\cdots,\Delta_n$$

因为式(1-129)要求Δ_i是一系列等精度观测值的真误差，而这里的Δ_i却是不等精度观测值的真误差，所以不能将这里的Δ_i直接代入式(1-129)，必须遵循真误差的定义，设法得到一组精度相同、其权为1的独立的真误差。有了这样一组真误差，才可由式(1-129)来求解。因此不妨假定一组同精度且权为$p_i'=1$的独立的真误差Δ_i'($i=1,2,\cdots,n$)，并设Δ_i'与Δ_i之间有数学关系，即

$$\Delta_i'=\alpha_i\Delta_i$$

根据权倒数传播律知

$$\frac{1}{p_i'}=\alpha_i^2\frac{1}{p_i}=1$$

可得

$$\alpha_i=\sqrt{p_i}$$

所以

$$\Delta_i'=\sqrt{p_i}\Delta_i \tag{1-130}$$

这就是说，由式(1-130)得到的Δ_i'是一组同精度且权为1的真误差。由于Δ_i是独立的，所

以 Δ_i' 也是一组独立的真误差，这时可根据式(1-129)得到

$$\hat{\sigma}_0=\sqrt{\frac{[\Delta'\Delta']}{n}}$$

因 $[\Delta'\Delta']=[p\Delta\Delta]$，所以

$$\hat{\sigma}_0=\sqrt{\frac{[\Delta\Delta]}{n}} \tag{1-131}$$

式(1-131)就是根据一组不等精度的真误差计算单位权中误差的基本公式。在测量平差中，许多由不等精度观测值求单位权中误差的公式，都是基于这个公式导出的。

当所有观测值的权相等且都等于 1 时，式(1-131)就变成了式(1-16)。可见，式(1-16)是式(1-131)的一个特例。

1.7.3　由双观测值之差求中误差

在测量工作中，常常对一系列待定量分别进行成对的观测。例如，在水准测量中对每段路线进行往返观测，在导线测量中对每条边进行往返丈量等，然后对各段取平均值作为该段的最终观测值。这种成对的观测，称为双观测。对同一个量进行双观测所得的两个观测值称为一个观测对。

设对量 $X_1,X_2,\cdots,X_n$ 各进行了往返观测，得独立观测值为

$$L_1',L_2',\cdots,L_n'$$
$$L_1'',L_2'',\cdots,L_n''$$

其中 L_i' 和 L_i'' 分别是量 X_i 的两次观测结果，则各段观测值的平均值应为

$$x_i=\frac{L_i'+L_i''}{2}\quad i=1,2,\cdots,n \tag{1-132}$$

通常，同一观测对的两个观测值的精度相同，不同观测对的精度不同，设其权分别为 $p_1,p_2,\cdots,p_n$，即 L_i' 和 L_i'' 的权都为 p_i。现在来推导其中误差公式。

对于任何一个观测量而言，不论其真值 $\tilde{X}_i$ 的大小如何，都应有

$$\tilde{X}_i-\tilde{X}_i=0\quad i=1,2,\cdots,n$$

即双观测值之差的真值为零。现在已对每个量 X_i 进行了两次观测，由于观测值带有误差，因此，每个量的双观测值之差一般不为零，其差数为

$$d_i=L_i'-L_i''\quad i=1,2,\cdots,n \tag{1-133}$$

式中，d_i 为第 i 个观测量 X_i 的两次观测值的差数。

既然已知各差数的真值应为零，因此，d_i 也就是各差数的真误差(反号)，即

$$\Delta_{d_i}=(X_i-X_i)-(L_i'-L_i')=0-d_i=-d_i \tag{1-134}$$

根据式(1-133)，按权倒数传播律可得 d_i 的权倒数为

$$\frac{1}{p_{d_i}}=\frac{1}{p_i}+\frac{1}{p_i}=\frac{2}{p_i}$$

即

$$p_{d_i}=\frac{p_i}{2} \tag{1-135}$$

这样，就得到了 n 个差数的真误差 Δ_{d_i} 和它们的权 p_{d_i} 。

由式(1-131)有

$$\hat{\sigma}_0=\sqrt{\frac{[p_d\Delta_d\Delta_d]}{n}}$$

顾及式(1-134)和式(1-135)，可得由双观测值之差求单位权中误差的公式为

$$\hat{\sigma}_0=\sqrt{\frac{[pdd]}{2n}} \tag{1-136}$$

按式(1-84)，可求得观测值 L_i' 和 L_i'' 的中误差为

$$\sigma_{L_i'}=\sigma_{L_i''}=\hat{\sigma}_0\sqrt{\frac{1}{p_i}} \tag{1-137}$$

而第 i 对观测值的平均值 $x_i=\dfrac{L_i'+L_i''}{2}$ 的中误差为

$$\sigma_{x_i}=\frac{\sigma_{L_i'}}{\sqrt{2}}=\hat{\sigma}_0\sqrt{\frac{1}{2p_i}} \tag{1-138}$$

如果所有的观测值 $L_1', L_2', \cdots, L_n'$ 和 $L_1'', L_2'', \cdots, L_n''$ 都是同精度的，可令它们的权 p_i 都等于 1，则由式(1-136)得各观测值的中误差为

$$\hat{\sigma}_0=\sigma_L=\sqrt{\frac{[dd]}{2n}} \tag{1-139}$$

而这时每对观测值的平均值 x_i 的中误差为

$$\sigma_{x_i}=\frac{\sigma_L}{\sqrt{2}}=\frac{1}{2}\sqrt{\frac{[dd]}{n}} \tag{1-140}$$

例 1-30 设分 5 段测定 A、B 两水准点间的高差，每段各测两次，其结果列于表 1-5 中，试求：(1)每公里观测高差的中误差；(2)第二段观测高差的中误差；(3)第二段高差平均值的中误差；(4)全长一次(往测或返测)观测高差的中误差及全长高差平均值的中误差。

表 1-5 双观测值及其计算

段号	高差/m			$d_i=L_i'-L_i''$	d_id_i	距离 S/km	$p_id_id_i=\dfrac{d_id_i}{S_i}$
	L_i'	L_i''	均值 x_i				
1	+3.248	+3.240	+3.244	+8	64	4.0	16.0
2	+0.348	+0.356	+0.352	−8	64	3.2	20.0
3	+1.444	+1.437	+1.440	+7	49	2.0	24.5
4	−3.360	−3.352	−3.356	−8	64	2.6	24.6
5	−3.699	−3.704	−3.702	+5	25	3.4	7.4
[ ]			−2.022			15.2	92.5

解 (1) 令 C=1，即令 1km 观测高差为单位权观测值。$[pdd]$的计算列于表 1-5 中。则单位权中误差(每千米观测高差的中误差)为

$$\sigma_0=\sigma_{km}\sqrt{\frac{[pdd]}{2n}}=\sqrt{\frac{92.5}{10}}=3.0(\text{mm})$$

(2) 第二段观测高差的中误差为

$$\sigma_0 = \sigma_{\mathrm{km}}\sqrt{\frac{1}{p_2}} = 3.0\sqrt{3.2} = 5.4(\mathrm{mm})$$

(3) 第二段高差平均值的中误差为

$$\sigma_{x_2} = \frac{\sigma_2}{\sqrt{2}} = 3.8\,(\mathrm{mm})$$

(4) 全长一次观测高差的中误差为

$$\sigma_{全} = \sigma_{\mathrm{km}}\sqrt{[s]} = 3.0\sqrt{15.2} = 11.7(\mathrm{mm})$$

全长高差平均值的中误差为

$$\sigma_{x全} = \frac{\sigma_{全}}{\sqrt{2}} = \frac{11.7}{\sqrt{2}} = 8.3(\mathrm{mm})$$

1.8　系统误差的传播

前几节所讨论的问题，都是以观测值中消除了系统误差而只含有偶然误差为前提的。但由于种种原因，观测成果中总是或多或少地存在残余的系统误差。由于系统误差产生的原因多种多样，它们的性质也各不相同，因而只能对不同的具体情况采用不同的处理方法，不可能有通用的处理方法。这里仅讨论系统误差对观测值误差影响的估计方法以及系统误差的传播规律。

1.8.1　系统误差的传播律

由于观测值含有残余的系统误差，从而使观测值的函数值也产生系统误差，这就是系统误差的传播。

设有观测值 $L_i\,(i=1,2,\cdots,n)$的线性函数

$$Z = k_1L_1 + k_2L_2 + \cdots + k_nL_n + k_0 \tag{1-141}$$

将此函数的真值 $\widetilde{Z} = k_1\widetilde{L}_1 + k_2\widetilde{L}_2 + \cdots + k_n\widetilde{L}_n + k_0$ 与式(1-141)求差，则得函数的综合误差 Ω_Z 与各个 L_i 的综合误差 Ω_i 之间的关系式为

$$\Omega_Z = k_1\Omega_1 + k_2\Omega_2 + \cdots + k_n\Omega_n$$

根据数学期望的运算规律可知

$$E(\Omega_Z) = k_1E(\Omega_1) + k_2E(\Omega_2) + \cdots + k_nE(\Omega_n)$$

顾及式(1-28)得

$$\varepsilon_Z = E(\Omega_Z) = [k\varepsilon] \tag{1-142}$$

这就是线性函数的系统误差的传播公式。

对于非线性函数 $Z = f(L_1, L_2, \cdots, L_n)$，可以先用全微分的方法进行线性化，然后以各个偏导数值来代替式(1-141)中的各个系数值，即

$$k_i = \frac{\partial Z}{\partial L_i} \quad i=1,2,\cdots,n$$

同样可以得到式(1-142)。

1.8.2 系统误差与偶然误差的联合传播

当观测值中同时含有偶然误差和残余的系统误差时，还有必要考虑它们对观测值函数的联合影响问题。

设有函数

$$Z = k_1L_1 + k_2L_2 \tag{1-143}$$

其中L_1和L_2是独立观测值，假定它们的综合误差为

$$\begin{cases} \Omega_1 = \Delta_1 + \varepsilon_1 \\ \Omega_1 = \Delta_1 + \varepsilon_1 \end{cases}$$

并假定L_1、L_2由偶然误差产生的方差为σ_1^2、σ_2^2。根据式(1-143)有

$$\Omega_Z = k_1\Omega_1 + k_2\Omega_2 = (k_1\Delta_1 + k_2\Delta_2) + (k_1\varepsilon_1 + k_2\varepsilon_2)$$

将等式两边平方，再取数学期望，得函数Z的综合误差方差为

$$\begin{aligned} D_{ZZ} = E(\Omega_Z^2) &= k_1E(\Delta_1^2) + k_1E(\Delta_2^2) + 2k_1k_2E(\Delta_1)E(\Delta_2) \\ &+ 2(k_1\varepsilon_1 + k_2\varepsilon_2)(k_1E(\Delta_1) + k_2E(\Delta_2)) + (k_1\varepsilon_1 + k_2\varepsilon_2)^2 \end{aligned}$$

再顾及

$$E(\Delta_1) = E(\Delta_2) = 0,\ E(\Delta_1^2) = \sigma_1^2,\ E(\Delta_2^2) = \sigma_2^2$$

所以得

$$D_{ZZ} = E(\Omega_Z^2) = k_1^2\sigma_1^2 + k_2^2\sigma_2^2 + (k_1\varepsilon_1 + k_2\varepsilon_2)^2 \tag{1-144}$$

不难将式(1-144)的结果加以推广，对于任意线性函数，即

$$Z = k_1L_1 + k_2L_2 + \cdots + k_nL_n \tag{1-145}$$

Z的综合误差方差为

$$D_{ZZ} = E(\Omega_Z^2) = [k^2\sigma^2] + [k\varepsilon]^2 \tag{1-146}$$

当Z为非线性函数时，仍可用偏导数$\dfrac{\partial Z}{\partial L_i}$来代替式(1-145)中的系数$k_i$。

当式(1-145)中的$k_1 = k_2 = \cdots = k_n = 1$时，式(1-146)可写成

$$D_{ZZ} = [\sigma^2] + [\varepsilon^2] = \sigma_1^2 + \sigma_2^2 + \cdots + \sigma_n^2 + (\varepsilon_1 + \varepsilon_2 + \cdots \varepsilon_n)^2 \tag{1-147}$$

此即1.3.4小节中均方误差的公式。

例 1-31 对某段距离S，用尺长l为钢尺量距时，共量了n个尺段。设已知每一尺段的测量中误差均为σ，钢尺检定误差为ε，求全长的综合中误差。

解 根据题意，量距的总长为

$$S = l_1 + l_2 + \cdots + l_n$$

而且

$$l_1 = l_2 = \cdots = l_n = l,\quad \sigma_1 = \sigma_2 = \cdots = \sigma_n = \sigma,\quad \varepsilon_1 = \varepsilon_2 = \cdots = \varepsilon_n = \varepsilon$$

则由式(1-147)知，全长的综合中误差为

$$\sigma_S^2 = n\sigma^2 + (n\varepsilon)^2$$

又因$n = \dfrac{S}{l}$，所以还可表达为

$$\sigma_{\mathrm{S}}^{2}=\frac{S}{l}\sigma^{2}+\frac{S^{2}}{l^{2}}\varepsilon^{2}$$

1.9 参数估计与最小二乘估计

平差问题是由于测量中进行了多余观测而产生的，不论何种平差方法，平差的最终目的都是对参数 $\boldsymbol{X}$ 和观测量 $\boldsymbol{L}$(或 $\varDelta$) 作出某种估计，并评定其精度。评定精度是对未知量的方差与协方差作出估计，统称为对平差模型的参数进行估计。

1.9.1 参数估计及其最优性质

通过多余观测建立的平差数学模型，都不可能直接获得唯一解。测量平差中的参数估计，是要在众多的解中找出一个最为合理的解，作为平差参数的最终估计。为此，对最终估计值应该提出某种要求，考虑平差所处理的是随机观测值，这种要求自然从数理统计观点去寻求，即参数估计要具有最优的统计性质，从而可对平差数学模型附加某种约束，实现满足最优性质的参数唯一解。这种约束是用某种准则实现的，其中最广泛采用的准则是最小二乘原理。

数理统计中所述的估计量最优性质，主要是估计量应具有无偏性、一致性和有效性的要求，现简单说明如下。

(1) 无偏性。设 $\hat{\boldsymbol{X}}$ 为参数 $\boldsymbol{X}$ 的估计量，如果估计量的数学期望 $E(\hat{\boldsymbol{X}})$等于参数 $\boldsymbol{X}$，即

$$E(\hat{\boldsymbol{X}})=\boldsymbol{X} \tag{1-148}$$

则称 $\hat{\boldsymbol{X}}$ 为参数 $\boldsymbol{X}$ 的无偏估计量。否则估计量不具有无偏性。

(2) 一致性。即满足概率表达式

$$\lim_{n\to\infty}\boldsymbol{P}(\boldsymbol{X}-\varepsilon<\hat{\boldsymbol{X}}<\boldsymbol{X}+\varepsilon)=1 \tag{1-149}$$

的估计量 $\hat{\boldsymbol{X}}$ 为参数 $\boldsymbol{X}$ 的一致估计量，其中 n 为子样容量，ε 是任意小的正数。

若估计量同时满足式(1-148)和式(1-150)，即

$$\lim_{n\to\infty}E[(\hat{\boldsymbol{X}}-\boldsymbol{X})^{2}]=0 \tag{1-150}$$

则称 $\hat{\boldsymbol{X}}$ 为 $\boldsymbol{X}$ 的严格一致估计量。严格一致估计量一定是一致估计量。

(3) 有效性。若 $\hat{\boldsymbol{X}}$ 为 $\boldsymbol{X}$ 的无偏估计量，具有无偏性的估计量并不唯一，如果对于两个无偏估计量 $\hat{\boldsymbol{X}}_1$、$\hat{\boldsymbol{X}}_2$，有

$$\boldsymbol{D}(\hat{\boldsymbol{X}}_1)<\boldsymbol{D}(\hat{\boldsymbol{X}}_2) \tag{1-151}$$

则称 $\hat{\boldsymbol{X}}_1$ 比 $\hat{\boldsymbol{X}}_2$ 有效。其中方差最小的估计量 $\hat{\boldsymbol{X}}$，即 $\boldsymbol{D}(\hat{\boldsymbol{X}})=\min$，为 $\boldsymbol{X}$ 的最有效估计量，称为最优无偏估计量。

由式(1-148)和式(1-150)可知，具有无偏性、最优性的估计量必然是一致性估计量。所以测量平差中参数的最佳估值要求是最优无偏估计量。由于平差模型是线性的，最佳估计也称为最优线性无偏估计。

1.9.2 最小二乘估计

测量中的观测值是服从正态分布的随机变量，最小二乘原理可用数理统计中的最大似然估计来解释，两种估计准则的估值相同。

设有观测向量 $\underset{n\times1}{\boldsymbol{L}}$，其数学期望和方差分别为

$$\boldsymbol{\mu}_L=\boldsymbol{E}(\boldsymbol{L})=\begin{bmatrix}\mu_1\\ \mu_2\\ \vdots\\ \mu_n\end{bmatrix},\ \boldsymbol{D}=\boldsymbol{D}_{LL}=\begin{bmatrix}\sigma_1^2 & \sigma_{12} & \cdots & \sigma_{1n}\\ \sigma_{21} & \sigma_2^2 & \cdots & \sigma_{2n}\\ \vdots & \vdots & & \vdots\\ \sigma_{n1} & \sigma_{n2} & \cdots & \sigma_n^2\end{bmatrix}$$

最大似然估计的似然函数为

$$\boldsymbol{G}=\frac{1}{(2\pi)^{n/2}|\boldsymbol{D}|^{1/2}}\exp\left[-\frac{1}{2}(\boldsymbol{L}-\boldsymbol{\mu}_L)^{\mathrm{T}}\boldsymbol{D}^{-1}(\boldsymbol{L}-\boldsymbol{\mu}_L)\right]\tag{1-152}$$

考虑到 $\boldsymbol{L}-\boldsymbol{\mu}_L=-\boldsymbol{\Delta}, \boldsymbol{L}-\hat{\boldsymbol{L}}=-\boldsymbol{V}$，用改正数 $\boldsymbol{V}$ 作为真误差 $\boldsymbol{\Delta}$ 的估计量。式(1-152)两边取自然对数得

$$\ln\boldsymbol{G}=-\ln[(2\pi)^{n/2}|\boldsymbol{D}|^{1/2}]-\frac{1}{2}\boldsymbol{V}^{\mathrm{T}}\boldsymbol{D}^{-1}\boldsymbol{V}\tag{1-153}$$

式中，第一项为常量，第二项前为负号，所以只有当第二项取得极小值时，似然函数 $\ln\boldsymbol{G}$ 才能取得极大值，因此，由极大似然估计求得的 $\boldsymbol{V}$ 值必须满足

$$\boldsymbol{V}^{\mathrm{T}}\boldsymbol{D}^{-1}\boldsymbol{V}=\min\tag{1-154}$$

顾及 $\boldsymbol{D}=\sigma_0^2\boldsymbol{Q}=\sigma_0^2\boldsymbol{P}^{-1}$，$\sigma_0^2$ 为常量，式(1-154)等价于

$$\boldsymbol{V}^{\mathrm{T}}\boldsymbol{P}\boldsymbol{V}=\min\tag{1-155}$$

此即最小二乘原理。

特别地，当观测向量为同精度观测时，权阵为单位阵，即 $\boldsymbol{P}=\boldsymbol{E}$，则最小二乘原理为

$$\boldsymbol{V}^{\mathrm{T}}\boldsymbol{V}=\min\tag{1-156}$$

例 1-32 设对某量 $\tilde{\boldsymbol{X}}$ 进行了 n 次同精度观测得 $\underset{n\times1}{\boldsymbol{L}}$，试按最小二乘原理求该量的估值。

解 设该量的估值为 $\tilde{\boldsymbol{X}}$，则有

$$\boldsymbol{V}_i=\hat{X}-\boldsymbol{L}_i$$

根据式(1-156)知，此时改正数向量应满足

$$\boldsymbol{V}^{\mathrm{T}}\boldsymbol{V}=\min$$

为此，将 $\boldsymbol{V}^{\mathrm{T}}\boldsymbol{V}$ 对 $\hat{\boldsymbol{X}}$ 求一阶导数，并令其为零，得

$$\frac{\mathrm{d}\boldsymbol{V}^{\mathrm{T}}\boldsymbol{V}}{\mathrm{d}\hat{X}}=2\underset{1\times n}{\boldsymbol{V}^{\mathrm{T}}}\underset{n\times1}{\begin{bmatrix}1\\1\\ \vdots\\1\end{bmatrix}}=2\sum_{i=1}^{n}\boldsymbol{V}_i=0$$

将$V_i = \hat{X} - L_i$代入得

$$\sum_{i=1}^{n} \boldsymbol{V}_i = \sum_{i=1}^{n} (\hat{X} - \boldsymbol{L}_i) = \boldsymbol{n}\hat{X} - \sum_{i=1}^{n} \boldsymbol{L}_i = 0$$

解得

$$\hat{X} = \frac{1}{n}\sum_{i=1}^{n} \boldsymbol{L}_i = \overline{L}$$

按最大似然法求得的参数估计称为最似然值或最或然值。因此，在测量中由最小二乘原理所求的估值也称为最或然值，所以平差值就是最或然值。

习　　题

1-1　在水准测量中，有下列几种情况会使水准尺读数带有误差，试判别误差的性质及其符号：(1) 视准轴与水准管轴不平行；(2) 仪器下沉；(3) 读数不准确；(4) 水准尺下沉。

1-2　用钢尺丈量距离，有下列几种情况会使量得的结果产生误差，试判别误差的性质及符号：(1) 尺长不准确；(2) 尺不水平；(3) 估读小数不准确；(4) 尺垂曲；(5) 尺端偏离直线方向。

1-3　为鉴定某经纬仪的精度，对已精确测定的水平角(=45° 00′ 00″，设无误差)作 12 次观测，结果为

45° 00′ 06″, 44° 59′ 55″, 44° 59′ 58″, 45° 00′ 04″
45° 00′ 03″, 45° 00′ 04″, 45° 00′ 00″, 45° 59′ 58″
44° 59′ 59″, 44° 59′ 59″, 45° 00′ 06″, 45° 00′ 03″

试求观测值的中误差。

1-4　已知两段距离的长度及其中误差分别为 200.634m±2.5cm 和 398.677m±2.5cm，试说明这两个长度的真误差是否相等？它们的极限误差是否相等？它们的绝对精度是否相等？它们的相对精度是否相等？

1-5　设下列式中的 L 均为等精度独立观测值，其中误差均为σ，试求函数 x 的中误差。(1) $x = \frac{1}{2}(L_1 + L_2) + L_3$；(2) $x = \frac{L_1 L_2}{L_3}$。

1-6　设有观测向量$\underset{3\times1}{\boldsymbol{L}}$，已知其协方差阵为

$$\boldsymbol{D}_{LL} = \begin{bmatrix} 4 & 0 & 0 \\ 0 & 2 & 0 \\ 0 & 0 & 3 \end{bmatrix}$$

试分别求下列函数的方差：(1) $F_1 = L_1 + 2L_2 - 3L_3$；(2) $F_2 = L_1 + 3L_2 L_3$。

1-7　设有观测向量$\underset{3\times1}{\boldsymbol{L}}$，其协方差阵为$\boldsymbol{D}_{LL} = \begin{bmatrix} 6 & 0 & -2 \\ 0 & 4 & 0 \\ -2 & 0 & 2 \end{bmatrix}$

试分别求下列函数的方差：(1) $F_1 = 3L_2 - 2L_3$；(2) $F_2 = L_1^2 + L_3^{1/2}$。

1-8　已知 $\boldsymbol{X}_1$ 和 $\boldsymbol{X}_2$ 的互协方差阵为 $\boldsymbol{D}_{12}$，设有函数 $\boldsymbol{Y} = \boldsymbol{A}\boldsymbol{X}_1$，$\boldsymbol{Z} = \boldsymbol{B}\boldsymbol{X}_2$，试证明 $\boldsymbol{D}_{YZ} = \boldsymbol{A}\boldsymbol{D}_{12}\boldsymbol{B}^{\mathrm{T}}$。

1-9　参看图 1-17，为求某未知水准点的高程，在相同条件下分别从 4 个已知水准点向该点观测了 4 条水准路线，它们的长度分别为 S_1=10.5km，S_2=8.8km，S_3=3.9km，S_4=15.8km。现欲根据这 4 个观测值通过加权均值求未知点高程，试确定各路线高差的权，并说明单位权观测的路线长度。

1-10　以同精度测得一个三角形的 3 个内角 α、β 和 γ，其权均为 1 且相互独立。现将三角形闭合差 w 平均分配到各角，得 $\hat{\alpha} = \alpha - w/3$，$\hat{\beta} = \beta - w/3$，$\hat{\gamma} = \gamma - w/3$，式中 $w = \alpha + \beta + \gamma - 180°$。试求：(1) w、$\hat{\alpha}$、$\hat{\beta}$、$\hat{\gamma}$ 的权；(2) 它们之间的相关权倒数。

(2) $\boldsymbol{Q}_{w\hat{\alpha}} = \boldsymbol{Q}_{w\hat{\beta}} = \boldsymbol{Q}_{w\hat{\gamma}} = \boldsymbol{Q}_{\hat{\alpha}w}^{\mathrm{T}} = \boldsymbol{Q}_{\hat{\beta}w}^{\mathrm{T}} = \boldsymbol{Q}_{\hat{\gamma}w}^{\mathrm{T}} = 0$；$\boldsymbol{Q}_{\hat{\alpha}\hat{\beta}} = \boldsymbol{Q}_{\hat{\alpha}\hat{\gamma}} = \boldsymbol{Q}_{\hat{\beta}\hat{\gamma}} = \boldsymbol{Q}_{\hat{\beta}\hat{\alpha}}^{\mathrm{T}} = \boldsymbol{Q}_{\hat{\gamma}\hat{\alpha}}^{\mathrm{T}} = \boldsymbol{Q}_{\hat{\gamma}\hat{\beta}}^{\mathrm{T}} = -\dfrac{1}{3}$。

1-11　有一角度，测 20 测回得中误差±0.42″。请问再增加多少测回，其中误差可达 0.28″？

1-12　已知独立观测值向量 $\underset{n\times1}{\boldsymbol{L}}$，其协因数阵为单位阵。有方程

$$\underset{n\times1}{\boldsymbol{V}} = \underset{n\times1}{\boldsymbol{B}}\,\underset{n\times1}{\boldsymbol{X}} - \underset{n\times1}{\boldsymbol{L}}$$

式中，$\boldsymbol{B}$ 为已知的系数阵。为求解 $\boldsymbol{X}$ 又组成方程

$$\boldsymbol{B}^{\mathrm{T}}\boldsymbol{B}\boldsymbol{X} - \boldsymbol{B}^{\mathrm{T}}\boldsymbol{L} = 0$$

式中，$\boldsymbol{B}^{\mathrm{T}}\boldsymbol{B}$ 为可逆阵。由上式解得向量

$$\boldsymbol{X} = (\boldsymbol{B}^{\mathrm{T}}\boldsymbol{B})^{-1}\boldsymbol{B}^{\mathrm{T}}\boldsymbol{L}$$

后，即可计算改正数向量 $\boldsymbol{V}$ 和平差值向量

$$\hat{\boldsymbol{L}} = \boldsymbol{L} + \boldsymbol{V}$$

(1) 试求协因数阵 $\boldsymbol{Q}_{XX}$、$\boldsymbol{Q}_{\hat{L}\hat{L}}$；(2) 试证明 $\boldsymbol{V}$ 与 $\boldsymbol{X}$ 和 $\hat{\boldsymbol{L}}$ 均互不相关。

1-13　有一水准路线分 3 段进行测量，每段均作往返观测，观测值见表 1-6。

表 1-6　观测值

路线长度/km	往测高差/m	返测高差/m
2.2	2.563	2.565
5.3	1.517	1.513
1.0	2.526	2.526

令 1km 观测高差的权为单位权，试求：

(1) 每千米观测高差的中误差。

(2) 第二段观测高差的中误差。

(3) 全长一次观测高差的中误差。

(4) 全长高差平均值的中误差。

第2章　条 件 平 差

【学习要点及目标】

- 了解条件平差原理；
- 熟悉条件平差的计算步骤；
- 熟悉各种条件方程；
- 熟悉条件平差精度评定步骤。

2.1　条件平差公式推导

例 2-1　三角形内角平差，同精度独立观测三角形的 3 个内角，观测值如下：

L_1=47° 21′ 03″，L_2=72° 14′ 35″，L_3=60° 24′ 19″

试求：3 个内角的平差值。

思路 1：三角形内角和理论值为 180°，先求出三角形内角和的闭合差：

$$w = L_1 + L_2 + L_3 - 180^\circ = -3''$$

同精度观测各个内角的改正值：

$$\Delta_1 = \Delta_2 = \Delta_3 = -\frac{1}{3}w = +1''$$

3 个内角的平差值：

$$\hat{L}_1 = L_1 + \Delta_1 = 47^\circ\ 21'04''$$

$$\hat{L}_2 = L_2 + \Delta_2 = 72^\circ\ 14'36''$$

$$\hat{L}_3 = L_3 + \Delta_3 = 60^\circ\ 24'20''$$

检核：$\hat{L}_1 + \hat{L}_2 + \hat{L}_3 - 180^\circ = 0$

总结：这是一种简易(近似)平差方法，利用了闭合差反号分配的原则。

思路 2：令 $\hat{L}_i = L_i + \Delta_i \quad (i=1,2,3)$

观测值的平差值满足方程：$\hat{L}_1 + \hat{L}_2 + \hat{L}_3 = 180^\circ$

即

$$(L_1 + \Delta_1) + (L_2 + \Delta_2) + (L_3 + \Delta_3) - 180^\circ = 0$$

$$\Delta_1 + \Delta_2 + \Delta_3 + L_1 + L_2 + L_3 - 180^\circ = 0$$

$$\Delta_1 + \Delta_2 + \Delta_3 - w = 0$$

$w = 180^\circ - (L_1 + L_2 + L_3) = 3''$ 是三角形内角和闭合差。

或写为

$$\Delta_1 + \Delta_2 + \Delta_3 - 3 = 0$$

在上面方程中，有 3 个未知数，该方程有无穷多个解，或者说没有唯一解。

根据最小二乘原理 $\varDelta_1^2+\varDelta_2^2+\varDelta_3^2=\min$，可获得未知数的最优解。联立方程组为

$$\begin{cases}\varDelta_1^2+\varDelta_2^2+\varDelta_3^2=\min\\ \varDelta_1+\varDelta_2+\varDelta_3-3=0\end{cases}$$

求 $\varDelta_1$、$\varDelta_2$、$\varDelta_3$ 的最优估值，这是高等数学上的条件极值问题，构造条件极值函数

$$\varPhi=\varDelta_1^2+\varDelta_2^2+\varDelta_3^2+\lambda(\varDelta_1+\varDelta_2+\varDelta_3-3)$$

式中，λ 为联系数，函数 $\varPhi$ 在对自变量求偏导数等于 0 的点上取得极值：$\dfrac{\partial\varPhi}{\partial\varDelta_i}=0\ (i=1,2,3)$

$$\frac{\partial\varPhi}{\partial\varDelta_1}=2\varDelta_1+\lambda=0\Rightarrow\varDelta_1=-\frac{\lambda}{2}$$

$$\frac{\partial\varPhi}{\partial\varDelta_2}=2\varDelta_2+\lambda=0\Rightarrow\varDelta_2=-\frac{\lambda}{2}$$

$$\frac{\partial\varPhi}{\partial\varDelta_3}=2\varDelta_3+\lambda=0\Rightarrow\varDelta_3=-\frac{\lambda}{2}$$

将上式代入方程 $\varDelta_1+\varDelta_2+\varDelta_3-3=0$ 中，求出联系数 λ，即

$$-\frac{\lambda}{2}-\frac{\lambda}{2}-\frac{\lambda}{2}-3=0$$

$\lambda=-2$，同时可得：$\varDelta_1=\varDelta_2=\varDelta_3=1''$

三角形 3 个内角平差值为

$$\hat{L}_1=L_1+\varDelta_1=47^\circ\ 21'04''$$

$$\hat{L}_2=L_2+\varDelta_2=72^\circ\ 14'36''$$

$$\hat{L}_3=L_3+\varDelta_3=60^\circ\ 24'20''$$

检核：$\hat{L}_1+\hat{L}_2+\hat{L}_3=180^\circ$。

总结：在上述测量平差问题中，列观测值的平差值之间满足条件方程，用求条件极值的方法，求出观测值的最优估值，此种方法称为条件平差法。

2.1.1 条件平差原理

条件平差的数学模型为

$$\underset{r\times n}{\boldsymbol{A}}\ \underset{n\times 1}{\boldsymbol{\varDelta}}-\underset{r\times 1}{\boldsymbol{W}}=0 \tag{2-1}$$

$$\underset{n\times n}{\boldsymbol{D}}=\sigma_0^2\underset{n\times n}{\boldsymbol{Q}}=\sigma_0^2\underset{n\times n}{\boldsymbol{P}^{-1}} \tag{2-2}$$

条件方程个数等于多余观测数 r，n 为观测值总个数，t 为必要观测数，三者关系为

$$r=n-t \tag{2-3}$$

由于 $r<n$，从式(2-1)不能计算出 $\varDelta$ 的唯一解，但可按最小二乘原理($\boldsymbol{V}^{\mathrm{T}}\boldsymbol{PV}=\min$)，求出 $\boldsymbol{\varDelta}$ 的最或然值 $\boldsymbol{V}$，从而进一步计算观测值 $\boldsymbol{L}$ 的平差值 $\hat{\boldsymbol{L}}$，即

$$\hat{\boldsymbol{L}}=\boldsymbol{L}+\boldsymbol{V} \tag{2-4}$$

将式(2-1)中的 $\boldsymbol{\varDelta}$ 改写成其估值(最或然值)$\boldsymbol{V}$，条件方程变为

$$\boldsymbol{AV}-\boldsymbol{W}=0 \tag{2-5}$$

条件平差就是在满足 r 个条件式(2-5)的条件下，求解满足最小二乘法($\boldsymbol{V}^{\mathrm{T}}\boldsymbol{PV}=\min$)的 $\boldsymbol{V}$ 值，在数学中就是求函数的条件极值问题。

设有 r 个平差值线性条件方程，即

$$\left.\begin{array}{c} a_{11}\hat{L}_1 + a_{12}\hat{L}_2 + \cdots + a_{1n}\hat{L}_n + a_{10} = 0 \\ a_{21}\hat{L}_1 + a_{22}\hat{L}_2 + \cdots + a_{2n}\hat{L}_n + a_{20} = 0 \\ \vdots \\ a_{r1}\hat{L}_1 + a_{r2}\hat{L}_2 + \cdots + a_{rn}\hat{L}_n + a_{r0} = 0 \end{array}\right\} \tag{2-6}$$

式中，$a_{ij}(i=1,2,\cdots,r,j=1,2,\cdots,n)$为各平差值条件方程式中的系数；$a_{i0}(i=1,2,\cdots,r)$为各平差值条件方程式中的常数项。

将式(2-4)代入式(2-6)，得相应的改正数条件方程式为

$$\left.\begin{array}{c} a_{11}v_1 + a_{12}v_2 + \cdots + a_{1n}v_n - w_1 = 0 \\ a_{21}v_1 + a_{22}v_2 + \cdots + a_{2n}v_n - w_2 = 0 \\ \vdots \\ a_{r1}v_1 + a_{r2}v_2 + \cdots + a_{rn}v_n - w_r = 0 \end{array}\right\} \tag{2-7}$$

式中，$w_1, w_2, \cdots, w_r$ 为改正数条件方程的闭合差，即

$$\left.\begin{array}{c} w_1 = -(a_{11}L_1 + a_{12}L_2 + \cdots + a_{1n}L_n + a_{10}) \\ w_2 = -(a_{21}L_1 + a_{22}L_2 + \cdots + a_{2n}L_n + a_{20}) \\ \vdots \\ w_r = -(a_{r1}L_1 + a_{r2}L_2 + \cdots + a_{rn}L_n + a_{r0}) \end{array}\right\} \tag{2-8}$$

令

$$\underset{n\times1}{\boldsymbol{L}} = \begin{bmatrix} L_1 \\ L_2 \\ \vdots \\ L_n \end{bmatrix},\quad \underset{n\times1}{\boldsymbol{V}} = \begin{bmatrix} v_1 \\ v_2 \\ \vdots \\ v_n \end{bmatrix},\quad \underset{n\times1}{\hat{\boldsymbol{L}}} = \begin{bmatrix} \hat{L}_1 \\ \hat{L}_2 \\ \vdots \\ \hat{L}_n \end{bmatrix} = \begin{bmatrix} L_1+v_1 \\ L_2+v_2 \\ \vdots \\ L_n+v_n \end{bmatrix},\quad \underset{n\times n}{\boldsymbol{P}} = \begin{bmatrix} p_1 & & & \\ & p_2 & & \\ & & \ddots & \\ & & & p_n \end{bmatrix}$$

$$\underset{r\times n}{\boldsymbol{A}} = \begin{bmatrix} a_{11} & a_{12} & \cdots & a_{1n} \\ a_{21} & a_{22} & \cdots & a_{2n} \\ \vdots & \vdots & & \vdots \\ a_{r1} & a_{r2} & \cdots & a_{rn} \end{bmatrix},\quad \underset{r\times1}{\boldsymbol{A}_0} = \begin{bmatrix} a_{10} \\ a_{20} \\ \vdots \\ a_{r0} \end{bmatrix},\quad \underset{r\times1}{\boldsymbol{W}} = \begin{bmatrix} w_1 \\ w_2 \\ \vdots \\ w_r \end{bmatrix}$$

则式(2-6)、式(2-7)和式(2-8)分别表达成以下矩阵形式，即

$$\boldsymbol{A}\hat{\boldsymbol{L}} + \boldsymbol{A}_0 = 0 \tag{2-9}$$

$$\boldsymbol{AV} - \boldsymbol{W} = 0 \tag{2-10}$$

$$\boldsymbol{W} = -(\boldsymbol{AL} + \boldsymbol{A}_0) \tag{2-11}$$

按求函数条件极值的拉格朗日乘数法，引入联系数向量 $\boldsymbol{K}_{r\times1}=[k_1\ k_2\ \ldots\ k_r]^{\mathrm{T}}$，构成条件极值函数

$$\boldsymbol{\Phi} = \boldsymbol{V}^{\mathrm{T}}\boldsymbol{PV} - 2\boldsymbol{K}^{\mathrm{T}}(\boldsymbol{AV} - \boldsymbol{W}) \tag{2-12}$$

将 $\boldsymbol{\Phi}$ 对 $\boldsymbol{V}$ 求一阶导数，并令其为零

$$\frac{\mathrm{d}\boldsymbol{\Phi}}{\mathrm{d}\boldsymbol{V}}=\frac{\partial(\boldsymbol{V}^{\mathrm{T}}\boldsymbol{P}\boldsymbol{V})}{\partial\boldsymbol{V}}-2\frac{\partial(\boldsymbol{K}^{\mathrm{T}}\boldsymbol{A}\boldsymbol{V})}{\partial\boldsymbol{V}}=2\boldsymbol{V}^{\mathrm{T}}\boldsymbol{P}-2\boldsymbol{K}^{\mathrm{T}}\boldsymbol{A}=0$$

两端转置，得

$$\boldsymbol{P}^{\mathrm{T}}\boldsymbol{V}=\boldsymbol{A}^{\mathrm{T}}\boldsymbol{K}$$

由于 $\boldsymbol{P}$ 是对称阵，$\boldsymbol{P}=\boldsymbol{P}^{\mathrm{T}}$，将上式两边左乘权逆阵 $\boldsymbol{P}^{-1}$，得

$$\boldsymbol{V}=\boldsymbol{P}^{-1}\boldsymbol{A}^{\mathrm{T}}\boldsymbol{K} \tag{2-13}$$

当 $\boldsymbol{P}$ 为对角阵时，纯量形式为

$$v_i=\frac{1}{p_i}(a_{1i}k_1+a_{2i}k_2+\cdots+a_{ri}k_r)\quad i=1,2,\cdots,n \tag{2-14}$$

将式(2-13)代入式(2-10)，得

$$\boldsymbol{A}\boldsymbol{P}^{-1}\boldsymbol{A}^{\mathrm{T}}\boldsymbol{K}-\boldsymbol{W}=0 \tag{2-15}$$

式(2-15)称为联系数法方程，简称法方程，其纯量形式为

$$\left.\begin{aligned}
&\left[\frac{a_{1i}a_{1i}}{p_i}\right]k_1+\left[\frac{a_{1i}a_{2i}}{p_i}\right]k_2+\cdots+\left[\frac{a_{1i}a_{ri}}{p_i}\right]k_r-w_1=0\\
&\left[\frac{a_{2i}a_{1i}}{p_i}\right]k_1+\left[\frac{a_{2i}a_{2i}}{p_i}\right]k_2+\cdots+\left[\frac{a_{2i}a_{ri}}{p_i}\right]k_r-w_2=0\\
&\qquad\vdots\\
&\left[\frac{a_{ri}a_{1i}}{p_i}\right]k_1+\left[\frac{a_{ri}a_{2i}}{p_i}\right]k_2+\cdots+\left[\frac{a_{ri}a_{ri}}{p_i}\right]k_r-w_r=0
\end{aligned}\right\} \tag{2-16}$$

令 $\boldsymbol{A}\boldsymbol{P}^{-1}\boldsymbol{A}^{\mathrm{T}}=\boldsymbol{N}_{\mathrm{aa}}$，由式(2-16)易知 $\boldsymbol{N}$ 阵关于主对角线对称，得

$$\boldsymbol{N}_{\mathrm{aa}}\boldsymbol{K}-\boldsymbol{W}=0 \tag{2-17}$$

法方程系数阵 $\boldsymbol{N}_{\mathrm{aa}}$ 的秩 $R(\boldsymbol{N}_{\mathrm{aa}})=R(\boldsymbol{A}\boldsymbol{P}^{-1}\boldsymbol{A}^{\mathrm{T}})=r$，即 $\boldsymbol{N}_{\mathrm{aa}}$ 是一个 r 阶的满秩方阵，且可逆。将式(2-17)移项，两边左乘法方程系数阵 $\boldsymbol{N}_{\mathrm{aa}}$ 的逆阵 $\boldsymbol{N}_{\mathrm{aa}}^{-1}$，得联系数 $\boldsymbol{K}$ 的唯一解为

$$\boldsymbol{K}=\boldsymbol{N}_{\mathrm{aa}}^{-1}\boldsymbol{W} \tag{2-18}$$

将式(2-18)代入式(2-13)或式(2-14)，可计算出 $\boldsymbol{V}$，再将 $\boldsymbol{V}$ 代入式(2-4)，即可计算出所求的观测值的最或然值 $\hat{\boldsymbol{L}}$。

通过观测值的平差值 $\hat{\boldsymbol{L}}$，可进一步计算一些未知量(如待定点的高程、纵横坐标以及边长、某一方向的方位角等)的最或然值。

由上述推导可看出，$\boldsymbol{K}$、$\boldsymbol{V}$ 及 $\hat{\boldsymbol{L}}$ 都是由式(2-10)和式(2-13)解算出的，因此把式(2-10)和式(2-13)称为条件平差的基础方程。

2.1.2 条件平差的计算步骤

(1) 根据实际问题，首先确定必要观测值的个数 t 及多余观测个数 $r=n-t$，再确定观测值的权阵 $\boldsymbol{P}$，列出改正数条件方程(包含 r 个条件式)

$$\boldsymbol{A}\boldsymbol{V}-\boldsymbol{W}=0$$

(2) 组成联系数法方程式

$$AP^{-1}A^{\mathrm{T}}K-W=0$$

(3) 计算联系数

$$K=N_{\mathrm{aa}}^{-1}W$$

(4) 计算观测值改正数

$$V=P^{-1}A^{\mathrm{T}}K$$

(5) 计算观测值的平差值

$$\hat{L}=L+V$$

(6) 检查平差计算的正确性，将平差值 $\hat{L}$ 代入平差值条件方程式 $A\hat{L}+A_0=0$，检验是否满足方程关系。

(7) 计算验后单位权方差 $\hat{\sigma}_0^2$，评定精度。

上述计算步骤的内容后续将详细介绍。

例 2-2　图 2-1 所示水准网中，A、B、C 为已知点：H_A=142.000，H_B=142.500，H_C=144.000，单位为 m；观测高差为：h_1=2.498，h_2=2.000，h_3=1.352，h_4=1.851，单位为 m；路线长：S_1=1，S_2=1，S_3=2，S_4=1，单位为 km。试按条件平差法，求待定点 P_1、P_2 高程的平差值。

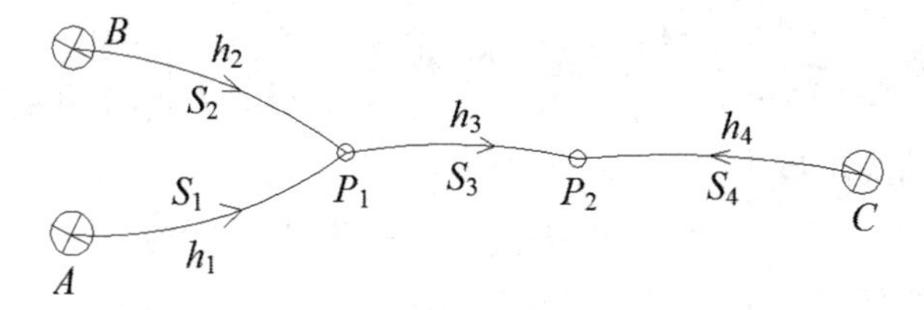

图 2-1　水准网

解　总的观测高差个数 n=4，必要观测个数 t=2，则多余观测个数 r=n−t=2，可以列两个独立的条件方程。

(1) 定权 $P_i=\dfrac{c}{s_i}$，令 c=1，即以 1km 观测高差的权为单位权，则

$$P_1=P_2=P_4=1,\quad P_3=\frac{1}{2}$$

独立权阵

$$P=\begin{bmatrix} P_1 & & & \\ & P_2 & & \\ & & P_3 & \\ & & & P_4 \end{bmatrix}=\begin{bmatrix} 1 & & & \\ & 1 & & \\ & & \frac{1}{2} & \\ & & & 1 \end{bmatrix}$$

在 A、B、C 3 个已知点之间可以组成 3 条附合水准路线，选择 A 与 B、A 与 C 之间的路线列平差值条件方程为

$$H_{\mathrm{A}}+\hat{h}_1-\hat{h}_2=H_{\mathrm{B}}$$
$$H_{\mathrm{A}}+\hat{h}_1+\hat{h}_3-\hat{h}_4=H_{\mathrm{C}}$$

将 $\hat{h}_i = h_i + v_i\ (i=1,2,3,4)$ 代入得

$$v_1 - v_2 + (H_A + h_1 - h_2 - H_B) = 0$$
$$v_1 + v_3 - v_4 + (H_A + h_1 + h_3 - h_4 - H_C) = 0$$

将已知高程与观测高差代入得

$$v_1 - v_2 - 2 = 0$$
$$v_1 + v_3 - v_4 - 1 = 0$$

写成矩阵形式 $\boldsymbol{AV}-\boldsymbol{W}=0$，其中：

$$\boldsymbol{A} = \begin{bmatrix} 1 & -1 & 0 & 0 \\ 1 & 0 & 1 & -1 \end{bmatrix},\quad \boldsymbol{W} = \begin{bmatrix} 2 \\ 1 \end{bmatrix}$$

(2) 组成法方程 $\boldsymbol{AP}^{-1}\boldsymbol{A}^{\mathrm{T}}\boldsymbol{K} - \boldsymbol{W} = 0$

$$\boldsymbol{P}^{-1} = \begin{bmatrix} 1 & & & \\ & 1 & & \\ & & 2 & \\ & & & 1 \end{bmatrix},\quad \boldsymbol{N}_{\mathrm{aa}} = \boldsymbol{AP}^{-1}\boldsymbol{A}^{\mathrm{T}} = \begin{bmatrix} 2 & 1 \\ 1 & 4 \end{bmatrix}$$

(3) 求解联系数向量 $\boldsymbol{K}$

$$\boldsymbol{N}_{\mathrm{aa}}^{-1} = \frac{1}{7}\begin{bmatrix} 4 & -1 \\ -1 & 2 \end{bmatrix},\quad \boldsymbol{K} = \boldsymbol{N}_{\mathrm{aa}}^{-1}\boldsymbol{W} = \frac{1}{7}\begin{bmatrix} 4 & -1 \\ -1 & 2 \end{bmatrix}\begin{bmatrix} 2 \\ 1 \end{bmatrix} = \begin{bmatrix} 1 \\ 0 \end{bmatrix}$$

(4) 计算观测值的改正数 $\boldsymbol{V}$

$$\boldsymbol{V} = \boldsymbol{P}^{-1}\boldsymbol{A}^{\mathrm{T}}\boldsymbol{K} = [1\quad -1\quad 0\quad 0]^{\mathrm{T}}\ (\mathrm{mm})$$

(5) 计算观测值的平差值 $\hat{h}_i = h_i + v_i\ (i=1,2,3,4)$

$$\hat{h}_1 = 2.499\mathrm{m},\ \hat{h}_2 = 1.999\mathrm{m},\ \hat{h}_3 = 1.352\mathrm{m},\ \hat{h}_4 = 1.851\mathrm{m}$$

(6) 求待定点的平差高程

$$\hat{H}_{P_1} = H_A + \hat{h}_1 = 144.499\mathrm{m}$$
$$\hat{H}_{P_2} = \hat{H}_{P_1} + \hat{h}_3 = 145.851\mathrm{m}$$

2.2 条 件 方 程

条件方程的组成是条件平差中最关键的一步。对于特定的平差问题，条件方程式具有个数的唯一性和形式的多样性的显著特点，必须列出方程个数正好且线性无关的条件方程组才能达到平差的目的。本节介绍常规测量中遇到的基本图形的条件方程的组成。

2.2.1 条件方程个数的确定

高程测量的主要目的是确定待定点的高程值。高程网包括水准网和三角高程网，二者在高程平差时仅定权方式有差别，其他计算相同，下面以水准网为例讨论问题。对水准网进行条件平差时，一般以已知高程点的高程值作为起算数据，以各测段的高差观测值作为独立观

测值，列高差平差值与已知高程值之间满足的条件关系式，按照条件平差的原理解算各高差观测值的改正数和平差值，然后计算出各待定点的高程平差值等。

水准网的必要起算数据个数是 1，即至少需要一个已知点作为起算数据，如果网中没有已知点则必须假设一个，并以此为基准去确定其他待定点的高程值。进行条件平差时，首先要确定条件方程的个数 $r=n-t$，而要确定多余观测个数就必须先确定必要观测个数 t。确定必要观测个数 t 的一般原则是：如果水准网中有足够的起算数据，必要观测个数 t 等于待定点个数；如果水准网中没有起算数据，必要观测个数等于待定点个数减去 1。

平面控制网测量的目的是通过观测各方向(角度)或边长，计算平面网中各待定点的坐标、边长和方位角等。根据观测元素类型的不同，平面控制网可分为测角网、测边网、边角同测网、导线网等布网形式。平面控制网的必要起算数据(基准)包括：限制平面网平移的一个点的坐标(包括 x 坐标和 y 坐标)；限制平面网旋转的一个方位角和限制平面网缩放的一个边长，或与其等价的两个已知点的坐标。在纯测角控制网中，必要起算数据个数是 4：一个已知点、一条已知边和一个已知方位角或与其等价的两个已知点；在具有边长观测值的平面控制网中，由于已具备了观测边长限制了控制网的缩放，必要起算数据个数是 3：一个已知点和一个已知方位角。通常将只具备必要起算数据的控制网称为独立网或经典自由网，具有多余起算数据的控制网称为附合网或非自由网。

根据数学理论，具备必要起算数据的平面控制网，结合必要的角度和边长观测值，就能够解算出控制网中所有待定点的坐标值。对于平面控制网，必要起算数据一般是两个控制点的坐标，或者是一个点的坐标、一条边长和一个已知坐标方位角。计算一个待定点的两个坐标值需要两个观测值(角度或边长)。用 z 表示网中待定点的个数。

对于测角网：

(1) 控制网中有必要起算数据时，$t=2\times z$。

(2) 控制网中没有必要起算数据时，通常假定两个点的坐标已知，$t=2\times(z-2)$。

(3) 起算数据不足时，如只有一个已知点，此时 $t=2\times(z-1)$。

对于测边网、导线网，或观测有边长的三角网：

(1) 控制网中有必要起算数据时，$t=2\times z$。

(2) 控制网中没有必要起算数据时，通常假定两点坐标已知，因为边长观测值可以作为起算数据之一使用，此时 $t=2\times(z-2)+1$。

2.2.2　水准网条件方程式

如图 2-2 所示水准网中，有两个已知高程点 A、B，3 个待定高程点 C、D、E 和 6 个高差观测值。从图中可以看出，要确定 3 个待定点的高程值，至少需要知道其中的 3 个高差观测值(如 h_1、h_3、h_5 或 h_2、h_4、h_6 等多种选择)，即必要观测个数 $t=3$。

多余观测个数 $r=n-t=6-3=3$，可以列出 3 个平差值条件方程式，即

$$\begin{cases} \hat{h}_2-\hat{h}_3-\hat{h}_4=0 \\ \hat{h}_2-\hat{h}_5-\hat{h}_6=0 \\ H_A+\hat{h}_1+\hat{h}_2-H_B=0 \end{cases}$$

相应的改正数条件方程式和闭合差为

$$\begin{cases} v_2 - v_3 - v_4 - w_1 = 0 \\ v_2 - v_5 - v_6 \ - w_2 = 0 \\ v_1 + v_2 - w_3 = 0 \end{cases}, \quad \begin{cases} w_1 = -(h_2 - h_3 - h_4) \\ w_2 = -(h_2 - h_5 - h_6) \\ w_3 = -(H_A + h_1 + h_2 - H_B) \end{cases}$$

这些条件方程式大体上分为两类：其一是由闭合水准路线构成的条件方程式，如上述条件方程式中的前两个；其二是由附合水准路线构成的条件方程式，如上述条件方程式中的第三个。

图 2-2 所示水准网中，可列出的全部条件方程式为

$$\begin{cases} \hat{h}_2 - \hat{h}_3 - \hat{h}_4 = 0 \\ \hat{h}_2 - \hat{h}_5 - \hat{h}_6 \ = 0 \\ \hat{h}_3 + \hat{h}_4 - \hat{h}_5 - \hat{h}_6 \ = 0 \\ H_A + \hat{h}_1 + \hat{h}_2 - H_B = 0 \\ H_A + \hat{h}_1 + \hat{h}_3 + \hat{h}_4 - H_B = 0 \\ H_A + \hat{h}_1 + \hat{h}_5 + \hat{h}_6 - H_B = 0 \end{cases}$$

但是它的最大线性无关组是 3，可以任选其中 3 个线性无关的条件方程式进行平差计算。通常选择条件方程式的方法是：线性条件方程式优先于非线性条件方程式，形式简单的条件方程式优先于形式复杂的条件方程式。

如图 2-3 所示水准网中，有 4 个待定高程点 A、B、C、D 和 6 个高差观测值。由于没有已知高程点，在平差过程中必须假设一个，必要观测个数等于总点数减 1，$t=3$，多余观测个数为 $r=n-t=3$。可以列出 3 个平差值条件方程式，即

$$\begin{cases} \hat{h}_1 - \hat{h}_4 + \hat{h}_5 = 0 \\ \hat{h}_2 - \hat{h}_5 + \hat{h}_6 = 0 \\ \hat{h}_3 + \hat{h}_4 - \hat{h}_6 = 0 \end{cases}$$

相应的改正数条件方程式和闭合差为

$$\begin{cases} v_1 - v_4 + v_5 - w_1 = 0 \\ v_2 - v_5 + v_6 - w_2 = 0 \\ v_3 + v_4 - v_6 - w_3 = 0 \end{cases}, \quad \begin{cases} w_1 = -(h_1 - h_4 + h_5) \\ w_2 = -(h_2 - h_5 + h_6) \\ w_3 = -(h_3 + h_4 - h_6) \end{cases}$$

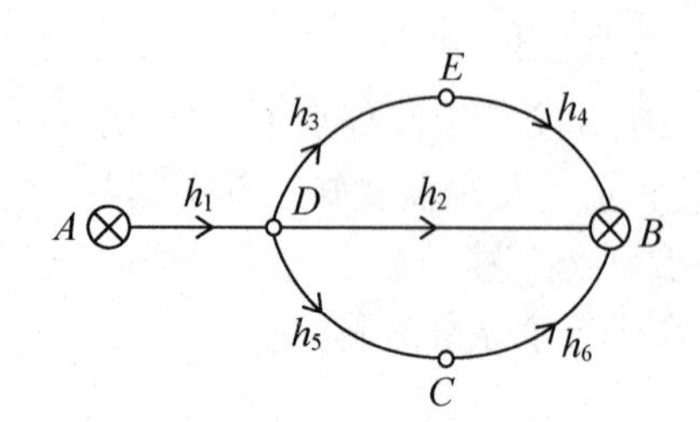

图 2-2　水准网型 1

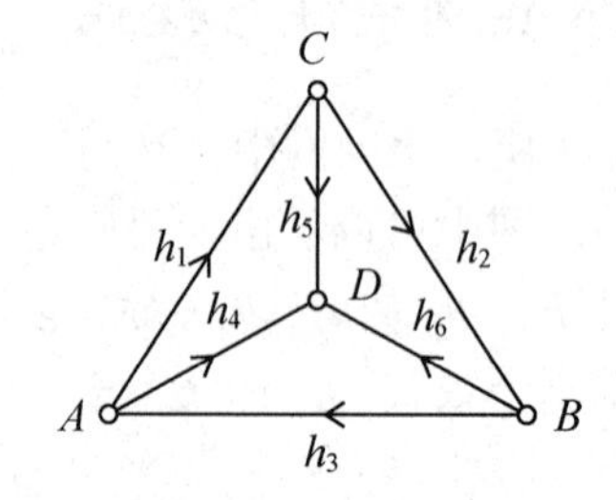

图 2-3　水准网型 2

2.2.3　测角网条件方程式

测角网是三角网的一种布网形式，在网中仅观测方向(或角度)，主要由单三角形、大地四边形和中点多边形等基本图形组合而成。如图 2-4 所示测角网，有两个已知点 A、B，两个待定点 C、D 和 9 个角度观测值。根据角度交会的原理，要确定 C、D 两点的坐标，至少需要知道其中的 4 个角度观测值，必要观测个数 t=4，r=n−t=9−4=5，总共要列出 5 个条件方程式。三角网中的条件方程主要有以下几种形式，改正数和闭合差通常以″为单位。

1. 图形条件方程

图形条件，又叫三角形内角和条件或三角形闭合差条件。在三角网中，一般对三角形的每个内角都进行了观测。根据平面几何知识，三角形 3 个内角平差值的和应为 180°。根据图 2-4 可以列出 3 个图形条件，平差值条件方程和改正数条件方程分别为

$$\begin{cases}\hat{L}_1+\hat{L}_2+\hat{L}_7-180^\circ=0\\ \hat{L}_3+\hat{L}_4+\hat{L}_8-180^\circ=0\\ \hat{L}_5+\hat{L}_6+\hat{L}_9-180^\circ=0\end{cases},\quad \begin{cases}v_1+v_2+v_7-w_1=0\\ v_3+v_4+v_8-w_2=0\\ v_5+v_6+v_9-w_3=0\end{cases},\quad \begin{cases}w_1=-(L_1+L_2+L_7-180^\circ)\\ w_2=-(L_3+L_4+L_8-180^\circ)\\ w_3=-(L_5+L_6+L_9-180^\circ)\end{cases}$$

2. 水平条件方程

水平条件，又称圆周条件，这种条件方程一般见于中点多边形中。如图 2-4 所示，在中点 D 周围的 3 个观测角度的平差值之和应等于 360°，如果没有水平条件，就会产生图 2-5 所示的情形。水平条件的平差值条件方程和改正数条件方程分别为

$$\hat{L}_7+\hat{L}_8+\hat{L}_9-360^\circ=0$$

$$v_7+v_8+v_9-w_4=0,\quad w_4=-(L_7+L_8+L_9-360^\circ)$$

3. 极条件方程

极条件方程也称为边长条件方程，一般见于中点多边形和大地四边形中。在图 2-4 中，当满足上述的图形条件和水平条件时还不能使几何图形完全闭合，可能出现图 2-6 所示的情形，为了几何条件完全闭合，要列出一个极条件。

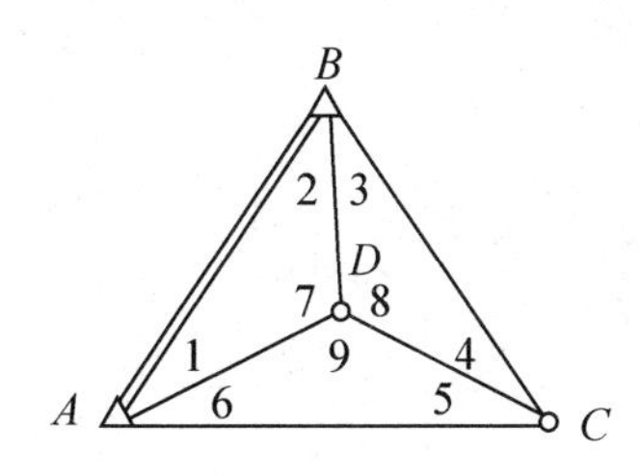

图 2-4　测角中心三角形一

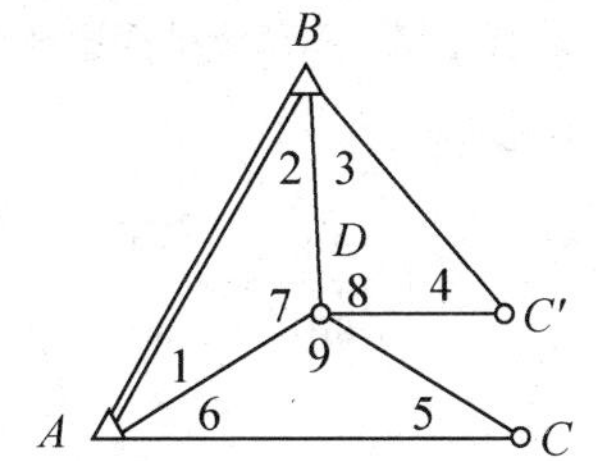

图 2-5　测角中心三角形二

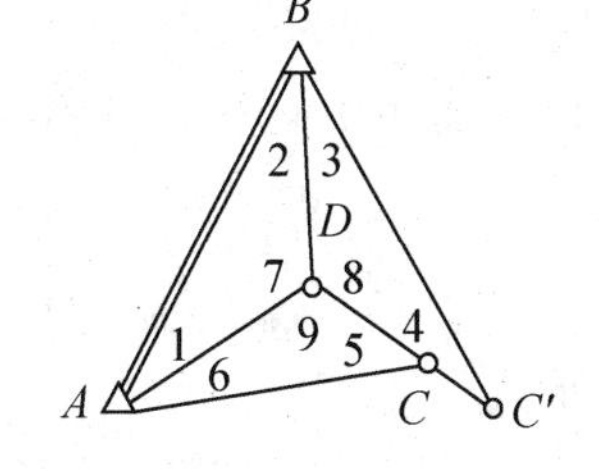

图 2-6　测角中心三角形三

在图 2-4 所示的三角网中，应用正弦定理，以 CD 边为起算边，依次推算 AD、BD，最后回推到起算边 CD，得到

$$\hat{S}_{CD}=\hat{S}_{CD}\frac{\sin\hat{L}_6}{\sin\hat{L}_5}\times\frac{\sin\hat{L}_2}{\sin\hat{L}_1}\times\frac{\sin\hat{L}_4}{\sin\hat{L}_3}$$

或

$$\frac{\sin\hat{L}_1}{\sin\hat{L}_2}\times\frac{\sin\hat{L}_3}{\sin\hat{L}_4}\times\frac{\sin\hat{L}_5}{\sin\hat{L}_6}-1=0 \tag{2-19}$$

平差值的极条件方程是非线性方程，为得到其改正数条件方程形式，用泰勒级数对上式展开并取至一次项。将 $\hat{L}_i=L_i+v_i\,(i=1,2,\cdots,6)$代入，顾及弧度化秒因子 $\rho=206265''$，展开得

$$\begin{aligned}&\frac{\sin(L_1+v_1)\sin(L_3+v_3)\sin(L_5+v_5)}{\sin(L_2+v_2)\sin(L_4+v_4)\sin(L_6+v_6)}-1=\frac{\sin L_1\sin L_3\sin L_5}{\sin L_2\sin L_4\sin L_6}-1\\&+\frac{\sin L_1\sin L_3\sin L_5}{\sin L_2\sin L_4\sin L_6}\cot L_1\frac{v_1}{\rho}-\frac{\sin L_1\sin L_3\sin L_5}{\sin L_2\sin L_4\sin L_6}\cot L_2\frac{v_2}{\rho}\\&+\frac{\sin L_1\sin L_3\sin L_5}{\sin L_2\sin L_4\sin L_6}\cot L_3\frac{v_3}{\rho}-\frac{\sin L_1\sin L_3\sin L_5}{\sin L_2\sin L_4\sin L_6}\cot L_4\frac{v_4}{\rho}\\&+\frac{\sin L_1\sin L_3\sin L_5}{\sin L_2\sin L_4\sin L_6}\cot L_5\frac{v_5}{\rho}-\frac{\sin L_1\sin L_3\sin L_5}{\sin L_2\sin L_4\sin L_6}\cot L_6\frac{v_6}{\rho}=0\end{aligned}$$

化简整理得极条件的改正数条件方程为

$$\cot L_1v_1-\cot L_2v_2+\cot L_3v_3-\cot L_4v_4+\cot L_5v_5-\cot L_6v_6-w_5=0 \tag{2-20}$$

$$w_5=-\left(1-\frac{\sin L_2\sin L_4\sin L_6}{\sin L_1\sin L_3\sin L_5}\right)\rho \tag{2-21}$$

式(2-20)是以 D 点为极的极条件平差值方程，极条件方程的列立和线性化有着一定的规律性，在实际应用中极条件方程可直接写出。在大地四边形中同样存在极条件，在图 2-7 所示的大地四边形中，n=8，t=4，r=n−t=4，包括 3 个图形条件和 1 个极条件，大地四边形中只有 3 个独立的图形条件。

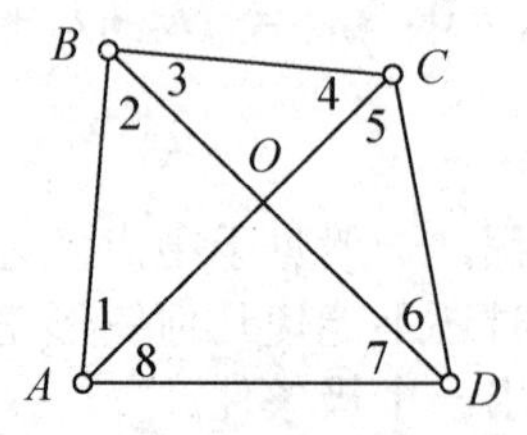

图 2-7 测角大地四边形

以大地四边形中点 O 为极的极条件为

$$\frac{\hat{S}_{OA}}{\hat{S}_{OB}}\times\frac{\hat{S}_{OB}}{\hat{S}_{OC}}\times\frac{\hat{S}_{OC}}{\hat{S}_{OD}}\times\frac{\hat{S}_{OD}}{\hat{S}_{OA}}=1,\quad \frac{\sin\hat{L}_1}{\sin\hat{L}_2}\times\frac{\sin\hat{L}_3}{\sin\hat{L}_4}\times\frac{\sin\hat{L}_5}{\sin\hat{L}_6}\times\frac{\sin\hat{L}_7}{\sin\hat{L}_8}-1=0$$

线性形式

$$\begin{aligned}&\cot L_1v_1-\cot L_2v_2+\cot L_3v_3-\cot L_4v_4+\cot L_5v_5-\cot L_6v_6+\\&\cot L_7v_7-\cot L_8v_8-w=0\end{aligned}$$

$$w=-\left(1-\frac{\sin L_2\sin L_4\sin L_6\sin L_8}{\sin L_1\sin L_3\sin L_5\sin L_7}\right)\rho$$

同样，可以以 A、B、C、D 4 点中的任意一点为极写出极条件，以 A 点为极的极条件为

$$\frac{\hat{S}_{AB}}{\hat{S}_{AC}} \times \frac{\hat{S}_{AC}}{\hat{S}_{AD}} \times \frac{\hat{S}_{AD}}{\hat{S}_{AB}} = 1$$

$$\frac{\sin \hat{L}_4}{\sin(\hat{L}_2 + \hat{L}_3)} \times \frac{\sin(\hat{L}_6 + \hat{L}_7)}{\sin \hat{L}_5} \times \frac{\sin \hat{L}_2}{\sin \hat{L}_7} - 1 = 0$$

线性形式

$$\cot L_2 v_2 + \cot L_4 v_4 + \cot(L_6 + L_7)(v_6 + v_7)$$
$$- \cot(L_2 + L_3)(v_2 + v_3) - \cot L_5 v_5 - \cot L_7 v_7 - w = 0$$

整理得

$$[\cot L_2 - \cot(L_2 + L_3)]v_2 - \cot(L_2 + L_3)v_3 + \cot L_4 v_4 - \cot L_5 v_5 +$$
$$\cot(L_6 + L_7)v_6 + [\cot(L_6 + L_7) - \cot L_7]v_7 - w = 0$$

$$w = -\left(1 - \frac{\sin(L_2 + L_3)\sin L_5 \sin L_7}{\sin L_2 \sin L_4 \sin(L_6 + L_7)}\right)\rho$$

2.2.4　测边网条件方程式

测边网和测角网一样，在测边网中也可分解为三角形、大地四边形和中点多边形 3 种基本图形，如图 2-8 至图 2-10 所示。

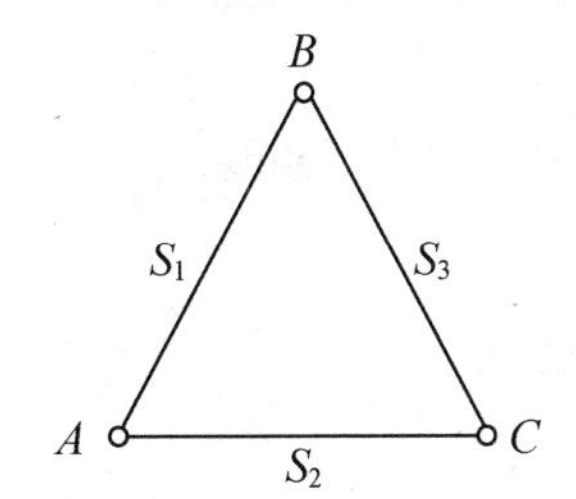

图 2-8　测边三角形

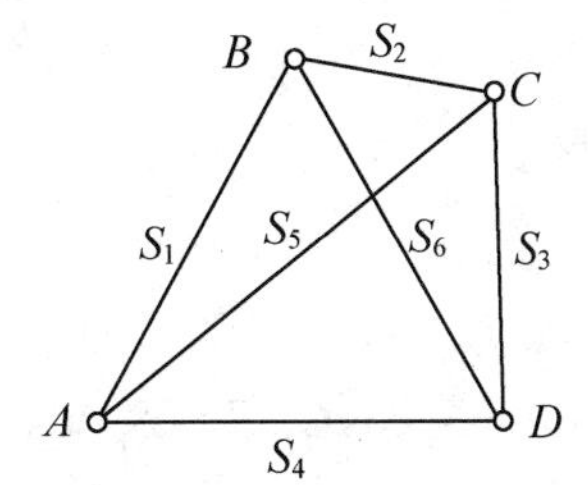

图 2-9　测边大地四边形

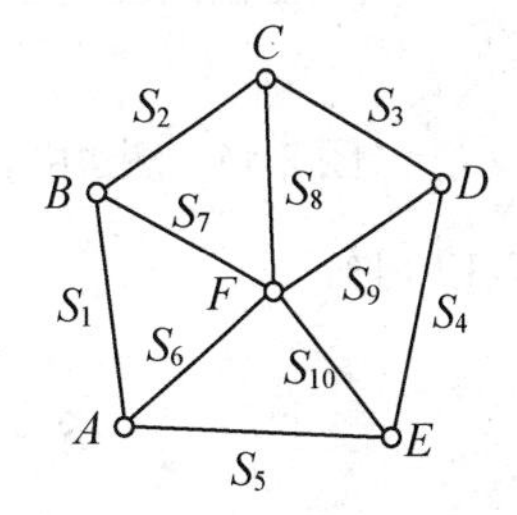

图 2-10　测边中心五边形

对于测边三角形图 2-8，决定其形状和大小的必要观测为 3 条边长，所以 t=3，r=n−t=3−3=0，即测边三角形不存在条件方程。对于测边大地四边形图 2-9，决定第一个三角形需要观测 3 条边长，决定第二个三角形只需再增加两边长，所以 t=5，r=n−t =6−5=1，存在一个条件方程。对于测边中心多边形，如中点五边形图 2-10，t=3+2×3＝9，r=n−t=10−9=1，测边网中的中点多边形具有一个极条件。因此可以得出结论：测边网中的条件数等于网中的中点多边形与大地四边形个数之和。

图形条件的列出，可利用角度闭合法、边长闭合法和面积闭合法等，本节介绍常用的角度闭合法。测边网的图形条件按角度闭合法列出的基本思想是利用观测边长求出网中的内角，列出角度间应满足的条件，然后以边长改正数代换角度改正数，得到以边长改正数表示的图形条件。

例如，图 2-11 所示的测边中点三角形中，由观测边长 S_i(i=1,2,3,⋯,6)精确地算出角值 β_j (j=1,2,3)，角度平差值条件方程为

$$\hat{\beta}_1 + \hat{\beta}_2 + \hat{\beta}_3 - 360^\circ = 0$$

以角度改正数表示的图形条件和闭合差为

$$v_{\beta_1}+v_{\beta_2}+v_{\beta_3}-w=0,\ w=-(\beta_1+\beta_2+\beta_3-360^\circ) \tag{2-22}$$

上述条件中的角度改正数必须代换成边长观测值的改正数，才是测边网图形条件的最终形式。为此，必须找出边长改正数和角度改正数之间的关系式。

在图 2-12 中，由余弦定理知

$$S_a^2=S_b^2+S_c^2-2S_bS_c\cos A$$

微分得

$$2S_a\mathrm{d}S_a=(2S_b-2S_c\cos A)\mathrm{d}S_b+(2S_c-2S_b\cos A)\mathrm{d}S_c+2S_bS_c\sin A\mathrm{d}A$$

$$\mathrm{d}A=\frac{1}{S_bS_c\sin A}(S_a\mathrm{d}S_a-(S_b-S_c\cos A)\mathrm{d}S_b-(S_c-S_b\cos A)\mathrm{d}S_c) \tag{2-23}$$

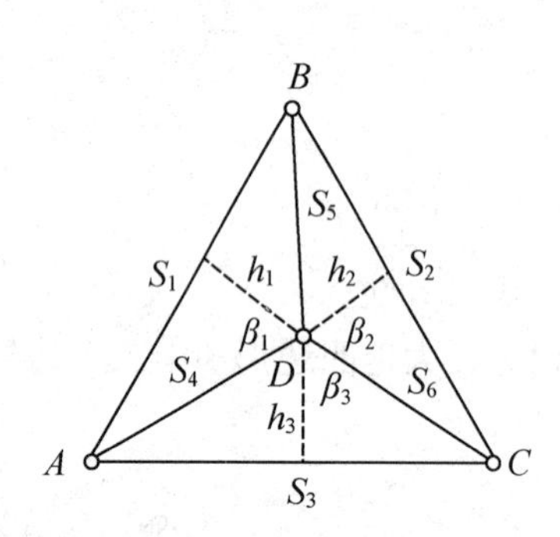

图 2-11　测边中心三角形

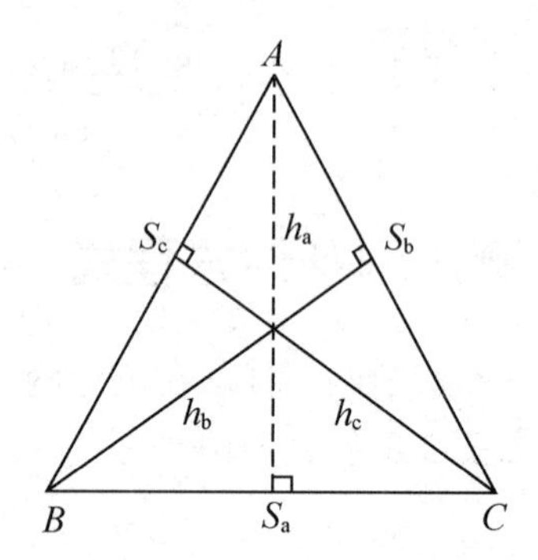

图 2-12　测边三角形

由图 2-12 可知

$$S_bS_c\sin A=S_bh_b=(2\text{倍三角形面积})=S_ah_a$$

$$S_b-S_c\cos A=S_a\cos C\,,S_c-S_b\cos A=S_a\cos B$$

故有

$$\mathrm{d}A=\frac{1}{h_a}(\mathrm{d}S_a-\cos C\mathrm{d}S_b-\cos B\mathrm{d}S_c) \tag{2-24}$$

将式(2-24)中的微分换成相应的改正数，同时考虑到式中 dA 的单位是 rad，而角度改正数是以″为单位，故式(2-4)可写成

$$v_A''=\frac{\rho''}{h_a}(v_{S_a}-\cos Cv_{S_b}-\cos Bv_{S_c}) \tag{2-25}$$

这就是角度改正数与 3 个边长改正数之间的关系式，称该式为角度改正数方程。式(2-24)的基本规律是，任意一角度(如 A 角)的改正数等于其对边(S_a 边)的改正数减去两个夹边(S_b，S_c 边)的改正数分别与其邻角余弦(S_b 边邻角为 C 角，S_c 边邻角为 B 角)的乘积，再乘以ρ'' 为分子，以该角至其对边之高(h_a)为分母的分数。如果图形中出现已知边时，因其边长改正数为 0，在条件方程中，要把相应于该边的改正数项舍去。β_1($\angle ADB$)、β_2($\angle CDB$)及β_3 ($\angle ADC$)的改正数与各边改正数的关系式为

$$v_{\beta_1}=\frac{\rho''}{h_1}(v_{S_1}-\cos\angle DABv_{S_4}-\cos\angle DBAv_{S_5})$$

$$v_{\beta_2}=\frac{\rho''}{h_2}(v_{S_2}-\cos\angle DBCv_{S_5}-\cos\angle DCBv_{S_6})$$

$$v_{\beta_3}=\frac{\rho''}{h_3}(v_{S_3}-\cos\angle DCAv_{S_6}-\cos\angle DACv_{S_4})$$

将上述关系代入式(2-22)，并按 v_{S_i} (i=1,2,⋯,6)的顺序并项，即得中点三角形的图形条件，即

$$\begin{aligned}&\frac{\rho''}{h_1}v_{S_1}+\frac{\rho''}{h_2}v_{S_2}+\frac{\rho''}{h_3}v_{S_3}-\rho''\left(\frac{\cos\angle DAB}{h_1}+\frac{\cos\angle DAC}{h_3}\right)v_{S_4}-\\&\rho''\left(\frac{\cos\angle DBA}{h_1}+\frac{\cos\angle DBC}{h_2}\right)v_{S_5}-\\&\rho''\left(\frac{\cos\angle DCB}{h_2}+\frac{\cos\angle DCA}{h_3}\right)v_{S_6}-w=0\end{aligned}\tag{2-26}$$

在具体计算图形条件的系数和闭合差时，一般取边长改正数的单位为 cm，高 h 的单位为 km，ρ'' 取 2.062，而闭合差 w 的单位为″。由观测边长计算系数中的角值(图 2-12)时，可按余弦定理或式(2-27)计算，即

$$\tan\frac{A}{2}=\frac{r}{p-S_a}，\quad \tan\frac{B}{2}=\frac{r}{p-S_b}，\quad \tan\frac{C}{2}=\frac{r}{p-S_c}\tag{2-27}$$

式中

$$p=(S_a+S_b+S_c)/2，\quad r=\sqrt{\frac{(p-S_a)(p-S_b)(p-S_c)}{p}}$$

而高 h 为

$$\left.\begin{aligned}h_a&=S_b\sin C=S_c\sin B\\h_b&=S_a\sin C=S_c\sin A\\h_c&=S_a\sin B=S_b\sin A\end{aligned}\right\}\tag{2-28}$$

2.2.5　边角网条件方程式

如图 2-13 所示边角网，有 4 个已知点 A、B、E、F，两个待定点 C、D，观测了 12 个角度和两个边长。

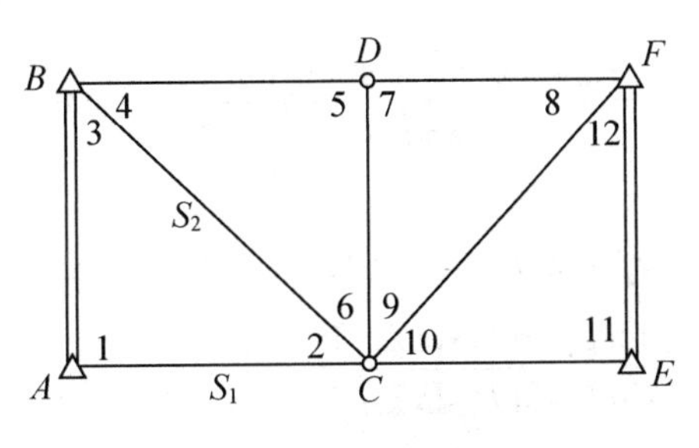

图 2-13　边角网

总观测数 n=14，必要观测个数 t=4，r=n−t=10，总共要列出 10 个独立的条件方程式。可能的条件方程式类型为图形条件、方位角条件、边长条件、正弦条件、余弦条件、坐标条件

等。图 2-13 中，可以列出 4 个图形条件方程，1 个已知边推算的边长条件方程，1 个已知方位角推算的方位角条件方程，△ABC 中正弦定理和余弦定理条件各 1 个，从已知点 B 到已知点 E 的坐标附合条件两个(x 与 y 方向)。常见的几种叙述如下。

1. 方位角条件方程

方位角条件即方位角附合条件，是指从一个已知方位角出发，推算至另一个已知方位角后，所得推算值应与原已知值相等。

设 AB 边的已知方位角为 T_{AB}，EF 边的已知方位角为 T_{EF}。如果从 AB 向 EF 推算，设 EF 方位角推算值的最或然值为 $\hat{T}_{EF}$。则方位角附合条件方程为

$$\hat{T}_{EF} - T_{EF} = 0$$

其中

$$\hat{T}_{EF} = T_{AB} - \hat{L}_3 + \hat{L}_6 + \hat{L}_9 - \hat{L}_{12} \pm 3 \times 180^\circ$$

整理得

$$-\hat{L}_3 + \hat{L}_6 + \hat{L}_9 - \hat{L}_{12} + T_{AB} - T_{EF} \pm 3 \times 180^\circ = 0$$

其相应的改正数条件方程为

$$-v_3 + v_6 + v_9 - v_{12} - w_T = 0$$
$$w_T = -(-L_3 + L_6 + L_9 - L_{12} + T_{AB} - T_{EF} \pm 3 \times 180^\circ)$$

2. 边长条件方程

边长条件即边长附合条件，是指从一个已知边长出发，推算至另一个已知边长后，所得推算值应与原已知值相等。

设 AB 边的已知长度为 S_{AB}，EF 边的已知长度为 S_{EF}。如果沿图 2-13 所示的推算路线，从 AB 向 EF 推算，得 EF 边长推算值的最或然值为 $\hat{S}_{EF}$，由网中已知点坐标和待定点近似坐标推算的边长近似值为 S^0_{EF}，则边长附合条件方程为

$$\hat{S}_{EF} - S_{EF} = 0$$

其中

$$\hat{S}_{EF} = S_{AB} \frac{\sin\hat{L}_1 \sin\hat{L}_4 \sin\hat{L}_7 \sin\hat{L}_{10}}{\sin\hat{L}_2 \sin\hat{L}_5 \sin\hat{L}_8 \sin\hat{L}_{11}}$$

整理得

$$\frac{S_{AB} \sin\hat{L}_1 \sin\hat{L}_4 \sin\hat{L}_7 \sin\hat{L}_{10}}{\hat{S}_{EF} \sin\hat{L}_2 \sin\hat{L}_5 \sin\hat{L}_8 \sin\hat{L}_{11}} - 1 = 0$$

改正数条件方程

$$\cot L_1 v_1 - \cot L_2 v_2 + \cot L_4 v_4 - \cot L_5 v_5 + \cot L_7 v_7 - \cot L_8 v_8 + \cot L_{10} v_{10} - \cot L_{11} v_{11} - w_S = 0$$

$$w_S = -\rho''\left(1 - \frac{S^0_{EF} \sin L_2 \sin L_5 \sin L_8 \sin L_{11}}{S_{AB} \sin L_1 \sin L_4 \sin L_7 \sin L_{10}}\right)$$

3. 正弦条件方程

在图 2-13 所示的三角形 ABC 中，根据正弦定理得

$$\frac{\hat{s}_1}{\sin \hat{L}_3} = \frac{\hat{s}_2}{\sin \hat{L}_1}$$

线性化的改正数条件方程为

$$-s_1 \cos L_1 \frac{v_1}{\rho''} + s_2 \cos L_3 \frac{v_3}{\rho''} + \sin L_1 v_{s_1} - \sin L_3 v_{s_2} - w = 0$$

$$w = -(s_1 \sin L_1 - s_2 \sin L_3)$$

2.2.6　导线网条件方程式

如图 2-14 所示附合导线，有 4 个已知点 A、B、C、D，2 个待定点 P_1、P_2，观测了 4 个角度和 3 个边长。

总观测数 $n=7$，必要观测个数 $t=2\times2=4$，$r=n-t=3$，总共可以列出 3 个独立的条件方程式：一个已知边推算的边长条件方程；一个已知方位角推算的方位角条件方程；从已知点 A 到已知点 C 的坐标附合条件 2 个(x 与 y 方向)。这 4 个条件存在相关，一般选择坐标方位角条件和坐标附合条件。

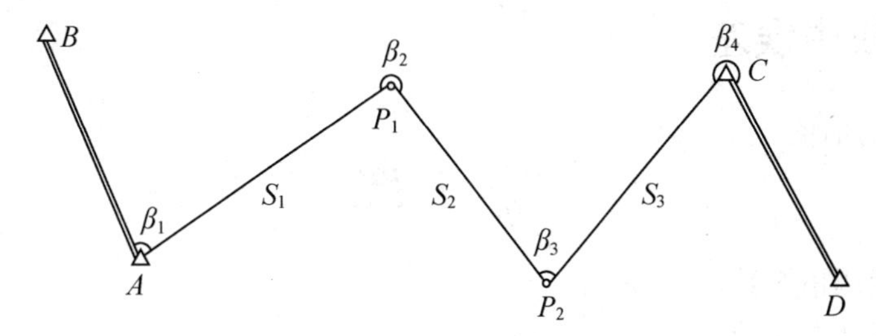

图 2-14　附合导线

1. 坐标方位角附合条件

$$\alpha_{BA} + \sum \hat{\beta} + 4\times180^\circ - \alpha_{CD} = 0$$

$$v_1 + v_2 + v_3 + v_4 - w_\beta = 0$$

$$w_\beta = -(\alpha_{BA} + \sum \beta + 4\times180^\circ - \alpha_{CD})$$

2. 坐标附合条件

$$X_A + \hat{S}_1 \cdot \cos\hat{\alpha}_{AP_1} + \hat{S}_2 \cdot \cos\hat{\alpha}_{P_1P_2} + \hat{S}_3 \cdot \cos\hat{\alpha}_{P_2C} = X_C$$

$$Y_A + \hat{S}_1 \cdot \sin\hat{\alpha}_{AP_1} + \hat{S}_2 \cdot \sin\hat{\alpha}_{P_1P_2} + \hat{S}_3 \cdot \sin\hat{\alpha}_{P_2C} = Y_C$$

$$\alpha_{AP_1} = \alpha_{BA} + \beta_1 + 180^\circ$$

$$\alpha_{P_1P_2} = \alpha_{BA} + \beta_1 + \beta_2 + 180^\circ \times 2$$

$$\alpha_{P_2C} = \alpha_{BA} + \beta_1 + \beta_2 + \beta_3 + 180^\circ \times 3$$

线性化后得改正数条件方程式为

$$\cos\alpha_{AP_1} \cdot v_{S_1} + \cos\alpha_{P_1P_2} \cdot v_{S_2} + \cos\alpha_{P_2C} \cdot v_{S_3} - (\Delta Y_{AP_1} + \Delta Y_{P_1P_2} + \Delta Y_{P_2C}) \cdot v_{\beta_1} / \rho'' -$$
$$(\Delta Y_{P_1P_2} + \Delta Y_{P_2C}) \cdot v_{\beta_2} / \rho'' - \Delta Y_{P_2C} \cdot v_{\beta_3} / \rho'' - w_X = 0$$

$$\sin\alpha_{AP_1}\cdot v_{S_1}+\sin\alpha_{P_1P_2}\cdot v_{S_2}+\sin\alpha_{P_2C}\cdot v_{S_3}-(\Delta X_{AP_1}+\Delta X_{P_1P_2}+\Delta X_{P_2C})\cdot v_{\beta_1}/\rho''-$$
$$(\Delta X_{P_1P_2}+\Delta X_{P_2C})\cdot v_{\beta_2}/\rho''-\Delta X_{P_2C}\cdot v_{\beta_3}/\rho''-w_Y=0$$

其中

$$w_X=-(X_A+S_1\cdot\cos\alpha_{AP_1}+S_2\cdot\cos\alpha_{P_1P_2}+S_3\cdot\cos\alpha_{P_2C}-X_C)$$
$$w_Y=-(Y_A+S_1\cdot\sin\alpha_{AP_1}+S_2\cdot\sin\alpha_{P_1P_2}+S_3\cdot\sin\alpha_{P_2C}-Y_C)$$

2.3 条件平差精度评定

条件平差精度评定包括单位权方差 $\hat{\sigma}_0^2$ 的计算、平差值函数($F=f(\hat{\boldsymbol{L}})$)的协因数 Q_{FF} 及其中误差 $\hat{\sigma}_F$ 的计算等。在一般情况下，观测值向量的协方差阵往往是不知道的，为了评定精度，还要用观测值的改正数 $\boldsymbol{V}$ 计算单位权方差的估值 $\hat{\sigma}_0^2$，进而计算各向量的协方差阵和任何平差结果的精度。

2.3.1 单位权中误差

单位权方差的估值

$$\hat{\sigma}_0^2=\frac{\boldsymbol{V}^{\mathrm{T}}\boldsymbol{PV}}{r} \tag{2-29}$$

式中，r 为多余观测值个数，$r=n-t$。

$\boldsymbol{V}^{\mathrm{T}}\boldsymbol{PV}$ 可用下列方法计算：

(1) 直接利用定义计算，即

$$\boldsymbol{V}^{\mathrm{T}}\boldsymbol{PV}=[pvv]=p_1v_1^2+p_2v_2^2+\cdots+p_nv_n^2 \tag{2-30}$$

(2) 由条件平差有关公式计算，即

$$\boldsymbol{V}^{\mathrm{T}}\boldsymbol{PV}=\boldsymbol{V}^{\mathrm{T}}\boldsymbol{P}(\boldsymbol{P}^{-1}\boldsymbol{A}^{\mathrm{T}}\boldsymbol{K})=\boldsymbol{V}^{\mathrm{T}}\boldsymbol{A}^{\mathrm{T}}\boldsymbol{K}=(\boldsymbol{AV})^{\mathrm{T}}\boldsymbol{K}=\boldsymbol{W}^{\mathrm{T}}\boldsymbol{K}$$
$$\boldsymbol{V}^{\mathrm{T}}\boldsymbol{PV}=\boldsymbol{W}^{\mathrm{T}}\boldsymbol{K}=w_ak_a+w_bk_b+\cdots+w_rk_r \tag{2-31}$$

2.3.2 协因数阵

条件平差的基本向量 $\boldsymbol{L}$、$\boldsymbol{W}$、$\boldsymbol{K}$、$\boldsymbol{V}$、$\hat{\boldsymbol{L}}$ 都可以表达成随机向量 $\boldsymbol{L}$ 的函数，下面计算它们的自协因数阵和两两之间互协因数阵。为了方便，在推导协因数阵时，将法方程系数 $\boldsymbol{N}_{aa}$ 简写为 $\boldsymbol{N}$。

$$\boldsymbol{L}=\boldsymbol{L}$$
$$\boldsymbol{W}=-\boldsymbol{AL}-\boldsymbol{A}_0$$
$$\boldsymbol{K}=\boldsymbol{N}^{-1}\boldsymbol{W}=-\boldsymbol{N}^{-1}(\boldsymbol{AL}+\boldsymbol{A}_0)=-\boldsymbol{N}^{-1}\boldsymbol{AL}-\boldsymbol{N}^{-1}\boldsymbol{A}_0$$
$$\boldsymbol{V}=\boldsymbol{P}^{-1}\boldsymbol{A}^{\mathrm{T}}\boldsymbol{K}=\boldsymbol{P}^{-1}\boldsymbol{A}^{\mathrm{T}}(-\boldsymbol{N}^{-1}\boldsymbol{AL}-\boldsymbol{N}^{-1}\boldsymbol{A}_0)=-\boldsymbol{P}^{-1}\boldsymbol{A}^{\mathrm{T}}\boldsymbol{N}^{-1}\boldsymbol{AL}-\boldsymbol{P}^{-1}\boldsymbol{A}^{\mathrm{T}}\boldsymbol{N}^{-1}\boldsymbol{A}_0$$
$$\hat{\boldsymbol{L}}=\boldsymbol{L}+\boldsymbol{V}=\boldsymbol{L}+(-\boldsymbol{P}^{-1}\boldsymbol{A}^{\mathrm{T}}\boldsymbol{N}^{-1}\boldsymbol{AL}-\boldsymbol{P}^{-1}\boldsymbol{A}^{\mathrm{T}}\boldsymbol{N}^{-1}\boldsymbol{A}_0)=(\boldsymbol{E}-\boldsymbol{P}^{-1}\boldsymbol{A}^{\mathrm{T}}\boldsymbol{N}^{-1}\boldsymbol{A})\boldsymbol{L}-\boldsymbol{P}^{-1}\boldsymbol{A}^{\mathrm{T}}\boldsymbol{N}^{-1}\boldsymbol{A}_0$$

将向量 $\boldsymbol{L}$、$\boldsymbol{W}$、$\boldsymbol{K}$、$\boldsymbol{V}$、$\hat{\boldsymbol{L}}$ 组成列向量，并以 $\boldsymbol{Z}$ 表示，即

$$
\boldsymbol{Z}=\begin{bmatrix}\boldsymbol{L}\\ \boldsymbol{W}\\ \boldsymbol{K}\\ \boldsymbol{V}\\ \hat{\boldsymbol{L}}\end{bmatrix}=\begin{bmatrix}\boldsymbol{E}\\ -\boldsymbol{A}\\ -\boldsymbol{N}^{-1}\boldsymbol{A}\\ -\boldsymbol{P}^{-1}\boldsymbol{A}^{\mathrm{T}}\boldsymbol{N}^{-1}\boldsymbol{A}\\ \boldsymbol{E}-\boldsymbol{P}^{-1}\boldsymbol{A}^{\mathrm{T}}\boldsymbol{N}^{-1}\boldsymbol{A}\end{bmatrix}\boldsymbol{L}+\begin{bmatrix}\boldsymbol{0}\\ -\boldsymbol{A}_0\\ -\boldsymbol{N}^{-1}\boldsymbol{A}_0\\ -\boldsymbol{P}^{-1}\boldsymbol{A}^{\mathrm{T}}\boldsymbol{N}^{-1}\boldsymbol{A}_0\\ -\boldsymbol{P}^{-1}\boldsymbol{A}^{\mathrm{T}}\boldsymbol{N}^{-1}\boldsymbol{A}_0\end{bmatrix} \tag{2-32}
$$

可以写出 $\boldsymbol{Z}$ 的协因数阵为

$$
\boldsymbol{Q}_{ZZ}=\begin{bmatrix}\boldsymbol{Q}_{LL} & \boldsymbol{Q}_{LW} & \boldsymbol{Q}_{LK} & \boldsymbol{Q}_{LV} & \boldsymbol{Q}_{L\hat{L}}\\ \boldsymbol{Q}_{WL} & \boldsymbol{Q}_{WW} & \boldsymbol{Q}_{WK} & \boldsymbol{Q}_{WV} & \boldsymbol{Q}_{W\hat{L}}\\ \boldsymbol{Q}_{KL} & \boldsymbol{Q}_{KW} & \boldsymbol{Q}_{KK} & \boldsymbol{Q}_{KV} & \boldsymbol{Q}_{K\hat{L}}\\ \boldsymbol{Q}_{VL} & \boldsymbol{Q}_{VW} & \boldsymbol{Q}_{VK} & \boldsymbol{Q}_{VV} & \boldsymbol{Q}_{V\hat{L}}\\ \boldsymbol{Q}_{\hat{L}L} & \boldsymbol{Q}_{\hat{L}W} & \boldsymbol{Q}_{\hat{L}K} & \boldsymbol{Q}_{\hat{L}V} & \boldsymbol{Q}_{\hat{L}\hat{L}}\end{bmatrix}
$$

按协因数传播律，得 $\boldsymbol{Z}$ 的协因数阵为

$$
\boldsymbol{Q}_{ZZ}=\begin{bmatrix}\boldsymbol{Q} & -\boldsymbol{Q}\boldsymbol{A}^{\mathrm{T}} & -\boldsymbol{Q}\boldsymbol{A}^{\mathrm{T}}\boldsymbol{N}^{-1} & -\boldsymbol{Q}\boldsymbol{A}^{\mathrm{T}}\boldsymbol{N}^{-1}\boldsymbol{A}\boldsymbol{P}^{-1} & \boldsymbol{Q}-\boldsymbol{Q}\boldsymbol{A}^{\mathrm{T}}\boldsymbol{N}^{-1}\boldsymbol{A}\boldsymbol{P}^{-1}\\ -\boldsymbol{A}\boldsymbol{Q} & \boldsymbol{N} & \boldsymbol{E} & \boldsymbol{A}\boldsymbol{P}^{-1} & 0\\ -\boldsymbol{N}^{-1}\boldsymbol{A}\boldsymbol{Q} & \boldsymbol{E} & \boldsymbol{N}^{-1} & \boldsymbol{N}^{-1}\boldsymbol{A}\boldsymbol{P}^{-1} & 0\\ -\boldsymbol{P}^{-1}\boldsymbol{A}^{\mathrm{T}}\boldsymbol{N}^{-1}\boldsymbol{A}\boldsymbol{Q} & \boldsymbol{P}^{-1}\boldsymbol{A}^{\mathrm{T}} & \boldsymbol{P}^{-1}\boldsymbol{A}^{\mathrm{T}}\boldsymbol{N}^{-1} & \boldsymbol{P}^{-1}\boldsymbol{A}^{\mathrm{T}}\boldsymbol{N}^{-1}\boldsymbol{A}\boldsymbol{P}^{-1} & 0\\ \boldsymbol{Q}-\boldsymbol{P}^{-1}\boldsymbol{A}^{\mathrm{T}}\boldsymbol{N}^{-1}\boldsymbol{A}\boldsymbol{Q} & 0 & 0 & 0 & \boldsymbol{Q}-\boldsymbol{P}^{-1}\boldsymbol{A}^{\mathrm{T}}\boldsymbol{N}^{-1}\boldsymbol{A}\boldsymbol{Q}\end{bmatrix} \tag{2-33}
$$

由式(2-33)可见，平差值 $\hat{\boldsymbol{L}}$ 与闭合差 $\boldsymbol{W}$、联系数 $\boldsymbol{K}$、改正数 $\boldsymbol{V}$ 是不相关的统计量，又由于它们都是服从正态分布的向量，所以 $\hat{\boldsymbol{L}}$ 与 $\boldsymbol{W}$、$\boldsymbol{K}$、$\boldsymbol{V}$ 也是相互独立的向量。为了查询方便，将以上基本向量的协因数阵、互协因数阵列于表 2-1 中。

表 2-1　条件平差各量的协因数

	L	W	K	V	$\hat{L}$
L	$\boldsymbol{Q}$	$-\boldsymbol{Q}\boldsymbol{A}^{\mathrm{T}}$	$-\boldsymbol{Q}\boldsymbol{A}^{\mathrm{T}}\boldsymbol{N}^{-1}$	$-\boldsymbol{Q}\boldsymbol{A}^{\mathrm{T}}\boldsymbol{N}^{-1}\boldsymbol{A}\boldsymbol{Q}$	$\boldsymbol{Q}-\boldsymbol{Q}\boldsymbol{A}^{\mathrm{T}}\boldsymbol{N}^{-1}\boldsymbol{A}\boldsymbol{Q}$
W	$-\boldsymbol{A}\boldsymbol{Q}$	$\boldsymbol{N}$	$\boldsymbol{E}$	$\boldsymbol{A}\boldsymbol{Q}$	$\boldsymbol{0}$
K	$-\boldsymbol{N}^{-1}\boldsymbol{A}\boldsymbol{Q}$	$\boldsymbol{E}$	$\boldsymbol{N}^{-1}$	$\boldsymbol{N}^{-1}\boldsymbol{A}\boldsymbol{Q}$	$\boldsymbol{0}$
V	$-\boldsymbol{Q}\boldsymbol{A}^{\mathrm{T}}\boldsymbol{N}^{-1}\boldsymbol{A}\boldsymbol{Q}$	$\boldsymbol{Q}\boldsymbol{A}^{\mathrm{T}}$	$\boldsymbol{Q}\boldsymbol{A}^{\mathrm{T}}\boldsymbol{N}^{-1}$	$\boldsymbol{Q}\boldsymbol{A}^{\mathrm{T}}\boldsymbol{N}^{-1}\boldsymbol{A}\boldsymbol{Q}$	$\boldsymbol{0}$
$\hat{L}$	$\boldsymbol{Q}-\boldsymbol{Q}\boldsymbol{A}^{\mathrm{T}}\boldsymbol{N}^{-1}\boldsymbol{A}\boldsymbol{Q}$	$\boldsymbol{0}$	$\boldsymbol{0}$	$\boldsymbol{0}$	$\boldsymbol{Q}-\boldsymbol{Q}\boldsymbol{A}^{\mathrm{T}}\boldsymbol{N}^{-1}\boldsymbol{A}\boldsymbol{Q}$

2.3.3　平差值函数的协因数与中误差

在条件平差中，平差计算后首先得到的是各个观测量的平差值。例如，水准网中高差观测值的平差值，测角网中观测角度的平差值，导线网中角度观测值和各导线边长观测值的平差值等。而测量的目的，往往是要得到待定水准点的高程值、待定点的坐标值、三角网中的边长值及方位角值等，并且评定其精度。这些值都可以表达为观测值平差值的函数。

设有平差值函数

$$
\hat{F}=f(\hat{L}_1,\hat{L}_2,\cdots,\hat{L}_n) \tag{2-34}
$$

对式(2-34)全微分得

$$\mathrm{d}\hat{F}=\left(\frac{\partial f}{\partial \hat{L}_1}\right)_{\hat{L}=L}\mathrm{d}\hat{L}_1+\left(\frac{\partial f}{\partial \hat{L}_2}\right)_{\hat{L}=L}\mathrm{d}\hat{L}_2+\cdots+\left(\frac{\partial f}{\partial \hat{L}_n}\right)_{\hat{L}=L}\mathrm{d}\hat{L}_n$$

令

$$\boldsymbol{f}=\left(f_1,f_2,\cdots,f_n\right)^{\mathrm{T}}=\left(\left(\frac{\partial f}{\partial \hat{L}_1}\right)_{\hat{L}=L}\left(\frac{\partial f}{\partial \hat{L}_2}\right)_{\hat{L}=L}\cdots\left(\frac{\partial f}{\partial \hat{L}_n}\right)_{\hat{L}=L}\right)^{\mathrm{T}}$$

$$\mathrm{d}\hat{\boldsymbol{L}}=\left[\mathrm{d}\hat{L}_1\quad \mathrm{d}\hat{L}_2\quad \cdots\quad \mathrm{d}\hat{L}_n\right]^{\mathrm{T}}$$

平差值函数的权函数式为

$$\mathrm{d}\hat{F}=\boldsymbol{f}^{\mathrm{T}}\mathrm{d}\hat{\boldsymbol{L}} \tag{2-35}$$

由协因数传播律得

$$Q_{\hat{F}\hat{F}}=\boldsymbol{f}^{\mathrm{T}}\boldsymbol{Q}_{\hat{L}\hat{L}}\boldsymbol{f} \tag{2-36}$$

将 $\boldsymbol{Q}_{\hat{L}\hat{L}}=\boldsymbol{Q}-\boldsymbol{Q}\boldsymbol{A}^{\mathrm{T}}\boldsymbol{N}^{-1}\boldsymbol{A}\boldsymbol{Q}$ 代入上式得

$$Q_{\hat{F}\hat{F}}=\boldsymbol{f}^{\mathrm{T}}\boldsymbol{Q}_{\hat{L}\hat{L}}\boldsymbol{f}=\boldsymbol{f}^{\mathrm{T}}(\boldsymbol{Q}-\boldsymbol{Q}\boldsymbol{A}^{\mathrm{T}}\boldsymbol{N}^{-1}\boldsymbol{A}\boldsymbol{Q})\boldsymbol{f}$$

即

$$Q_{\hat{F}\hat{F}}=\boldsymbol{f}^{\mathrm{T}}\boldsymbol{Q}\boldsymbol{f}-\boldsymbol{f}^{\mathrm{T}}\boldsymbol{Q}\boldsymbol{A}^{\mathrm{T}}\boldsymbol{N}^{-1}\boldsymbol{A}\boldsymbol{Q}\boldsymbol{f} \tag{2-37}$$

式(2-37)即为平差值函数式(2-34)的协因数表达式。则平差值函数的方差为

$$D_{\hat{F}\hat{F}}=\hat{\sigma}_0^2Q_{\hat{F}\hat{F}} \tag{2-38}$$

2.4 条件平差算例

2.4.1 高程网条件平差算例

例 2-3 水准网如图 2-15 所示，已知 H_{A}=8.608，H_{D}=9.740，等精度独立观测高差为：h_1=2.359，h_2=3.280，h_3=1.226，h_4=2.156，h_5=0.928，高程和高差单位为 m。

试按条件平差法求：

(1) 待定点 B、C 的高程平差值。

(2) 各段高差平差值的中误差。

(3) 待定点 B、C 平差高程的中误差。

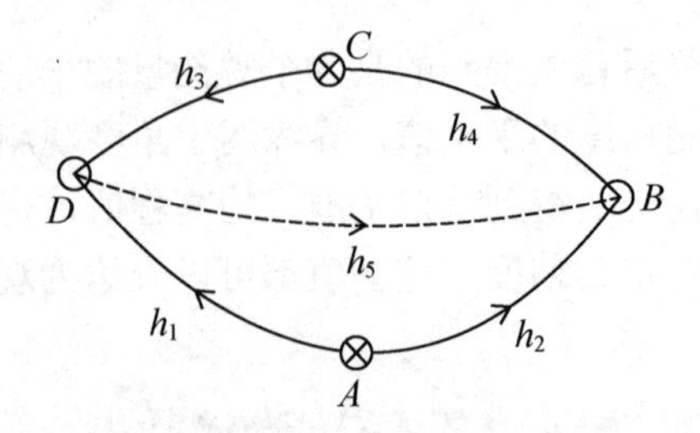

图 2-15 水准网

解　(1) 因各段高差等精度，则 $\boldsymbol{Q}=\boldsymbol{P}^{-1}=\boldsymbol{I}$。$n=5$，$t=2$，$r=n-t=3$，故可列出 3 个独立的条件方程。平差值条件方程为

$$\hat{h}_1+\hat{h}_5-\hat{h}_2=0$$
$$\hat{h}_3+\hat{h}_5-\hat{h}_4=0$$
$$H_A+\hat{h}_1-\hat{h}_3=H_D$$

改正数条件方程式为

$$v_1-v_2+v_5+(h_1-h_2+h_5)=0$$
$$v_3-v_4+v_5+(h_3-h_4+h_5)=0$$
$$v_1-v_3+(H_A+h_1-h_3-H_D)=0$$

代入具体数值，各路线闭合差以 mm 单位表示，有

$$v_1-v_2+v_5+7=0$$
$$v_3-v_4+v_5-2=0$$
$$v_1-v_3+1=0$$

写成矩阵形式 $\boldsymbol{AV}-\boldsymbol{W}=0$，其中

$$\boldsymbol{A}=\begin{bmatrix}1 & -1 & 0 & 0 & 1\\ 0 & 0 & 1 & -1 & 1\\ 1 & 0 & -1 & 0 & 0\end{bmatrix}\qquad \boldsymbol{W}=\begin{bmatrix}-7\\ 2\\ -1\end{bmatrix}$$

法方程系数矩阵为

$$\boldsymbol{N}_{aa}=\boldsymbol{AP}^{-1}\boldsymbol{A}^{T}=\boldsymbol{AA}^{T}=\begin{bmatrix}3 & 1 & 1\\ 1 & 3 & -1\\ 1 & -1 & 2\end{bmatrix}$$

其逆阵为

$$\boldsymbol{N}_{aa}^{-1}=\frac{1}{8}\begin{bmatrix}5 & -3 & -4\\ -3 & 5 & 4\\ -4 & 4 & 8\end{bmatrix}$$

联系数向量为

$$\boldsymbol{K}=-\boldsymbol{N}_{aa}^{-1}\boldsymbol{W}=\frac{1}{8}\begin{bmatrix}-37\\ 27\\ 28\end{bmatrix}$$

观测值的改正数为

$$\boldsymbol{V}=\boldsymbol{P}^{-1}\boldsymbol{A}^{T}\boldsymbol{K}=\boldsymbol{A}^{T}\boldsymbol{K}=\frac{1}{8}\begin{bmatrix}-9\\ 37\\ -1\\ -27\\ -10\end{bmatrix}=\begin{bmatrix}-1.1\\ 4.6\\ -0.1\\ -3.4\\ -1.3\end{bmatrix}(\text{mm})$$

观测值的平差值为

$$\hat{\boldsymbol{h}}=\begin{bmatrix}\hat{h}_1\\\hat{h}_2\\\hat{h}_3\\\hat{h}_4\\\hat{h}_5\end{bmatrix}=\boldsymbol{h}+\boldsymbol{V}=\begin{bmatrix}h_1\\h_2\\h_3\\h_4\\h_5\end{bmatrix}+\begin{bmatrix}v_1\\v_2\\v_3\\v_4\\v_5\end{bmatrix}=\begin{bmatrix}2.3579\\3.2846\\1.2259\\2.1526\\0.9267\end{bmatrix}(\text{m})$$

待定点的平差高程为

$$\hat{H}_{\text{B}}=H_{\text{A}}+\hat{h}_2=8.608+3.2846=11.8926\,(\text{m})$$

$$\hat{H}_{\text{C}}=H_{\text{A}}+\hat{h}_1=8.608+2.3579=10.9659\,(\text{m})$$

(2) 精度评定。单位权中误差为

$$\hat{\sigma}_0=\sqrt{\frac{\boldsymbol{V}^{\text{T}}\boldsymbol{PV}}{r}}=\pm\sqrt{\frac{35.63}{3}}=\pm3.4\,(\text{mm})$$

观测值的平差值的协因数阵为$\boldsymbol{Q}_{\hat{L}\hat{L}}=\boldsymbol{Q}-\boldsymbol{QA}^{\text{T}}\boldsymbol{N}^{-1}\boldsymbol{AQ}$，由于观测值独立同精度，可得

$$\boldsymbol{Q}_{\hat{L}\hat{L}}=\boldsymbol{I}-\boldsymbol{A}^{\text{T}}\boldsymbol{N}^{-1}\boldsymbol{A}$$

因

$$\boldsymbol{A}^{\text{T}}\boldsymbol{N}_{\text{aa}}^{-1}\boldsymbol{A}=\frac{1}{8}\begin{bmatrix}5&-1&-3&-1&2\\-1&5&-1&-3&-2\\-3&-1&5&-1&2\\-1&-3&-1&5&-2\\2&-2&2&-2&4\end{bmatrix}=\begin{bmatrix}0.625&-0.125&-0.375&-0.125&0.25\\-0.125&0.625&-0.125&-0.375&-0.25\\-0.375&-0.125&0.625&-0.125&0.25\\-0.125&-0.375&-0.125&0.625&-0.25\\0.25&-0.25&0.25&-0.25&0.5\end{bmatrix}$$

故

$$\boldsymbol{Q}_{\hat{L}\hat{L}}=\begin{bmatrix}0.375&0.125&0.375&0.125&-0.25\\0.125&0.375&0.125&0.375&0.25\\0.375&0.125&0.375&0.125&-0.25\\0.125&0.375&0.125&0.375&0.25\\-0.25&0.25&-0.25&0.25&0.5\end{bmatrix}$$

① 平差高差的中误差。因为$\sigma_{\hat{L}_i}=\hat{\sigma}_0\cdot\sqrt{Q_{\hat{L}_i\hat{L}_i}}$，可得

$$\sigma_{\hat{h}_1}=\sigma_{\hat{h}_2}=\sigma_{\hat{h}_3}=\sigma_{\hat{h}_4}=\pm3.4\times\sqrt{0.375}=\pm2.1\,(\text{mm})$$

$$\sigma_{\hat{h}_5}=\pm3.4\times\sqrt{0.5}=\pm2.4\,(\text{mm})$$

② 平差高程的中误差。B点平差高程的函数式

$$\hat{\phi}_1=\hat{H}_{\text{B}}=H_{\text{A}}+\hat{h}_2$$

权函数式为

$$\text{d}\hat{\phi}_1=\text{d}\hat{h}_2$$

由误差传播律，得

$$\hat{\sigma}_{\hat{\phi}_1}=\hat{\sigma}_0\cdot\sqrt{Q_{\hat{\phi}_1\hat{\phi}_1}}=\hat{\sigma}_0\cdot\sqrt{Q_{\hat{h}_2\hat{h}_2}}=\pm2.1\,(\text{mm})$$

同理，C点平差高程中误差可求得为±2.1 mm。

2.4.2　测角网条件平差算例

例 2-4　如图 2-16 所示测角网，A、B 为两个已知点，C、D 为待定点，同精度观测了 6 个内角，已知点坐标和观测角度见表 2-2。按条件平差法，求：

(1) C、D 两点的平差坐标；

(2) 平差后 CD 边长相对中误差。

表 2-2　角度观测值与起算数据表

角度号	角度观测值	角度号	角度观测值	已知点坐标/m
L_1	55° 30′ 36″	L_5	61° 27′ 30″	$X_A = 3110.677$
L_2	57° 23′ 12″	L_6	60° 19′ 14″	$Y_A = 2690.178$
L_3	67° 206′ 02″			$X_B = 3121.666$
L_4	58° 13′ 20″			$Y_B = 2561.066$

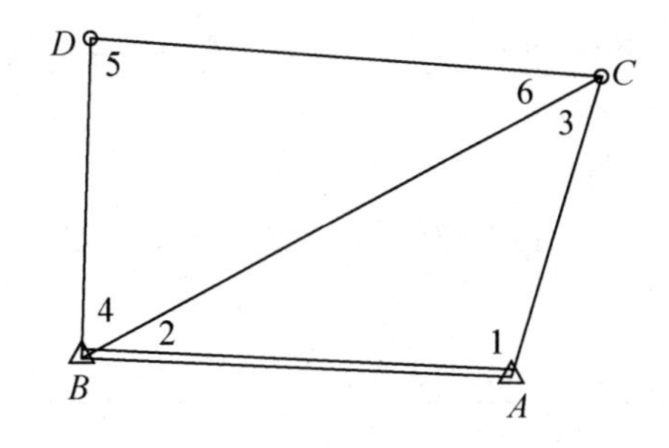

图 2-16　测角网

解　n=6，t=2×2=4，r=n−t=2，可列出两个独立的条件方程。下面计算中，角度改正数以″为单位，坐标以 m 为单位。

根据题意，观测值的权阵

$$\boldsymbol{P} = \boldsymbol{Q}^{-1} = \boldsymbol{I}$$

条件平差值方程为

$$\hat{L}_1 + \hat{L}_2 + \hat{L}_3 - 180 = 0$$
$$\hat{L}_4 + \hat{L}_5 + \hat{L}_6 - 180 = 0$$

则条件方程为

$$v_1 + v_2 + v_3 - (180 - L_1 - L_2 - L_3) = 0$$
$$v_4 + v_5 + v_6 - (180 - L_4 - L_5 - L_6) = 0$$

代入数值，得条件方程的矩阵形式为

$$\boldsymbol{AV} - \boldsymbol{W} = 0$$

其中

$$\boldsymbol{A} = \begin{bmatrix} 1 & 1 & 1 & 0 & 0 & 0 \\ 0 & 0 & 0 & 1 & 1 & 1 \end{bmatrix}, \quad \boldsymbol{W} = \begin{bmatrix} 10 \\ 4 \end{bmatrix} (″)$$

组成法方程

$$AP^{-1}A^{\mathrm{T}}K-W=0$$

因

$$N_{aa}=AP^{-1}A^{\mathrm{T}}=\begin{bmatrix}3&0\\0&3\end{bmatrix}$$

则

$$K=N_{aa}^{-1}W=\frac{1}{9}\begin{bmatrix}3&0\\0&3\end{bmatrix}\begin{bmatrix}10\\4\end{bmatrix}=\begin{bmatrix}3.33\\-1.33\end{bmatrix}$$

角度改正数

$$V=P^{-1}A^{\mathrm{T}}K=[3.33\quad 3.33\quad 3.33\quad -1.33\quad -1.33\quad -1.33]^{\mathrm{T}}\,('')$$

计算角度平差值 $\hat{L}=L+V$，得

$$\hat{L}_1=55°\ 30'39.33'',\ \hat{L}_2=57°\ 23'15.33'',\ \hat{L}_3=67°\ 06'05.33''$$

$$\hat{L}_4=58°\ 13'18.67'',\ \hat{L}_5=61°\ 27'28.67'',\ \hat{L}_6=60°\ 19'12.67''$$

(1) C、D 两点的平差坐标。根据前方交会公式，在△BAC 中：

$$\hat{X}_C=\frac{X_B\cdot\cot\hat{L}_1+X_A\cdot\cot\hat{L}_2+(Y_A-Y_B)}{\cot\hat{L}_1+\cot\hat{L}_2},\quad \hat{Y}_C=\frac{Y_B\cdot\cot\hat{L}_1+Y_A\cdot\cot\hat{L}_2+(X_B-X_A)}{\cot\hat{L}_1+\cot\hat{L}_2}$$

代入具体数值得 C 点的平差坐标

$$\hat{X}_C=3213.6753\,\text{m},\quad \hat{Y}_C=2631.6092\,\text{m}$$

在△BCD 中：

$$\hat{X}_D=\frac{X_B\cdot\cot\hat{L}_6+X_C\cot\hat{L}_4+(Y_C-Y_B)}{\cot\hat{L}_6+\cot\hat{L}_4},\quad \hat{Y}_D=\frac{Y_B\cdot\cot\hat{L}_6+Y_C\cdot\cot\hat{L}_4+(X_B-X_C)}{\cot\hat{L}_6+\cot\hat{L}_4}$$

代入具体数值得 D 点的平差坐标为

$$\hat{X}_D=3228.8970\,\text{m},\quad \hat{Y}_D=2520.4514\,\text{m}$$

检核：可以在△BCD 中，由 C、D 两点坐标，代入前方交会公式，计算出的 B 点坐标与 B 点已知坐标相同。

(2) 精度评定。单位权中误差

$$\hat{\sigma}_0=\sqrt{\frac{V^{\mathrm{T}}PV}{n-t}}=\pm4.40\,('')$$

观测值的平差值的协因数阵

$$Q_{\hat{L}\hat{L}}=Q-QA^{\mathrm{T}}N^{-1}AQ=\begin{bmatrix}+0.6667&-0.3333&-0.3333&0.0&0.0&0.6\\-0.3333&0.6667&-0.3333&0.0&0.0&0.0\\-0.3333&-0.3333&0.6667&0.0&0.0&0.0\\0.0&0.0&0.0&0.6667&-0.3333&-0.3333\\0.0&0.0&0.0&-0.3333&0.6667&-0.3333\\0.0&0.0&0.0&-0.3333&-0.3333&0.6667\end{bmatrix}$$

角度平差值的中误差

$$\sigma_{\hat{L}_i}=\hat{\sigma}_0\sqrt{Q_{\hat{L}_i\hat{L}_i}}=\pm4.40\times\sqrt{0.6667}=\pm3.59\,('')$$

下面求 CD 边长相对中误差。由图 2-16 可知其函数式为

$$\hat{S}_{CD}=S_{AB}\frac{\sin\hat{L}_1\sin\hat{L}_4}{\sin\hat{L}_3\sin\hat{L}_5}$$

全微分有

$$d\hat{S}_{CD}=S_{CD}\cdot\cot L_1\cdot d\hat{L}_1+S_{CD}\cdot\cot L_4\cdot d\hat{L}_4-S_{CD}\cdot\cot L_3\cdot d\hat{L}_3-S_{CD}\cdot\cot\hat{L}_5\cdot d\hat{L}_5$$

$$\frac{d\hat{S}_{CD}}{S_{CD}}=\cot\hat{L}_1\cdot d\hat{L}_1-\cot\hat{L}_3\cdot d\hat{L}_3+\cot L_4\cdot d\hat{L}_4-\cot\hat{L}_5\cdot d\hat{L}_5$$

令

$$d\hat{\phi}=\frac{d\hat{S}_{CD}}{S_{CD}}=\boldsymbol{f}d\hat{\boldsymbol{L}},\quad d\hat{\boldsymbol{L}}=[d\hat{L}_1\quad d\hat{L}_2\quad d\hat{L}_3\quad d\hat{L}_4\quad d\hat{L}_5\quad d\hat{L}_6]^T$$

$$\boldsymbol{f}=[\cot\hat{L}_1\quad 0\quad -\cot\hat{L}_3\quad \cot\hat{L}_4\quad -\cot\hat{L}_5\quad 0]$$

代入角度平差值得

$$\boldsymbol{f}=[0.69\quad 0\quad -0.42\quad 0.62\quad -0.54\quad 0]$$

$$Q_{\hat{\phi}\hat{\phi}}=\boldsymbol{f}\boldsymbol{Q}_{\hat{L}\hat{L}}\boldsymbol{f}^T=1.30$$

$$\delta_{\hat{\phi}}=\hat{\delta}_0\sqrt{Q_{\hat{\phi}\hat{\phi}}}=5.02('')$$

因为

$$d\hat{\phi}=\frac{d\hat{S}_{CD}}{S_{CD}},\delta_{\hat{\phi}}=\frac{\delta_{\hat{S}_{CD}}}{S_{CD}}\cdot\rho''$$

则 CD 边长相对中误差为

$$\frac{\delta_{\hat{S}_{CD}}}{\hat{S}_{CD}}=\frac{\delta_{\hat{\phi}}}{\rho''}=\frac{1}{41068}$$

2.4.3　测边网条件平差算例

例 2-5　如图 2-17 所示测边网中，有两个已知点 A、B，两个待定点 C、D 和 5 个边长观测值。A 点和 B 点的坐标、边长观测值见表 2-3。试按条件平差法计算：(1) 各待定点坐标平差值；(2) C 点至 D 点间边长平差值的中误差和边长相对中误差。

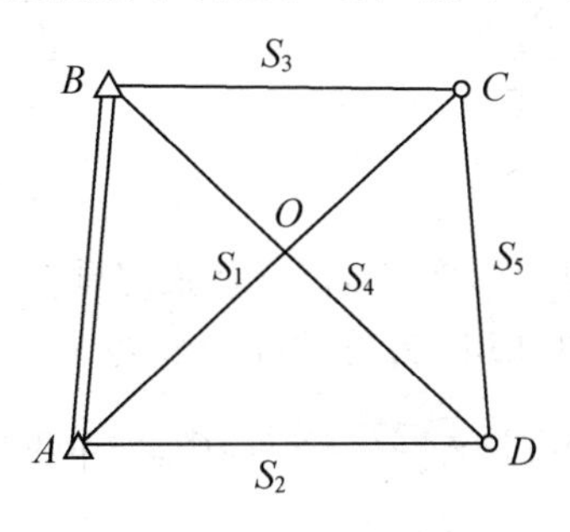

图 2-17　测边网

表 2-3 边长观测值与起算数据表

边长号	边长观测值/m	已知点坐标/m
S_1	1850.512	X_A=4376906.183
S_2	1041.836	Y_A= 614891.328
S_3	1664.230	X_B=4378135.365
S_4	1673.308	Y_B= 615218.865
S_5	1096.835	

解 n=5，t=4，r=1，可以列出 1 个独立的条件方程。

令：观测值向量 $\boldsymbol{L}=[S_{AC}\ S_{AD}\ S_{BC}\ S_{BD}\ S_{CD}]^T$，$\boldsymbol{Q}=\boldsymbol{P}^{-1}=\boldsymbol{I}$

(1) 计算待定点 C、D 的近似坐标。

C 点近似坐标计算：在△BAC 中(图 2-18)，由边长交会得

$$l=\frac{S_3^2+S_{AB}^2-S_1^2}{2S_{AB}}=378.6874$$

$$h=\sqrt{S_3^2-l^2}=1620.5732$$

$$X_C^0=X_B+l\cos\alpha_{BA}+h\sin\alpha_{BA}=4377352.1760$$

$$Y_C^0=Y_B+l\sin\alpha_{BA}-h\cos\alpha_{BA}=616687.2915$$

D 点近似坐标计算：在△BAD 中(图 2-19)，由边长交会得

$$l=\frac{S_4^2+S_{AB}^2-S_2^2}{2S_{AB}}=1309.9512$$

$$h=\sqrt{S_4^2-l^2}=1041.1472$$

$$X_D^0=X_B+l\cdot\cos\alpha_{BA}+h\cdot\sin\alpha_{BA}=4376601.5040$$

$$Y_D^0=Y_B+l\cdot\sin\alpha_{BA}-h\cdot\cos\alpha_{BA}=615887.6176$$

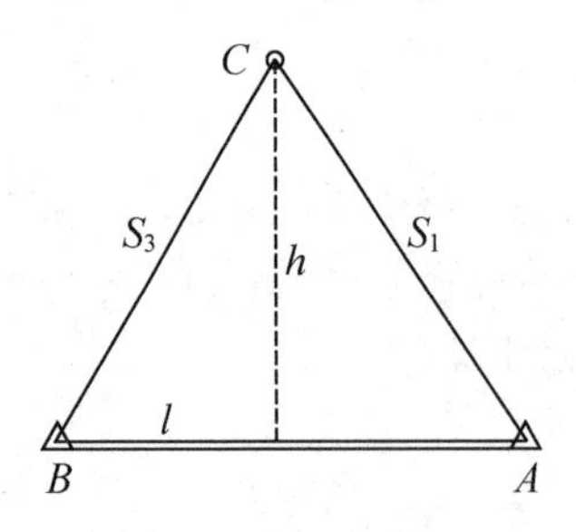

图 2-18 测边三角形 *ABC*

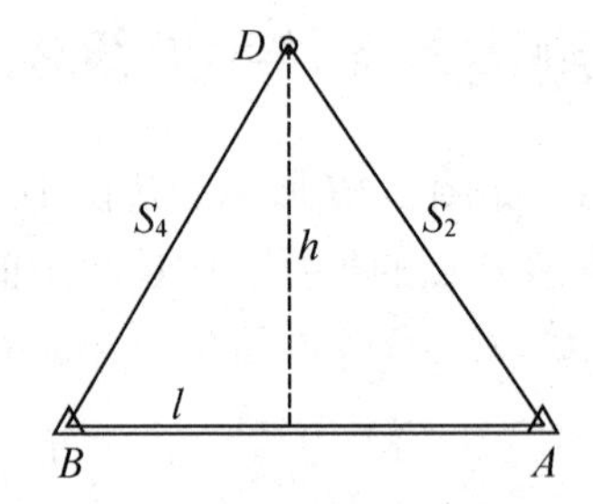

图 2-19 测边三角形 *ABD*

(2) 由观测边长计算大地四边形各个内角(余弦定理)。在图 2-17 中，令∠BAC=β_1，∠CAD=β_2，∠BAD=β_3。已知边 AB 的方位角和边长为

$$S_{AB}=\sqrt{(X_B-X_A)^2+(Y_B-Y_A)^2}=1272.0727\,,\ \alpha_{AB}=\arctan\frac{Y_B-Y_A}{X_B-X_A}=14^\circ\quad 55'14.74''$$

在△ABC 中，令过顶点 A 至 BC 边的高为 h_1。

$$\cos\angle ABC=\frac{S_{AB}^2+S_{BC}^2-S_{AC}^2}{2\cdot S_{AB}\cdot S_{BC}},\quad \cos\angle ACB=\frac{S_{CB}^2+S_{CA}^2-S_{AB}^2}{2\cdot S_{CB}\cdot S_{CA}}$$

代入具体数值，有

$$\cos\angle ABC = 0.227545 \text{，} \quad \cos\angle ACB = 0.742917$$

$$\sin\angle ACB = \sqrt{1-\cos^2\angle ACB} = 0.669384$$

$$h_1 = S_{AC}\cdot\sin\angle ACB = 1238.7031$$

$$\beta_1 = \pi - \angle ABC - \angle ACB = \pi - \arccos 0.227545 - \arccos 0.742917 = 1.066973\text{rad} = 61^\circ\ 07'58.97''$$

在△*ABD* 中，令过顶点 *A* 至 *BD* 边的高为 h_3。

$$\cos\angle ABD = \frac{S_{AB}^2 + S_{BD}^2 - S_{AD}^2}{2\cdot S_{AB}\cdot S_{BD}} = 0.782851$$

$$\cos\angle ADB = \frac{S_{AD}^2 + S_{BD}^2 - S_{AB}^2}{2\cdot S_{AD}\cdot S_{BD}} = 0.650260$$

$$\sin\angle ADB = \sqrt{1-\cos^2\angle ADB} = 0.759712$$

$$h_3 = S_{AD}\cdot\sin\angle ADB = 791.4950$$

$$\beta_3 = \pi - \angle ABD - \angle ADB = \pi - \arccos 0.782851 - \arccos 0.650260 = 1.607162\text{rad} = 92^\circ\ 05'00.93''$$

在△*ACD* 中，令过顶点 *A* 至 *CD* 边的高为 h_2。

$$\cos\angle ACD = \frac{S_{AC}^2 + S_{CD}^2 - S_{AD}^2}{2\cdot S_{AC}\cdot S_{CD}} = 0.872545$$

$$\cos\angle ADC = \frac{S_{DA}^2 + S_{CD}^2 - S_{AC}^2}{2\cdot S_{DA}\cdot S_{CD}} = -0.497026$$

$$\sin\angle ADC = \sqrt{1-\cos^2\angle ADC} = 0.867736$$

$$h_2 = S_{AD}\cdot\sin\angle ADC = 904.0382$$

$$\beta_2 = \pi - \angle ACD - \angle ADC = \pi - \arccos 0.872545 - \arccos(-0.497026) = 0.540291\text{rad} = 30^\circ\ 57'08.22''$$

(3) 列改正数条件方程。

在测边大地四边形 *ABCD* 中，过顶点 *A* 可以列出角度闭合条件

$$\hat{\beta}_1 + \hat{\beta}_2 = \hat{\beta}_3$$

即

$$v_{\beta_1} + v_{\beta_2} - v_{\beta_3} - w = 0$$

其中 $w = \beta_3 - \beta_1 - \beta_2$。

又因 *AB* 为已知边，即 $v_{S_{AB}} = 0$。据式(2-25)可直接写出

$$v_{\beta_1} = \frac{1}{h_1}(v_{S_{BC}} - \cos\angle ACB\cdot v_{S_{AC}})$$

$$v_{\beta_2} = \frac{1}{h_2}(v_{S_{CD}} - \cos\angle ACD\cdot v_{S_{AC}} - \cos\angle ADC\cdot v_{S_{AD}})$$

$$v_{\beta_3} = \frac{1}{h_3}(v_{S_{BD}} - \cos\angle ADB\cdot v_{S_{AD}})$$

代入角度改正数方程得

$$\frac{1}{h_1}(v_{S_{BC}}-\cos\angle ACB\cdot v_{S_{AC}})+\frac{1}{h_2}(v_{S_{CD}}-\cos\angle ACD\cdot v_{S_{AC}}-\cos\angle ADC\cdot v_{S_{AD}})$$
$$-\frac{1}{h_3}(v_{S_{BD}}-\cos\angle ADB\cdot v_{S_{AD}})-w=0$$

整理，得

$$\left(-\frac{\cos\angle ACB}{h_1}-\frac{\cos\angle ACD}{h_2}\right)\cdot v_{S_{AC}}+\left(\frac{\cos\angle ADB}{h_3}-\frac{\cos\angle ADC}{h_2}\right)\cdot v_{S_{AD}}$$
$$+\frac{1}{h_1}\cdot v_{S_{BC}}-\frac{1}{h_3}\cdot v_{S_{BD}}+\frac{1}{h_2}\cdot v_{S_{CD}}-w=0$$

代入具体数值，得边长改正数表示的条件方程为

$$\boldsymbol{AV}-\boldsymbol{W}=0$$

其中

$$\boldsymbol{A}=[-0.00156\quad 0.00137\quad 0.00081\quad -0.00126\quad 0.00111]$$
$$\boldsymbol{W}=-6.26\,('')$$

(4) 求平差边长。

$$\boldsymbol{N}_{aa}=\boldsymbol{AP}^{-1}\boldsymbol{A}^{T}=\boldsymbol{AA}^{T}=0.78011\times10^{-5}$$
$$\boldsymbol{N}_{aa}^{-1}=128187.05832$$
$$\boldsymbol{K}=\boldsymbol{N}_{aa}^{-1}\boldsymbol{W}=-3.89141$$

边长改正数

$$\boldsymbol{V}=\boldsymbol{P}^{-1}\boldsymbol{A}^{T}\boldsymbol{K}=[6.09\quad -5.34\quad -3.14\quad 4.92\quad -4.30]^{T}\,(\text{mm})$$

平差边长

$$\hat{\boldsymbol{L}}=[1850.5181\quad 1041.8307\quad 1664.2269\quad 1673.3129\quad 1096.8307]^{T}\,(\text{m})$$

(5) 求待定点 C、D 的平差坐标。

在$\triangle ABC$ 中，由余弦定理求角度β_1的平差值为

$$\hat{\beta}_1=\arccos\left(\frac{S_{AB}^2+\hat{S}_{AC}^2-\hat{S}_{BC}^2}{2\cdot S_{AB}\cdot\hat{S}_{BC}}\right)$$

则 AC 边的平差方位角

$$\hat{\alpha}_{AC}=\alpha_{BA}+180^\circ+\hat{\beta}_1$$

代入具体数值，得

$$\hat{\alpha}_{AC}=76^\circ\ 03'12.43''$$
$$\hat{X}_C=X_A+\hat{S}_{AC}\cdot\cos\hat{\alpha}_{AC}=4377352.1885\,\text{m}$$
$$\hat{Y}_C=Y_A+\hat{S}_{AC}\cdot\sin\hat{\alpha}_{AC}=616687.2947\,\text{m}$$

同理，可求得 D 点平差坐标为

$$\hat{X}_D=4376601.4950\,\text{m}$$
$$\hat{Y}_D=615887.6093\,\text{m}$$

(6) 精度评定。

① 验后单位权中误差为

$$\hat{\sigma}_0 = \sqrt{\frac{\boldsymbol{V}^{\mathrm{T}}\boldsymbol{P}\boldsymbol{V}}{r}} = \pm 10.87\,\mathrm{mm}$$

② 平差边长的中误差。平差边长的协因数阵

$$\boldsymbol{Q}_{\hat{L}\hat{L}} = \boldsymbol{Q} - \boldsymbol{Q}\boldsymbol{A}^{\mathrm{T}}\boldsymbol{N}^{-1}\boldsymbol{A}\boldsymbol{Q}$$

代入具体数值，有

$$Q_{\hat{L}\hat{L}} = \begin{bmatrix} 0.68607 & 0.27509 & 0.16195 & -0.25345 & 0.22190 \\ 0.27509 & 0.75893 & -0.14191 & 0.22210 & -0.19445 \\ 0.16195 & -0.14191 & 0.91646 & 0.13075 & -0.11447 \\ -0.25345 & 0.22210 & 0.13075 & 0.79538 & 0.17915 \\ 0.22190 & -0.19445 & -0.11447 & 0.17915 & 0.84316 \end{bmatrix}$$

观测值平差值的中误差

$$\sigma_{\hat{L}_i} = \hat{\sigma}_0 \sqrt{Q_{\hat{L}_i\hat{L}_i}} \qquad i=1,2,3,4,5$$

代入具体数值，有

$$\sigma_{\hat{L}_1} = 9.00\,\mathrm{mm}，\ \sigma_{\hat{L}_2} = 9.47\,\mathrm{mm}，\ \sigma_{\hat{L}_3} = 10.40\,\mathrm{mm}，\ \sigma_{\hat{L}_4} = 9.69\,\mathrm{mm}，\ \sigma_{\hat{L}_5} = 9.98\,\mathrm{mm}$$

CD 边平差边长相对中误差

$$\frac{\sigma_{\hat{L}_5}}{\hat{L}_5} = \frac{9.98 \times 10^{-3}}{1096.8307} = \frac{1}{109901}$$

习　　题

2-1　如图 2-20 所示水准网，A 点为已知点，H_A=103.953m，设各路线长度相等，观测高差如表 2-4 所列。试按条件平差法计算：①待定点的高程平差值；②平差后待定点的高程中误差；③各测段高差平差值及其中误差。

表 2-4　观测高差值和已知数据

高差观测值/m	高差观测值/m
$h_1 = 0.050$	$h_4 = 3.404$
$h_2 = 3.452$	$h_5 = 1.000$
$h_3 = 2.398$	$h_6 = 1.020$

2-2　如图 2-21 所示测站平差问题，在已知点 A 上，$\angle BAC$ 是固定角(即 AB、AC 为已知方向)，AP_1、AP_2 是两个待定方向，观测了 5 个角度。试用文字符号列出：按条件平差时的条件方程式。

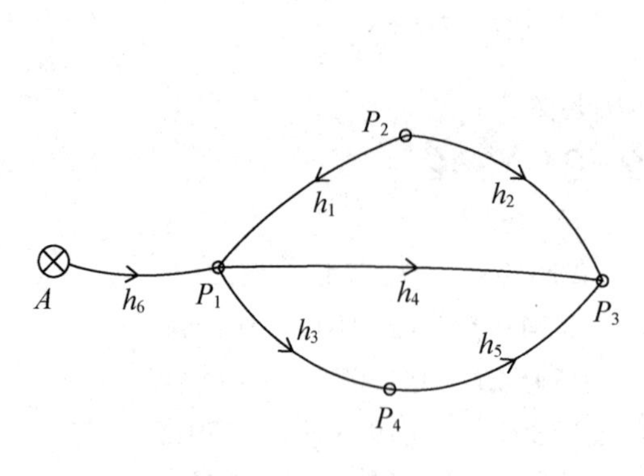

图 2-20　水准网

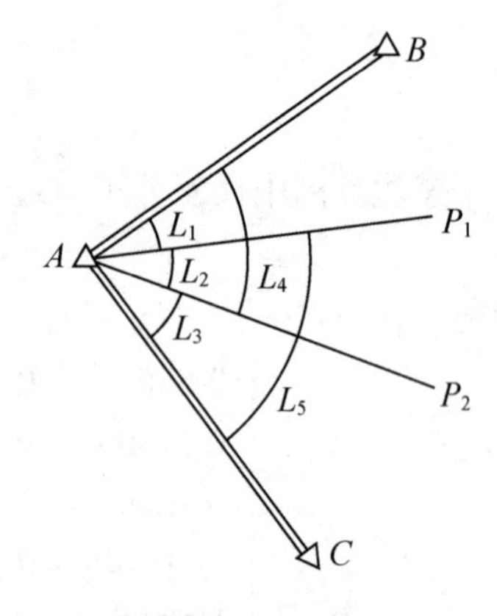

图 2-21　测站平差问题

2-3　如图 2-22 所示的导线网，A 和 B 为已知点，观测连接角、导线内角和边长数据见表 2-5。试按条件平差法计算：①各待定点坐标平差值和点位中误差；②网中最弱边的边长相对中误差；③各边长的方位角平差值的中误差。

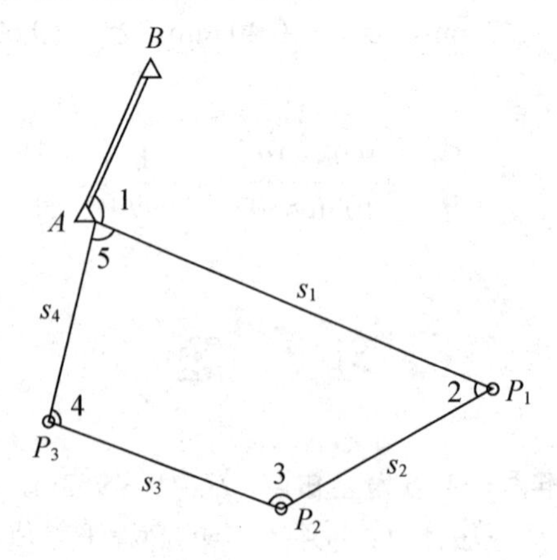

图 2-22　导线网

表 2-5　观测值和已知数据

角度观测值/(° ′ ″)		边长观测值/m		已知数据/m
角　号	角 度 值	边　号	边 长 值	
1	92.4943	1	805.191	X_A=4376906.183
2	43.1602	2	269.486	Y_A=614891.328
3	154.5144	3	272.718	X_B=4378135.365
4	124.1522	4	441.596	Y_B=615218.865
5	37.3711			

2-4　试按条件平差法求证在单一水准路线(图 2-23)中，平差后高程最弱点在水准路线中央。

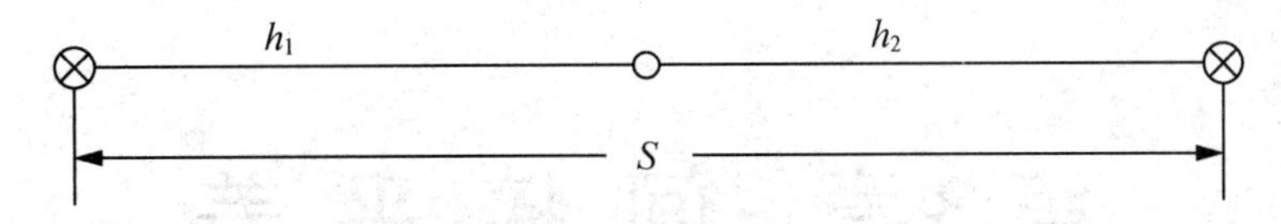

图 2-23　单一水准路线

2-5　已知条件式为 $\boldsymbol{AV}-\boldsymbol{W}=0$，其中 $\boldsymbol{W}=-\boldsymbol{AL}$，观测值协因数阵为 $\boldsymbol{Q}_{LL}=\boldsymbol{P}^{-1}$，现有函数式 $\boldsymbol{F}=\boldsymbol{f}^{\mathrm{T}}(\boldsymbol{L}+\boldsymbol{V})$。

(1) 试求：Q_{FF}。

(2) 试证：$\boldsymbol{V}$ 和 $\boldsymbol{F}$ 是互不相关的。

第3章 间接平差

【学习要点及目标】

- 了解间接平差原理;
- 熟悉间接平差计算步骤及方法;
- 熟悉误差方程;
- 熟悉误差精度评定步骤。

3.1 间接平差原理

在介绍间接平差原理之前，先看一个具体的测角三角形内角平差问题。

例 3-1 在一个三角形中，同精度独立观测了 3 个内角，角度观测值见第 2 章例 2-1。

在三角形内角平差问题中，总的观测数 n=3，必要观测数 t=2。选定两个未知数，例如以观测值 L_1、L_2 的平差值为未知数，有

$$\begin{cases}\hat{L}_1 = \hat{x}_1 \\ \hat{L}_2 = \hat{x}_2\end{cases}$$

则

$$\hat{L}_3 = 180 - \hat{L}_1 - \hat{L}_2 = 180 - \hat{x}_1 - \hat{x}_2$$

将 3 个角度观测值的平差值用观测值加上改正数表示，即

$$\begin{cases}L_1 + v_1 = \hat{x}_1 \\ L_2 + v_2 = \hat{x}_2 \\ L_3 + v_3 = 180 - \hat{x}_1 - \hat{x}_2\end{cases}$$

方程等号左侧仅保留观测值的改正数 v，其他各项移至等号右侧，则有

$$\begin{cases}v_1 = \hat{x}_1 - L_1 \\ v_2 = \hat{x}_2 - L_2 \\ v_3 = -\hat{x}_1 - \hat{x}_2 + 180 - L_3\end{cases}$$

以上 3 个方程，共有 5 个待求量，分别是 3 个观测值的改正数，2 个未知数，可知方程个数少于未知数的个数，方程组有无穷多个解。下面利用最小二乘原理，求解未知数的最优估值。当观测值等精度时，有

$$v_1^2 + v_2^2 + v_3^2 = \min$$

令自由极值函数

$$\Phi = v_1^2 + v_2^2 + v_3^2$$

则 Φ 是每一个观测值的改正数 v 的函数，由方程组可知，v 又是所选的两个未知数 x 的函数，

因此自由极值函数 Φ 是未知数 x 的函数，v 是中间变量。Φ 对两个未知数分别求偏导数并令其为 0，则有

$$\begin{cases}\dfrac{\partial \Phi}{\partial \hat{x}_1}=2(\hat{x}_1-L_1)+2(-\hat{x}_1-\hat{x}_2+180-L_3)\times(-1)=0\\ \dfrac{\partial \Phi}{\partial \hat{x}_2}=2(\hat{x}_2-L_2)+2(-\hat{x}_1-\hat{x}_2+180-L_3)\times(-1)=0\end{cases}$$

化简得

$$\begin{cases}2\hat{x}_1+\hat{x}_2-180+L_3-L_1=0\\ \hat{x}_1+2\hat{x}_2-180+L_3-L_2=0\end{cases}$$

将三角形内角观测值代入以上方程组得

$$\begin{cases}2\hat{x}_1+\hat{x}_2-166^\circ\ 56'44''=0\\ \hat{x}_1+2\hat{x}_2-191^\circ\ 50'16''=0\end{cases}$$

两个未知数，两个方程，具有唯一解：

$$\begin{cases}\hat{x}_1=47^\circ\ 21'04''\\ \hat{x}_2=72^\circ\ 14'36''\end{cases}$$

故三角形内角的平差值为

$$\begin{cases}\hat{L}_1=\hat{x}_1=47^\circ\ 21'04''\\ \hat{L}_2=\hat{x}_2=72^\circ\ 14'36''\\ \hat{L}_3=180-\hat{L}_1-\hat{L}_2=60^\circ\ 24'20''\end{cases}$$

总结：在上述测量平差问题中，有 3 个观测值，其中有两个必要观测值，选定两个未知数，用求自由极值的方法，求出观测值的最优估值，这种平差方法称为间接平差(或参数平差法)。

3.1.1　间接平差公式推导

在一个测量平差问题中，有 n 个观测值，其中有 t 个必要观测值，选定 t 个独立的未知参数，将每个观测值的平差值分别表达成这 t 个参数的函数，建立函数模型，按最小二乘原理，用求自由极值的方法解出参数的最或然值，从而求得各观测值的平差值，这种平差方法称为间接平差(或参数平差法)。

设观测向量为 $\underset{n\times1}{L}$，已知其协因数阵 $\boldsymbol{Q}=\boldsymbol{P}^{-1}$，必要观测数为 t，选定 t 个独立的未知参数 $\hat{\boldsymbol{X}}$，其近似值为 $\boldsymbol{X}^0$，有 $\hat{\boldsymbol{X}}=\boldsymbol{X}^0+\hat{\boldsymbol{x}}$，$\hat{\boldsymbol{x}}$ 称为未知参数的改正数，观测值 $\boldsymbol{L}$ 与改正数 $\boldsymbol{V}$ 之和 $\hat{\boldsymbol{L}}=\boldsymbol{L}+\boldsymbol{V}$。按具体平差问题，可列出 n 个平差值方程为

$$\hat{\boldsymbol{L}}=\boldsymbol{B}\hat{\boldsymbol{X}}+\boldsymbol{d} \tag{3-1}$$

其纯量形式可表示为

$$\left.\begin{aligned}L_1+v_1&=b_{11}\hat{X}_1+b_{12}\hat{X}_2+\cdots+b_{1t}\hat{X}_t+d_1\\ L_2+v_2&=b_{21}\hat{X}_1+b_{22}\hat{X}_2+\cdots+b_{2t}\hat{X}_t+d_2\\ &\vdots\\ L_n+v_n&=b_{n1}\hat{X}_1+b_{n2}\hat{X}_2+\cdots+b_{nt}\hat{X}_t+d_n\end{aligned}\right\} \tag{3-2}$$

即

$$L_i + v_i = b_{i1}\hat{X}_1 + b_{i2}\hat{X}_2 + \cdots + b_{it}\hat{X}_t + d_i \qquad i = 1,2,3,\cdots,n$$

令

$$\underset{n\times1}{\boldsymbol{L}} = [L_1 \quad L_2 \quad \cdots L_n]^{\mathrm{T}},\qquad \underset{n\times1}{\boldsymbol{V}} = [v_1 \quad v_2 \quad \cdots v_n]^{\mathrm{T}}$$

$$\underset{t\times1}{\hat{\boldsymbol{X}}} = [\hat{X}_1 \quad \hat{X}_2 \quad \cdots \hat{X}_t]^{\mathrm{T}},\quad \underset{n\times1}{\boldsymbol{d}} = [d_1 \quad d_2 \quad \cdots d_n]^{\mathrm{T}}$$

$$\underset{n\times t}{\boldsymbol{B}} = \begin{bmatrix} b_{11} & b_{12} & \cdots & b_{1t} \\ b_{21} & b_{22} & \cdots & b_{2t} \\ \vdots & \vdots & & \vdots \\ b_{n1} & b_{n2} & \cdots & b_{nt} \end{bmatrix}$$

则平差值方程的矩阵形式为

$$\boldsymbol{L} + \boldsymbol{V} = \boldsymbol{B}\hat{\boldsymbol{X}} + \boldsymbol{d} \tag{3-3}$$

将 $\hat{\boldsymbol{X}} = \boldsymbol{X}^0 + \hat{\boldsymbol{x}}$ 代入，并令

$$\boldsymbol{l} = \boldsymbol{L} - (\boldsymbol{B}\boldsymbol{X}^0 + \boldsymbol{d}) \tag{3-4}$$

得误差方程式为

$$\boldsymbol{V} = \boldsymbol{B}\hat{\boldsymbol{x}} - \boldsymbol{l} \tag{3-5}$$

按最小二乘原理，式(3-5)的 $\hat{\boldsymbol{x}}$ 必须满足 $\boldsymbol{V}^{\mathrm{T}}\boldsymbol{P}\boldsymbol{V} = \min$ 的要求，因为 t 个参数为独立量，故可按数学上求函数自由极值的方法，得

$$\frac{\partial \boldsymbol{V}^{\mathrm{T}}\boldsymbol{P}\boldsymbol{V}}{\partial \hat{\boldsymbol{x}}} = 2\boldsymbol{V}^{\mathrm{T}}\boldsymbol{P}\frac{\partial \boldsymbol{V}}{\partial \hat{\boldsymbol{x}}} = 2\boldsymbol{V}^{\mathrm{T}}\boldsymbol{P}\boldsymbol{B} = 0$$

转置后得

$$\boldsymbol{B}^{\mathrm{T}}\boldsymbol{P}\boldsymbol{V} = 0 \tag{3-6}$$

以上所得的式(3-5)和式(3-6)中的待求量是 n 个观测值的改正数 $\boldsymbol{V}$ 和 t 个未知参数的改正数 $\hat{\boldsymbol{x}}$，而方程个数也是 $n+t$ 个，有唯一解，称此两式为间接平差的基础方程。

解此基础方程，一般是将式(3-5)代入式(3-6)，先消去 $\boldsymbol{V}$，得

$$\boldsymbol{B}^{\mathrm{T}}\boldsymbol{P}\boldsymbol{B}\hat{\boldsymbol{x}} - \boldsymbol{B}^{\mathrm{T}}\boldsymbol{P}\boldsymbol{l} = 0 \tag{3-7}$$

令

$$\underset{t\times t}{\boldsymbol{N}_{\mathrm{bb}}} = \boldsymbol{B}^{\mathrm{T}}\boldsymbol{P}\boldsymbol{B},\quad \underset{t\times1}{\boldsymbol{W}} = \boldsymbol{B}^{\mathrm{T}}\boldsymbol{P}\boldsymbol{l}$$

上式可简写成

$$\boldsymbol{N}_{\mathrm{bb}}\hat{\boldsymbol{x}} - \boldsymbol{W} = 0 \tag{3-8}$$

式中，系数阵 $\boldsymbol{N}_{\mathrm{bb}}$ 为满秩方阵，即 $R(\boldsymbol{N}_{\mathrm{bb}})=t$，$\hat{\boldsymbol{x}}$ 有唯一解，式(3-8)称为间接平差的法方程。解之，得

$$\hat{\boldsymbol{x}} = \boldsymbol{N}_{\mathrm{bb}}^{-1}\boldsymbol{W} \tag{3-9}$$

或

$$\hat{\boldsymbol{x}} = (\boldsymbol{B}^{\mathrm{T}}\boldsymbol{P}\boldsymbol{B})^{-1}\boldsymbol{B}^{\mathrm{T}}\boldsymbol{P}\boldsymbol{l} \tag{3-10}$$

将求出的 $\hat{\boldsymbol{x}}$ 代入误差方程式(3-5)，即可求得改正数 $\boldsymbol{V}$，从而平差结果为

$$\hat{\boldsymbol{L}} = \boldsymbol{L} + \boldsymbol{V}\,,\quad \hat{\boldsymbol{X}} = \boldsymbol{X}^0 + \hat{\boldsymbol{x}} \tag{3-11}$$

法方程式的纯量形式为

$$\left.\begin{aligned} N_{11}\hat{x}_1 + N_{12}\hat{x}_2 + \cdots + N_{1t}\hat{x}_t - W_1 = 0 \\ N_{21}\hat{x}_1 + N_{22}\hat{x}_2 + \cdots + N_{2t}\hat{x}_t - W_2 = 0 \\ \vdots \\ N_{t1}\hat{x}_1 + N_{t2}\hat{x}_2 + \cdots + N_{tt}\hat{x}_t - W_t = 0 \end{aligned}\right\} \tag{3-12}$$

当 $\boldsymbol{P}$ 为对角阵时，法方程系数和常数项的计算式分别为

$$N_{ij} = \sum_{k=1}^{n} p_k b_{ki} b_{kj} \quad i,j=1,2,\cdots,t \tag{3-13}$$

$$W_i = \sum_{k=1}^{n} p_k b_{ki} l_k \quad i,j=1,2,\cdots,t \tag{3-14}$$

当 $\boldsymbol{P}$ 为非对角阵时，法方程系数和常数项的计算式分别为

$$N_{ij} = \sum_{k=1}^{n}\sum_{m=1}^{n} p_{km} b_{ki} b_{mj} \tag{3-15}$$

$$W_i = \sum_{k=1}^{n}\sum_{m=1}^{n} p_{km} b_{ki} l_m \tag{3-16}$$

3.1.2　间接平差的计算步骤

(1) 根据平差问题的性质，选择 t 个独立量作为参数，并确定观测值的权阵 $\boldsymbol{P}$。

(2) 将每一个观测量的平差值分别表达成所选参数的函数，若函数非线性要将其线性化，列出误差方程式(3-5)。

(3) 由误差方程系数 $\boldsymbol{B}$ 和自由项 $\boldsymbol{l}$ 组成法方程式(3-8)，法方程个数等于参数的个数 t。

(4) 解算法方程，求出参数 $\hat{\boldsymbol{x}}$，计算参数的平差值 $\hat{\boldsymbol{X}} = \boldsymbol{X}^0 + \hat{\boldsymbol{x}}$。

(5) 由误差方程计算 $\boldsymbol{V}$，求出观测量平差值 $\hat{\boldsymbol{L}} = \boldsymbol{L} + \boldsymbol{V}$。

(6) 评定精度。

例 3-2　水准网平差，已知点高程和观测值见第 2 章例 2-2，试按间接平差法求待定点 P_1、P_2 的高程平差值和各段观测高差的平差值。

解　(1) 依题意知，必要观测数 t=2，分别选 P_1、P_2 两点的平差高程作为未知参数

$$\hat{X}_1 = \hat{H}_{P_1}，\hat{X}_2 = \hat{H}_{P_2}$$

给出未知参数的近似值

$$X_1^0 = H_A + h_1 = 144.498$$
$$X_2^0 = H_C - h_4 = 145.851$$

确定观测值的独立权阵为

$$\boldsymbol{P} = \begin{bmatrix} 1 & & & \\ & 1 & & \\ & & 1/2 & \\ & & & 1 \end{bmatrix}$$

(2) 列出每一个观测值的平差值与未知数之间的函数关系式为

$$\hat{h}_1 = \hat{X}_1 - H_A$$
$$\hat{h}_2 = \hat{X}_1 - H_B$$
$$\hat{h}_3 = \hat{X}_2 - \hat{X}_1$$
$$\hat{h}_4 = \hat{X}_2 - H_C$$

将观测值的改正数和未知参数的改正数代入，得

$$h_1 + v_1 = \hat{x}_1 + X_1^0 - H_A$$
$$h_2 + v_2 = \hat{x}_1 + X_1^0 - H_B$$
$$h_3 + v_3 = \hat{x}_2 - \hat{x}_1 + X_2^0 - X_1^0$$
$$h_4 + v_4 = \hat{x}_2 + X_2^0 - H_C$$

移项得

$$v_1 = \hat{x}_1 - (H_A + h_1 - X_1^0)$$
$$v_2 = \hat{x}_1 - (H_B + h_2 - X_1^0)$$
$$v_3 = -\hat{x}_1 + \hat{x}_2 - (X_1^0 + h_3 - X_2^0)$$
$$v_4 = \hat{x}_2 - (H_C + h_4 - X_2^0)$$

代入具体数值，自由项 $\boldsymbol{l}$ 以 mm 为单位，得误差方程式为

$$v_1 = \hat{x}_1 - 0$$
$$v_2 = \hat{x}_1 - 2$$
$$v_3 = -\hat{x}_1 + \hat{x}_2 - (-1)$$
$$v_4 = \hat{x}_2 - 0$$

写成矩阵形式 $\boldsymbol{V} = \boldsymbol{B}\hat{\boldsymbol{x}} - \boldsymbol{l}$，其中

$$\boldsymbol{B} = \begin{bmatrix} 1 & 0 \\ 1 & 0 \\ -1 & 1 \\ 0 & 1 \end{bmatrix} \qquad \boldsymbol{l} = \begin{bmatrix} 0 \\ 2 \\ -1 \\ 0 \end{bmatrix}$$

(3) 组成法方程 $\boldsymbol{B}^{\mathrm{T}}\boldsymbol{P}\boldsymbol{B}\hat{\boldsymbol{x}} - \boldsymbol{B}^{\mathrm{T}}\boldsymbol{P}\boldsymbol{l} = 0$，其中系数矩阵和常数项为

$$\boldsymbol{N}_{bb} = \boldsymbol{B}^{\mathrm{T}}\boldsymbol{P}\boldsymbol{B} = \frac{1}{2}\begin{bmatrix} 5 & -1 \\ -1 & 3 \end{bmatrix} \qquad \boldsymbol{W} = \boldsymbol{B}^{\mathrm{T}}\boldsymbol{P}\boldsymbol{l} = \frac{1}{2}\begin{bmatrix} 5 \\ -1 \end{bmatrix}$$

(4) 解算法方程为

$$\frac{1}{2}\begin{bmatrix} 5 & -1 \\ -1 & 3 \end{bmatrix} \cdot \begin{bmatrix} \hat{x}_1 \\ \hat{x}_2 \end{bmatrix} - \frac{1}{2}\begin{bmatrix} 5 \\ -1 \end{bmatrix} = 0$$

$$\boldsymbol{N}_{bb}^{-1} = \frac{1}{7}\begin{bmatrix} 3 & 1 \\ 1 & 5 \end{bmatrix}$$

未知参数的改正数

$$\hat{\boldsymbol{x}} = \begin{bmatrix} \hat{x}_1 \\ \hat{x}_2 \end{bmatrix} = \begin{bmatrix} 1 \\ 0 \end{bmatrix} \text{(mm)}$$

未知参数的平差值，即待定点的平差高程为

$$\hat{H}_{P_1}=\hat{X}_1=X_1^0+\hat{x}_1=144.499(\mathrm{m})$$

$$\hat{H}_{P_2}=\hat{X}_2=X_2^0+\hat{x}_2=145.851(\mathrm{m})$$

(5) 计算观测值的平差值为

$$\boldsymbol{V}=\boldsymbol{B}\hat{\boldsymbol{x}}-\boldsymbol{l}=\begin{bmatrix}1&0\\1&0\\-1&1\\0&1\end{bmatrix}\begin{bmatrix}1\\0\end{bmatrix}-\begin{bmatrix}0\\2\\-1\\0\end{bmatrix}=\begin{bmatrix}1\\-1\\0\\0\end{bmatrix}(\mathrm{mm})$$

高差平差值为

$$\hat{\boldsymbol{L}}=\boldsymbol{L}+\boldsymbol{V}=\begin{bmatrix}2.499\\1.999\\1.352\\1.851\end{bmatrix}(\mathrm{m})$$

3.2　误差方程式

按间接平差法进行平差计算，第一步就是列出误差方程。为此，要确定平差问题中参数的个数、参数的选择以及误差方程的建立等。

在间接平差中，待定参数的个数必须等于必要观测的个数 t，而且要求这 t 个参数必须是独立的，关于必要观测个数的确定问题，在第 2 章中已有详细论述。

参数的选取应该选刚好 t 个而又函数独立的一组量作为参数，即可以选直接观测量的平差值为参数，也可以选非直接观测量的平差值为参数，或者二者兼而有之。在水准网中，常选取待定点的平差高程作为参数，也可选取点间的平差高差作为参数，但要注意参数的独立性。在平面控制网、GPS 网中，一般选取未知点的二维坐标或三维坐标作为未知参数，也可以选取观测值的平差值作为未知数，同样要注意参数之间的独立性。至于应选择其中哪些量作为参数，则应按实际需要和是否便于计算而定。

3.2.1　水准网误差方程式

在水准网中，若有高程已知的水准点，则 t 等于待定点的个数；若无已知点，则假定其中一点高程已知，以作为全网高程的基准，此时 t 仍等于网中待定点的个数。下面以选取网中待定点的平差高程为未知参数，分析水准网误差方程式的列式方法。

在一个水准网中，j、k 是某一段观测高差的起、终点，且为两个待定高程点，根据水准网推算出两点的近似高程为 X_j^0、X_k^0，从 j 观测至 k 点的观测高差为 h_{jk}，选定两点的平差高程为未知参数 $\hat{X}_j$、$\hat{X}_k$，则观测高差的平差值方程为

$$\hat{h}_{jk}=\hat{X}_k-\hat{X}_j \tag{3-17}$$

$$h_{jk}+v=(X_k^0+\hat{x}_k)-(X_j^0+\hat{x}_j)$$

移项后，得

$$v=\hat{x}_k-\hat{x}_j-l \tag{3-18}$$

式中，$l=h_{jk}+X_j^0-X_k^0$。

若高差的某一端点为已知点，则端点的未知参数改正数为 0。从误差方程式可以看出，系数矩阵 $\boldsymbol{B}$ 的元素只能有 1、-1、0 这 3 个数字的任意两两组合构成。若将起点近似高程加上观测高差称为终点的观测高程，则自由项 l 等于终点的观测高程减去终点的近似高程。

3.2.2 测角网误差方程式

这里讨论测角网中选择待定点的平差坐标为未知参数时，误差方程的线性化问题。先介绍坐标改正数与坐标方位角改正数之间的关系。

在图 3-1 中，j、k 是两个待定点，它们的近似坐标为 X_j^0、Y_j^0、X_k^0、Y_k^0。根据这些近似坐标可以计算 j、k 两点间的近似坐标方位角 α_{jk}^0 和近似边长 S_{jk}^0。设这两点平差坐标的改正数为 $\hat{x}_j$、$\hat{y}_j$、$\hat{x}_k$、$\hat{y}_k$，则有

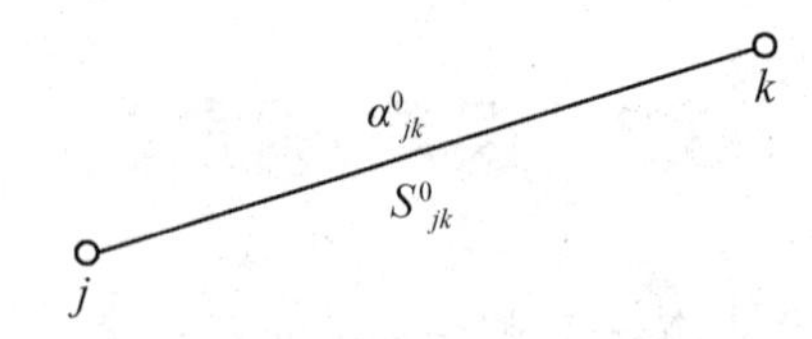

图 3-1　方向观测

$$\hat{X}_j=X_j^0+\hat{x}_j,\quad \hat{Y}_j=Y_j^0+\hat{y}_j$$

$$\hat{X}_k=X_k^0+\hat{x}_k,\quad \hat{Y}_k=Y_k^0+\hat{y}_k$$

设由坐标改正数引起的坐标方位角的改正数为 $\delta\alpha_{jk}$，即

$$\hat{\alpha}_{jk}=\alpha_{jk}^0+\delta\alpha_{jk} \tag{3-19}$$

现求坐标改正数 $\hat{x}_j$、$\hat{y}_j$、$\hat{x}_k$、$\hat{y}_k$ 与坐标方位角改正数 $\delta\alpha_{jk}$ 之间的线性关系。

根据图 3-1 可以写出

$$\hat{\alpha}_{jk}=\arctan\frac{(Y_k^0+\hat{y}_k)-(Y_j^0+\hat{y}_j)}{(X_k^0+\hat{x}_k)-(X_j^0+\hat{x}_j)}$$

将上式右端按泰勒级数展开并取至一阶项，得

$$\hat{\alpha}_{jk}=\arctan\frac{Y_k^0-Y_j^0}{X_k^0-X_j^0}+\left(\frac{\partial\hat{\alpha}_{jk}}{\partial\hat{X}_j}\right)_0\hat{x}_j+\left(\frac{\partial\hat{\alpha}_{jk}}{\partial\hat{Y}_j}\right)_0\hat{y}_j+\left(\frac{\partial\hat{\alpha}_{jk}}{\partial\hat{X}_k}\right)_0\hat{x}_k+\left(\frac{\partial\hat{\alpha}_{jk}}{\partial\hat{Y}_k}\right)_0\hat{y}_k$$

等式中右边第一项就是由近似坐标算得的近似坐标方位角 α_{jk}^0，对照式(3-19)知

$$\delta\alpha_{jk}=\left(\frac{\partial\hat{\alpha}_{jk}}{\partial\hat{X}_j}\right)_0\hat{x}_j+\left(\frac{\partial\hat{\alpha}_{jk}}{\partial\hat{Y}_j}\right)_0\hat{y}_j+\left(\frac{\partial\hat{\alpha}_{jk}}{\partial\hat{X}_k}\right)_0\hat{x}_k+\left(\frac{\partial\hat{\alpha}_{jk}}{\partial\hat{Y}_k}\right)_0\hat{y}_k \tag{3-20}$$

式中

$$\left(\frac{\partial\hat{\alpha}_{jk}}{\partial\hat{X}_j}\right)_0=\frac{\dfrac{Y_k^0-Y_j^0}{(X_k^0-X_j^0)^2}}{1+\left(\dfrac{Y_k^0-Y_j^0}{X_k^0-X_j^0}\right)^2}=\frac{Y_k^0-Y_j^0}{(X_k^0-X_j^0)^2+(Y_k^0-Y_j^0)^2}=\frac{\Delta Y_{jk}^0}{(S_{jk}^0)^2}$$

同理可得

$$\left(\frac{\partial\hat{\alpha}_{jk}}{\partial\hat{Y}_j}\right)_0=-\frac{\Delta X_{jk}^0}{(S_{jk}^0)^2}$$

$$\left(\frac{\partial\hat{\alpha}_{jk}}{\partial\hat{X}_k}\right)_0=-\frac{\Delta Y_{jk}^0}{(S_{jk}^0)^2}$$

$$\left(\frac{\partial\hat{\alpha}_{jk}}{\partial\hat{Y}_k}\right)_0=\frac{\Delta X_{jk}^0}{(S_{jk}^0)^2}$$

将上列结果代入式(3-20)，并顾及全式的单位得

$$\delta\alpha_{jk}''=\frac{\rho''\Delta Y_{jk}^0}{(S_{jk}^0)^2}\hat{x}_j-\frac{\rho''\Delta X_{jk}^0}{(S_{jk}^0)^2}\hat{y}_j-\frac{\rho''\Delta Y_{jk}^0}{(S_{jk}^0)^2}\hat{x}_k+\frac{\rho''\Delta X_{jk}^0}{(S_{jk}^0)^2}\hat{y}_k \tag{3-21}$$

或写成

$$\delta\alpha_{jk}''=\frac{\rho''\sin\alpha_{jk}^0}{S_{jk}^0}\hat{x}_j-\frac{\rho''\cos\alpha_{jk}^0}{S_{jk}^0}\hat{y}_j-\frac{\rho''\sin\alpha_{jk}^0}{S_{jk}^0}\hat{x}_k+\frac{\rho''\cos\alpha_{jk}^0}{S_{jk}^0}\hat{y}_k \tag{3-22}$$

以上两式就是坐标改正数与坐标方位角改正数间的一般关系式，称为坐标方位角改正数方程。其中 $\delta\alpha$ 以″为单位。平差计算时，可按不同的情况灵活应用上式。例如：

(1) 若某边的两端均为待定点，则坐标改正数与坐标方位角改正数间的关系式就是式(3-21)或式(3-22)。此时，$\hat{x}_j$ 与 $\hat{x}_k$ 前的系数绝对值相等；$\hat{y}_j$ 与 $\hat{y}_k$ 前的系数绝对值也相等。

(2) 若测站点 j 为已知点，则 $\hat{x}_j=\hat{y}_j=0$，得

$$\delta\alpha_{jk}''=-\frac{\rho''\Delta Y_{jk}^0}{(S_{jk}^0)^2}\hat{x}_k+\frac{\rho''\Delta X_{jk}^0}{(S_{jk}^0)^2}\hat{y}_k \tag{3-23}$$

若照准点 k 为已知点，则 $\hat{x}_k=\hat{y}_k=0$，得

$$\delta\alpha_{jk}''=+\frac{\rho''\Delta Y_{jk}^0}{(S_{jk}^0)^2}\hat{x}_j-\frac{\rho''\Delta X_{jk}^0}{(S_{jk}^0)^2}\hat{y}_j \tag{3-24}$$

(3) 若某边的两个端点均为已知点，则 $\hat{x}_j=\hat{y}_j=\hat{x}_k=\hat{y}_k=0$，得 $\delta\alpha_{jk}''=0$。

(4) 同一条边的正反坐标方位角的改正数相等，它们与坐标改正数的关系式也一样，这是因为

$$\delta\alpha_{kj}''=+\frac{\rho''\Delta Y_{kj}^0}{(S_{jk}^0)^2}\hat{x}_k-\frac{\rho''\Delta X_{kj}^0}{(S_{jk}^0)^2}\hat{y}_k-\frac{\rho''\Delta Y_{kj}^0}{(S_{jk}^0)^2}\hat{x}_j+\frac{\rho''\Delta X_{kj}^0}{(S_{jk}^0)^2}\hat{y}_j$$

对照式(3-21)，顾及 $\Delta Y_{jk}^0=-\Delta Y_{kj}^0$，$\Delta X_{jk}^0=-\Delta X_{kj}^0$，得 $\delta\alpha_{jk}''=\delta\alpha_{kj}''$。据此，实际计算时，只要对每条待定边计算一个坐标方位角改正数方程即可。

对于角度观测值 L_i(图 3-2)来说，其观测方程为

$$L_i + v_i = \hat{\alpha}_{jk} - \hat{\alpha}_{jh} \tag{3-25}$$

将 $\hat{\alpha} = \alpha^0 + \delta\alpha$ 代入，并令

$$l_i = L_i - (\alpha_{jk}^0 - \alpha_{jh}^0) = L_i - L_i^0 \tag{3-26}$$

可得

$$v_i = \delta\alpha_{jk} - \delta\alpha_{jh} - l_i \tag{3-27}$$

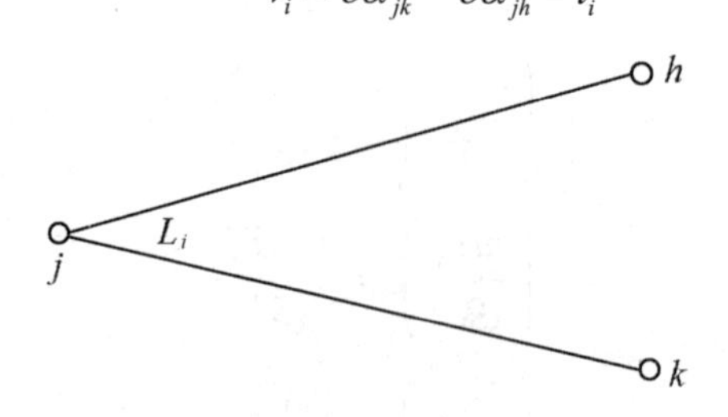

图 3-2　角度观测

根据这个角的 3 个端点具体情况灵活运用式(3-21)，并代入式(3-27)，即得线性化后的角度误差方程式。例如，j、h、k 点都是未知点时，式(3-27)为

$$v_i = \frac{\rho''\Delta Y_{jk}^0}{(S_{jk}^0)^2}\hat{x}_j - \frac{\rho''\Delta X_{jk}^0}{(S_{jk}^0)^2}\hat{y}_j - \frac{\rho''\Delta Y_{jk}^0}{(S_{jk}^0)^2}\hat{x}_k + \frac{\rho''\Delta X_{jk}^0}{(S_{jk}^0)^2}\hat{y}_k - \left\{\frac{\rho''\Delta Y_{jh}^0}{(S_{jh}^0)^2}\hat{x}_j - \frac{\rho''\Delta X_{jh}^0}{(S_{jh}^0)^2}\hat{y}_j - \frac{\rho''\Delta Y_{jh}^0}{(S_{jh}^0)^2}\hat{x}_h + \frac{\rho''\Delta X_{jh}^0}{(S_{jh}^0)^2}\hat{y}_h\right\} - l_i$$

合并同类项最后可得

$$\begin{aligned} v_i = {} & \rho''\left(\frac{\Delta Y_{jk}^0}{(S_{jk}^0)^2} - \frac{\Delta Y_{jh}^0}{(S_{jh}^0)^2}\right)\hat{x}_j - \rho''\left(\frac{\Delta X_{jk}^0}{(S_{jk}^0)^2} - \frac{\Delta X_{jh}^0}{(S_{jh}^0)^2}\right)\hat{y}_j - \\ & \rho''\frac{\Delta Y_{jk}^0}{(S_{jk}^0)^2}\hat{x}_k + \rho''\frac{\Delta X_{jk}^0}{(S_{jk}^0)^2}\hat{y}_k + \rho''\frac{\Delta Y_{jh}^0}{(S_{jh}^0)^2}\hat{x}_h - \rho''\frac{\Delta X_{jh}^0}{(S_{jh}^0)^2}\hat{y}_h - l_i \end{aligned} \tag{3-28}$$

式(3-28)即为线性化后的角度观测值的误差方程式。

综上所述，对于角度观测的三角网，采用间接平差，选择待定点的平差坐标为未知参数时，列误差方程的步骤如下。

(1) 计算各待定点的近似坐标 X^0，Y^0。

(2) 由待定点的近似坐标和已知点的坐标计算各待定边的近似坐标方位角 α^0 和近似边长 S^0。

(3) 列出各待定边的坐标方位角改正数方程，并计算其系数。

(4) 按照式(3-28)、式(3-26)列出角度误差方程。

3.2.3　测边网误差方程式

现在讨论在测边网平差中，选择待定点的平差坐标为未知参数时，误差方程的线性化问题。

在图 3-3 中，测得待定点间的边长 L_i，选定待定点的坐标平差值($\hat{X}_j$，$\hat{Y}_j$)、($\hat{X}_k$，$\hat{Y}_k$)为未知参数，令

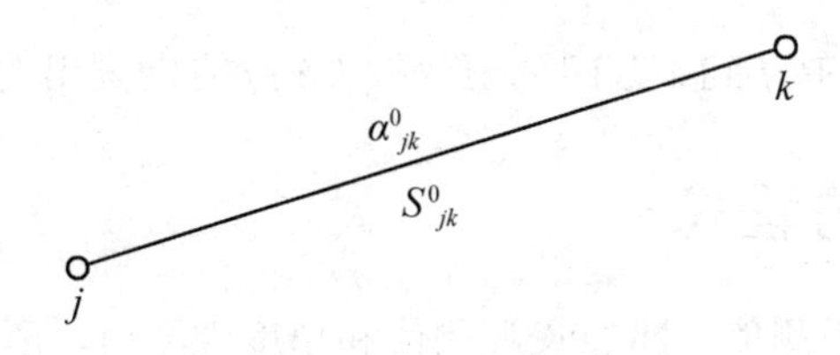

图 3-3　边长观测

$$\hat{X}_j = X_j^0 + \hat{x}_j,\ \ \hat{Y}_j = Y_j^0 + \hat{y}_j$$
$$\hat{X}_k = X_k^0 + \hat{x}_k,\ \ \hat{Y}_k = Y_k^0 + \hat{y}_k$$

由图 3-3 可写出边长平差值方程为

$$\hat{L}_i = L_i + v_i = \sqrt{(\hat{X}_k - \hat{X}_j)^2 + (\hat{Y}_k - \hat{Y}_j)^2}$$

按泰勒级数展开，得

$$L_i + v_i = S_{jk}^0 + \frac{\Delta X_{jk}^0}{S_{jk}^0}(\hat{x}_k - \hat{x}_j) + \frac{\Delta Y_{jk}^0}{S_{jk}^0}(\hat{y}_k - \hat{y}_j) \tag{3-29}$$

式中

$$\Delta X_{jk}^0 = X_k^0 - X_j^0,\ \ \Delta Y_{jk}^0 = Y_k^0 - Y_j^0$$
$$S_{jk}^0 = \sqrt{(X_k^0 - X_j^0)^2 + (Y_k^0 - Y_j^0)^2}$$

令自由项

$$l_i = L_i - S_{jk}^0 \tag{3-30}$$

则由式(3-29)可得边长的误差方程为

$$v_i = -\frac{\Delta X_{jk}^0}{S_{jk}^0}\hat{x}_j - \frac{\Delta Y_{jk}^0}{S_{jk}^0}\hat{y}_j + \frac{\Delta X_{jk}^0}{S_{jk}^0}\hat{x}_k + \frac{\Delta Y_{jk}^0}{S_{jk}^0}\hat{y}_k - l_i \tag{3-31}$$

或写成

$$v_i = -\cos\alpha_{jk}^0\hat{x}_j - \sin\alpha_{jk}^0\hat{y}_j + \cos\alpha_{jk}^0\hat{x}_k + \sin\alpha_{jk}^0\hat{y}_k - l_i \tag{3-32}$$

式(3-31)或式(3-32)等号右边前 4 项之和是由坐标改正数引起的边长改正数。式(3-31)或式(3-32)就是测边网坐标平差时误差方程式的一般形式，它是在假设两端点都是待定点的情况下导出的。具体计算时，可按不同情况灵活运用。

(1) 若某边的两端点均为待定点，则式(3-31)就是该观测边的误差方程。式中，$\hat{x}_j$ 与 $\hat{x}_k$ 的系数的绝对值相等，$\hat{y}_j$ 与 $\hat{y}_k$ 的系数的绝对值也相等。常数项等于该边的观测值减去其近似值。

(2) 若 j 为已知点，则 $\hat{x}_j = \hat{y}_j = 0$，得

$$v_i = \frac{\Delta X_{jk}^0}{S_{jk}^0}\hat{x}_k + \frac{\Delta Y_{jk}^0}{S_{jk}^0}\hat{y}_k - l_i \tag{3-33}$$

若 k 为已知点，则 $\hat{x}_k = \hat{y}_k = 0$，得

$$v_i = -\frac{\Delta X_{jk}^0}{S_{jk}^0}\hat{x}_j - \frac{\Delta Y_{jk}^0}{S_{jk}^0}\hat{y}_j - l_i \tag{3-34}$$

若 j、k 均为已知点，则该边为固定边(不观测)，故对该边不需要列误差方程。

(3) 某边的误差方程，按 j 到 k 方向列出或按 k 到 j 方向列出的结果相同。

3.2.4 导线网误差方程式

在导线网中，有两类观测值，即边长观测值和角度观测值，所以导线网也是一种边角同测网。导线网中角度观测值的误差方程，其组成与测角网坐标平差的误差方程相同，边长观测的误差方程，其组成与测边网坐标平差的误差方程相同，因此导线网中观测值的误差方程列式与上述测角、测边网相同。

由于在导线网中有边、角两类观测值，所以，确定两类观测值的权是平差中的重要环节。设先验单位权方差为 σ_0^2，测角中误差为 σ_{β_i}，测边中误差为 σ_{S_i}，则定权公式为

$$p_{\beta_i}=\frac{\sigma_0^2}{\sigma_{\beta_i}^2},\quad p_{S_i}=\frac{\sigma_0^2}{\sigma_{S_i}^2} \tag{3-35}$$

当角度为等精度观测时，$\sigma_{\beta_1}=\sigma_{\beta_2}=\cdots=\sigma_{\beta_n}=\sigma_\beta$。定权时一般令 $\sigma_0^2=\sigma_\beta^2$，即以测角中误差为导线网平差中的先验单位权中误差，由此即得

$$p_{\beta_i}=\frac{\sigma_\beta^2}{\sigma_\beta^2}=1,\quad p_{S_i}=\frac{\sigma_\beta^2}{\sigma_{S_i}^2} \tag{3-36}$$

为了确定边、角观测的权，必须已知 σ_β^2 和 $\sigma_{S_i}^2$，一般平差前是无法精确知道的，所以采用按经验定权的方法，即 σ_β^2 和 $\sigma_{S_i}^2$ 采用厂方给定的测角、测距仪器的标称精度或者是经验数据。

在边角同测网中，权比是有单位的，如式(3-36)中 $p_{\beta_i}=1$，其单位无量纲，而边长的权，其单位为″²/cm²。在这种情况下，角度的改正数 v_{β_i} 要取″为单位，而边长改正数 v_{S_i} 则要取 cm 为单位，这样 $p_{\beta_i}v_{\beta_i}^2$ 与 $p_{S_i}v_{S_i}^2$ 单位才能一致。这一点在不同类型观测联合平差时应予以注意。

3.2.5 GNSS 网误差方程式

在 GPS 测量时，可以得到两点之间的基线向量观测值，它是在 WGS-84 坐标系下的三维坐标差(ΔX_{ij}，ΔY_{ij}，ΔZ_{ij})，用这些基线向量构成的网称为 GPS 网，平差该网时一般采用间接平差。

设 GPS 网中某一基线向量观测值为(ΔX_{ij}，ΔY_{ij}，ΔZ_{ij})，平差时选 GPS 网中各待定点的空间直角坐标平差值 $(\hat{X}_i,\ \hat{Y}_i,\ \hat{Z}_i)$ 为参数，并取相应的近似值 $(X_i^0,\ Y_i^0,\ Z_i^0)$，则有

$$\begin{bmatrix}\hat{X}_i\\ \hat{Y}_i\\ \hat{Z}_i\end{bmatrix}=\begin{bmatrix}X_i^0\\ Y_i^0\\ Z_i^0\end{bmatrix}+\begin{bmatrix}\hat{x}_i\\ \hat{y}_i\\ \hat{z}_i\end{bmatrix} \tag{3-37}$$

按照间接平差列出误差方程的方法，每个基线向量可以列出 3 个误差方程，有

$$\begin{bmatrix}\Delta X_{ij}\\ \Delta Y_{ij}\\ \Delta Z_{ij}\end{bmatrix}+\begin{bmatrix}V_{X_{ij}}\\ V_{Y_{ij}}\\ V_{Z_{ij}}\end{bmatrix}=\begin{bmatrix}\hat{X}_j\\ \hat{Y}_j\\ \hat{Z}_j\end{bmatrix}-\begin{bmatrix}\hat{X}_i\\ \hat{Y}_i\\ \hat{Z}_i\end{bmatrix} \tag{3-38}$$

顾及式(3-37)，基线向量的误差方程为

$$\begin{bmatrix} V_{X_{ij}} \\ V_{Y_{ij}} \\ V_{Z_{ij}} \end{bmatrix} = \begin{bmatrix} \hat{x}_j \\ \hat{y}_j \\ \hat{z}_j \end{bmatrix} - \begin{bmatrix} \hat{x}_i \\ \hat{y}_i \\ \hat{z}_i \end{bmatrix} - \begin{bmatrix} \Delta X_{ij} - (X_j^0 - X_i^0) \\ \Delta Y_{ij} - (Y_j^0 - Y_i^0) \\ \Delta Z_{ij} - (Z_j^0 - Z_i^0) \end{bmatrix} \tag{3-39}$$

或

$$\begin{bmatrix} V_{X_{ij}} \\ V_{Y_{ij}} \\ V_{Z_{ij}} \end{bmatrix} = \begin{bmatrix} \hat{x}_j \\ \hat{y}_j \\ \hat{z}_j \end{bmatrix} - \begin{bmatrix} \hat{x}_i \\ \hat{y}_i \\ \hat{z}_i \end{bmatrix} - \begin{bmatrix} \Delta X_{ij} - \Delta X_{ij}^0 \\ \Delta Y_{ij} - \Delta Y_{ij}^0 \\ \Delta Z_{ij} - \Delta Z_{ij}^0 \end{bmatrix} \tag{3-40}$$

令

$$\underset{3\times1}{\boldsymbol{V}} = \begin{bmatrix} V_{X_{ij}} \\ V_{Y_{ij}} \\ V_{Z_{ij}} \end{bmatrix}, \quad \underset{3\times1}{\hat{\boldsymbol{x}}_j} = \begin{bmatrix} \hat{x}_j \\ \hat{y}_j \\ \hat{z}_j \end{bmatrix}, \quad \underset{3\times1}{\hat{\boldsymbol{x}}_i} = \begin{bmatrix} \hat{x}_i \\ \hat{y}_i \\ \hat{z}_i \end{bmatrix}, \quad \underset{3\times1}{\Delta \boldsymbol{X}_{ij}} = \begin{bmatrix} \Delta X_{ij} \\ \Delta Y_{ij} \\ \Delta Z_{ij} \end{bmatrix}, \quad \underset{3\times1}{\Delta \boldsymbol{X}_{ij}^0} = \begin{bmatrix} \Delta X_{ij}^0 \\ \Delta Y_{ij}^0 \\ \Delta Z_{ij}^0 \end{bmatrix}$$

则编号为 K 的基线向量的误差方程为

$$\underset{3\times1}{\boldsymbol{V}_K} = \underset{3\times1}{\hat{\boldsymbol{x}}_j} - \underset{3\times1}{\hat{\boldsymbol{x}}_i} - \underset{3\times1}{\boldsymbol{l}_K} \tag{3-41}$$

式中

$$\underset{3\times1}{\boldsymbol{l}_K} = \underset{3\times1}{\Delta \boldsymbol{X}_{ij}} - \underset{3\times1}{\Delta \boldsymbol{X}_{ij}^0} \tag{3-42}$$

当网中有 m 个待定点、n 条基线向量时，则整个 GPS 网的误差方程为

$$\underset{3n\times1}{\boldsymbol{V}} = \underset{3n\times3m}{\boldsymbol{B}} \underset{3m\times1}{\hat{\boldsymbol{x}}} - \underset{3n\times1}{\boldsymbol{l}} \tag{3-43}$$

关于观测值随机模型的确定，一般形式仍然为

$$\boldsymbol{D} = \sigma_0^2 \boldsymbol{Q} = \sigma_0^2 \boldsymbol{P}^{-1} \tag{3-44}$$

用两台 GPS 接收机在一个时段内只能得到一条观测基线向量(ΔX_{ij}，ΔY_{ij}，ΔZ_{ij})，它们的协方差阵直接由软件给出，设为

$$\boldsymbol{D}_{ij} = \begin{pmatrix} \sigma_{\Delta X_{ij}}^2 & \sigma_{\Delta X_{ij}\Delta Y_{ij}} & \sigma_{\Delta X_{ij}\Delta Z_{ij}} \\ \text{对} & \sigma_{\Delta Y_{ij}}^2 & \sigma_{\Delta Y_{ij}\Delta Z_{ij}} \\ & \text{称} & \sigma_{\Delta Z_{ij}}^2 \end{pmatrix} \tag{3-45}$$

不同基线向量之间认为是独立的，因此，对整个 GPS 网而言，式(3-44)中的 $\boldsymbol{D}$ 是块对角阵，即

$$\boldsymbol{D} = \begin{pmatrix} \underset{3\times3}{\boldsymbol{D}_1} & 0 & \cdots & 0 \\ 0 & \underset{3\times3}{\boldsymbol{D}_2} & \cdots & 0 \\ \vdots & \vdots & & \vdots \\ 0 & 0 & \cdots & \underset{3\times3}{\boldsymbol{D}_g} \end{pmatrix} \tag{3-46}$$

矩阵中各个 $\boldsymbol{D}$ 的下角编号 $1,2,\cdots,g$ 为各观测基线向量号，对应式(3-45)中的 $\boldsymbol{D}_{ij}$。

对于多台 GPS 接收机测量的随机模型的组成，其原理同上，全网的 $\boldsymbol{D}$ 也是一个块对角

阵，只是对角块阵是多个同步基线向量的协方差阵。

根据式(3-44)可得观测基线向量的权阵为

$$\boldsymbol{P}=\sigma_0^2\boldsymbol{D}^{-1} \tag{3-47}$$

式中σ_0^2可任意选取。

3.3 精 度 评 定

间接平差与条件平差虽采用了不同的函数模型，但它们是在相同的最小二乘原理下进行的，所以两种方法的平差结果总是相等的，这是因为在满足$\boldsymbol{V}^{\mathrm{T}}\boldsymbol{PV}=\min$条件下的$\boldsymbol{V}$是唯一确定的，故平差值$\hat{\boldsymbol{L}}=\boldsymbol{L}+\boldsymbol{V}$不因方法不同而异。

3.3.1 单位权中误差

单位权方差σ_0^2的估值$\hat{\sigma}_0^2$，计算式仍然是$\boldsymbol{V}^{\mathrm{T}}\boldsymbol{PV}$除以其自由度，即

$$\hat{\sigma}_0^2=\frac{\boldsymbol{V}^{\mathrm{T}}\boldsymbol{PV}}{r}=\frac{\boldsymbol{V}^{\mathrm{T}}\boldsymbol{PV}}{n-t} \tag{3-48}$$

中误差为

$$\hat{\sigma}_0=\sqrt{\frac{\boldsymbol{V}^{\mathrm{T}}\boldsymbol{PV}}{n-t}} \tag{3-49}$$

$\boldsymbol{V}^{\mathrm{T}}\boldsymbol{PV}$的计算除了将$\boldsymbol{V}$代入直接计算外，还可以按式(3-50)计算，即

$$\boldsymbol{V}^{\mathrm{T}}\boldsymbol{PV}=\boldsymbol{l}^{\mathrm{T}}\boldsymbol{Pl}-(\boldsymbol{B}^{\mathrm{T}}\boldsymbol{Pl})^{\mathrm{T}}\hat{\boldsymbol{x}}=\boldsymbol{l}^{\mathrm{T}}\boldsymbol{Pl}-\boldsymbol{W}^{\mathrm{T}}\hat{\boldsymbol{x}} \tag{3-50}$$

公式推导过程为

$$\boldsymbol{V}^{\mathrm{T}}\boldsymbol{PV}=(\boldsymbol{B}\hat{\boldsymbol{x}}-\boldsymbol{l})^{\mathrm{T}}\boldsymbol{PV}=\hat{\boldsymbol{x}}^{\mathrm{T}}\boldsymbol{B}^{\mathrm{T}}\boldsymbol{PV}-\boldsymbol{l}^{\mathrm{T}}\boldsymbol{PV}$$

顾及$\boldsymbol{B}^{\mathrm{T}}\boldsymbol{PV}=0$

$$\boldsymbol{V}^{\mathrm{T}}\boldsymbol{PV}=-\boldsymbol{l}^{\mathrm{T}}\boldsymbol{P}(\boldsymbol{B}\hat{\boldsymbol{x}}-\boldsymbol{l})=\boldsymbol{l}^{\mathrm{T}}\boldsymbol{Pl}-\boldsymbol{l}^{\mathrm{T}}\boldsymbol{PB}\hat{\boldsymbol{x}}$$

考虑到$\boldsymbol{l}^{\mathrm{T}}\boldsymbol{PB}=(\boldsymbol{B}^{\mathrm{T}}\boldsymbol{Pl})^{\mathrm{T}}$，得

$$\boldsymbol{V}^{\mathrm{T}}\boldsymbol{PV}=\boldsymbol{l}^{\mathrm{T}}\boldsymbol{Pl}-(\boldsymbol{B}^{\mathrm{T}}\boldsymbol{Pl})^{\mathrm{T}}\hat{\boldsymbol{x}}=\boldsymbol{l}^{\mathrm{T}}\boldsymbol{Pl}-\boldsymbol{W}^{\mathrm{T}}\hat{\boldsymbol{x}}$$

3.3.2 协因数阵

在间接平差中，基本向量为$\boldsymbol{L}(\boldsymbol{l})$、$\hat{\boldsymbol{X}}$、$\boldsymbol{V}$和$\hat{\boldsymbol{L}}$。已知$\boldsymbol{Q}_{LL}=\boldsymbol{Q}$，根据前面的定义和有关说明知，$\hat{\boldsymbol{X}}=\boldsymbol{X}^0+\hat{\boldsymbol{x}}$，$\boldsymbol{l}=\boldsymbol{L}-(\boldsymbol{BX}^0+\boldsymbol{d})$，故$\boldsymbol{Q}_{\hat{X}\hat{X}}=\boldsymbol{Q}_{\hat{x}\hat{x}}$，$\boldsymbol{Q}_{ll}=\boldsymbol{Q}_{LL}$。

设$\boldsymbol{Z}=\begin{pmatrix}\boldsymbol{L} & \hat{\boldsymbol{X}} & \boldsymbol{V} & \hat{\boldsymbol{L}}\end{pmatrix}^{\mathrm{T}}$，则$\boldsymbol{Z}$的协因数阵为

$$\boldsymbol{Q}_{ZZ}=\begin{bmatrix}\boldsymbol{Q}_{LL} & \boldsymbol{Q}_{L\hat{X}} & \boldsymbol{Q}_{LV} & \boldsymbol{Q}_{L\hat{L}}\\ \boldsymbol{Q}_{\hat{X}L} & \boldsymbol{Q}_{\hat{X}\hat{X}} & \boldsymbol{Q}_{\hat{X}V} & \boldsymbol{Q}_{\hat{X}\hat{L}}\\ \boldsymbol{Q}_{VL} & \boldsymbol{Q}_{V\hat{X}} & \boldsymbol{Q}_{VV} & \boldsymbol{Q}_{V\hat{L}}\\ \boldsymbol{Q}_{\hat{L}L} & \boldsymbol{Q}_{\hat{L}\hat{X}} & \boldsymbol{Q}_{\hat{L}V} & \boldsymbol{Q}_{\hat{L}\hat{L}}\end{bmatrix}$$

式中对角线上的子矩阵，就是各基本向量的自协因数阵，非对角线上的子矩阵为两两向量间的互协因数阵。

现分别推求如下。其基本思想是把各量表达成协因数已知量(观测向量 $\boldsymbol{L}$ 或自由项 $\boldsymbol{l}$)的函数，上述各量的关系式已知为

$$\boldsymbol{L}=\boldsymbol{E}\boldsymbol{L} \tag{3-51}$$

$$\hat{\boldsymbol{x}}=\boldsymbol{N}_{\mathrm{bb}}^{-1}\boldsymbol{B}^{\mathrm{T}}\boldsymbol{P}\boldsymbol{l} \tag{3-52}$$

$$\boldsymbol{V}=\boldsymbol{B}\hat{\boldsymbol{x}}-\boldsymbol{l} \tag{3-53}$$

$$\hat{\boldsymbol{L}}=\boldsymbol{L}+\boldsymbol{V} \tag{3-54}$$

由前 3 个式子，按协因数传播律容易得出

$$\begin{aligned}
&\boldsymbol{Q}_{LL}=\boldsymbol{Q}\\
&\boldsymbol{Q}_{\hat{X}\hat{X}}=\boldsymbol{N}_{\mathrm{bb}}^{-1}\boldsymbol{B}^{\mathrm{T}}\boldsymbol{P}\boldsymbol{Q}\boldsymbol{P}\boldsymbol{B}\boldsymbol{N}_{\mathrm{bb}}^{-1}=\boldsymbol{N}_{\mathrm{bb}}^{-1}\\
&\boldsymbol{Q}_{\hat{X}L}=\boldsymbol{N}_{\mathrm{bb}}^{-1}\boldsymbol{B}^{\mathrm{T}}\boldsymbol{P}\boldsymbol{Q}=\boldsymbol{N}_{\mathrm{bb}}^{-1}\boldsymbol{B}^{\mathrm{T}}=\boldsymbol{Q}_{L\hat{X}}^{\mathrm{T}}\\
&\boldsymbol{Q}_{VL}=\boldsymbol{B}\boldsymbol{Q}_{\hat{X}L}-\boldsymbol{Q}=\boldsymbol{B}\boldsymbol{N}_{\mathrm{bb}}^{-1}\boldsymbol{B}^{\mathrm{T}}-\boldsymbol{Q}=\boldsymbol{Q}_{LV}^{\mathrm{T}}\\
&\boldsymbol{Q}_{V\hat{X}}=\boldsymbol{B}\boldsymbol{Q}_{\hat{X}\hat{X}}-\boldsymbol{Q}_{L\hat{X}}=\boldsymbol{B}\boldsymbol{N}_{\mathrm{bb}}^{-1}-\boldsymbol{B}\boldsymbol{N}_{\mathrm{bb}}^{-1}=\boldsymbol{0}=\boldsymbol{Q}_{\hat{X}V}^{\mathrm{T}}\\
&\boldsymbol{Q}_{VV}=\boldsymbol{B}\boldsymbol{Q}_{\hat{X}\hat{X}}\boldsymbol{B}^{\mathrm{T}}-\boldsymbol{B}\boldsymbol{Q}_{\hat{X}L}-\boldsymbol{Q}_{L\hat{X}}\boldsymbol{B}^{\mathrm{T}}+\boldsymbol{Q}\\
&\quad=\boldsymbol{B}\boldsymbol{N}_{\mathrm{bb}}^{-1}\boldsymbol{B}^{\mathrm{T}}-\boldsymbol{B}\boldsymbol{N}_{\mathrm{bb}}^{-1}\boldsymbol{B}^{\mathrm{T}}-\boldsymbol{B}\boldsymbol{N}_{\mathrm{bb}}^{-1}\boldsymbol{B}^{\mathrm{T}}+\boldsymbol{Q}\\
&\quad=\boldsymbol{Q}-\boldsymbol{B}\boldsymbol{N}_{\mathrm{bb}}^{-1}\boldsymbol{B}^{\mathrm{T}}
\end{aligned}$$

再计算与式(3-54)有关的协因数阵，得

$$\begin{aligned}
&\boldsymbol{Q}_{\hat{L}L}=\boldsymbol{Q}+\boldsymbol{Q}_{VL}=\boldsymbol{B}\boldsymbol{N}_{\mathrm{bb}}^{-1}\boldsymbol{B}^{\mathrm{T}}=\boldsymbol{Q}_{L\hat{L}}^{\mathrm{T}}\\
&\boldsymbol{Q}_{\hat{L}\hat{X}}=\boldsymbol{Q}(\boldsymbol{N}_{\mathrm{bb}}^{-1}\boldsymbol{B}^{\mathrm{T}}\boldsymbol{P})^{\mathrm{T}}+\boldsymbol{Q}_{V\hat{X}}=\boldsymbol{Q}\boldsymbol{P}\boldsymbol{B}\boldsymbol{N}_{\mathrm{bb}}^{-1}+0=\boldsymbol{B}\boldsymbol{N}_{\mathrm{bb}}^{-1}=\boldsymbol{Q}_{\hat{X}\hat{L}}^{\mathrm{T}}\\
&\boldsymbol{Q}_{\hat{L}V}=\boldsymbol{Q}_{LV}+\boldsymbol{Q}_{VV}=0=\boldsymbol{Q}_{V\hat{L}}^{\mathrm{T}}\\
&\boldsymbol{Q}_{\hat{L}\hat{L}}=\boldsymbol{Q}+\boldsymbol{Q}_{LV}+\boldsymbol{Q}_{VL}+\boldsymbol{Q}_{VV}=\boldsymbol{B}\boldsymbol{N}_{\mathrm{bb}}^{-1}\boldsymbol{B}^{\mathrm{T}}
\end{aligned}$$

将以上导得的全部协因数阵列于表 3-1 中，以供查阅。

表 3-1　间接平差协因数阵

	L	$\hat{X}$	V	$\hat{L}$
L	$\boldsymbol{Q}$	$\boldsymbol{B}\boldsymbol{N}_{\mathrm{bb}}^{-1}$	$\boldsymbol{B}\boldsymbol{N}_{\mathrm{bb}}^{-1}\boldsymbol{B}^{\mathrm{T}}-\boldsymbol{Q}$	$\boldsymbol{B}\boldsymbol{N}_{\mathrm{bb}}^{-1}\boldsymbol{B}^{\mathrm{T}}$
$\hat{X}$	$\boldsymbol{N}_{\mathrm{bb}}^{-1}\boldsymbol{B}^{\mathrm{T}}$	$\boldsymbol{N}_{\mathrm{bb}}^{-1}$	0	$\boldsymbol{N}_{\mathrm{bb}}^{-1}\boldsymbol{B}^{\mathrm{T}}$
V	$\boldsymbol{B}\boldsymbol{N}_{\mathrm{bb}}^{-1}\boldsymbol{B}^{\mathrm{T}}-\boldsymbol{Q}$	0	$\boldsymbol{Q}-\boldsymbol{B}\boldsymbol{N}_{\mathrm{bb}}^{-1}\boldsymbol{B}^{\mathrm{T}}$	0
$\hat{L}$	$\boldsymbol{B}\boldsymbol{N}_{\mathrm{bb}}^{-1}\boldsymbol{B}^{\mathrm{T}}$	$\boldsymbol{B}\boldsymbol{N}_{\mathrm{bb}}^{-1}$	0	$\boldsymbol{B}\boldsymbol{N}_{\mathrm{bb}}^{-1}\boldsymbol{B}^{\mathrm{T}}$

由表 3-1 可知，平差值 $\hat{\boldsymbol{X}}$、$\hat{\boldsymbol{L}}$ 与改正数 $\boldsymbol{V}$ 的互协因数阵为零，说明 $\hat{\boldsymbol{L}}$ 与 $\boldsymbol{V}$、$\hat{\boldsymbol{X}}$ 与 $\boldsymbol{V}$ 统计不相关，这是一个很重要的结果。

3.3.3　参数与参数函数的中误差

由前面的讨论知，未知参数的协因数阵为

$$
\boldsymbol{Q}_{\hat{X}\hat{X}} = \boldsymbol{N}_{\mathrm{bb}}^{-1} = \begin{bmatrix} Q_{\hat{X}_1\hat{X}_1} & Q_{\hat{X}_1\hat{X}_2} & \cdots & Q_{\hat{X}_1\hat{X}_t} \\ \text{对} & Q_{\hat{X}_2\hat{X}_2} & \cdots & Q_{\hat{X}_2\hat{X}_t} \\ \vdots & \vdots & & \vdots \\ & \text{称} & & Q_{\hat{X}_t\hat{X}_t} \end{bmatrix} \tag{3-55}
$$

其中对角线元素 $Q_{\hat{X}_i\hat{X}_i}$ 是未知参数 $\hat{X}_i$ 的自协因数，故参数 $\hat{X}_i$ 的中误差为

$$
\sigma_{\hat{X}_i} = \sigma_0 \sqrt{Q_{\hat{X}_i\hat{X}_i}} \quad i=1,2,\cdots,t \tag{3-56}
$$

在间接平差中，解算法方程后首先求得的是 t 个未知参数。有了这些参数，便可根据它们来计算该平差问题中任意量的平差值(最或然值)。因为网中任何一个量的平差值都可以表达为所选未知参数的函数。下面从一般情况来讨论如何求参数函数的中误差的问题。

设间接平差问题中参数的函数为

$$
\hat{\varphi} = \Phi(\hat{X}_1, \hat{X}_2, \cdots, \hat{X}_t) \tag{3-57}
$$

顾及 $\hat{X}_i = X_i^0 + \hat{x}_i\,(i=1,2,\cdots,t)$代入式(3-57)后，全微分得

$$
\delta\hat{\varphi} = \left(\frac{\partial \Phi}{\partial \hat{X}_1}\right)_0 \hat{x}_1 + \left(\frac{\partial \Phi}{\partial \hat{X}_2}\right)_0 \hat{x}_2 + \cdots + \left(\frac{\partial \Phi}{\partial \hat{X}_t}\right)_0 \hat{x}_t
$$

令 $f_i = \left(\dfrac{\partial \Phi}{\partial \hat{X}_i}\right)_0$，由此，上式可以写成

$$
\delta\hat{\varphi} = f_1\hat{x}_1 + f_2\hat{x}_2 + \cdots + f_t\hat{x}_t \tag{3-58}
$$

通常把式(3-58)称为参数函数的权函数式，简称权函数式。

令 $\boldsymbol{F} = \left[f_1\, f_2 \cdots f_t\right]^{\mathrm{T}}$，则式(3-58)为

$$
\delta\hat{\varphi} = \boldsymbol{F}^{\mathrm{T}} \hat{\boldsymbol{x}} \tag{3-59}
$$

根据协因数传播律，函数 $\hat{\varphi}$ 的协因数为

$$
Q_{\hat{\varphi}\hat{\varphi}} = \boldsymbol{F}^{\mathrm{T}} Q_{\hat{X}\hat{X}} \boldsymbol{F} = \boldsymbol{F}^{\mathrm{T}} N_{\mathrm{bb}}^{-1} \boldsymbol{F} \tag{3-60}
$$

函数 $\hat{\varphi}$ 的中误差为

$$
\sigma_{\hat{\varphi}} = \sigma_0 \sqrt{Q_{\hat{\varphi}\hat{\varphi}}} \tag{3-61}
$$

例 3-3 在图 3-4 中，A、B 为已知水准点，高程无误差，各高差测段的路线长度为：S_1=1，S_2=2，S_3=2，S_4=1，单位 km。观测高差互相独立。试求：待定点 P_1、P_2 平差高程的协因数。

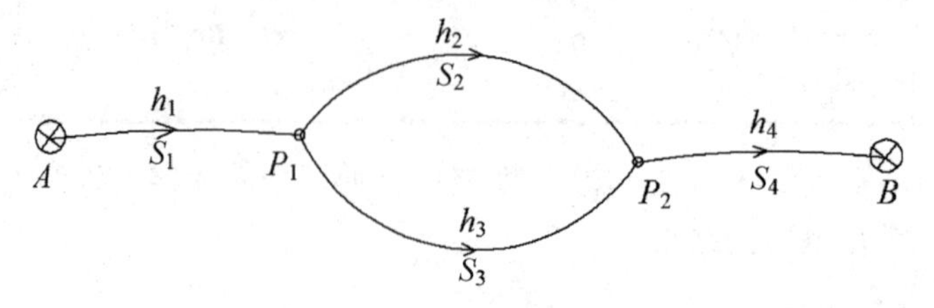

图 3-4　水准网

解　t=2，按间接平差法，选择 P_1、P_2 两点的平差高程为未知参数

$$
\hat{X}_1 = \hat{H}_{P_1} \quad \hat{X}_2 = \hat{H}_{P_2}
$$

根据水准路线定权方法 $P_i=\frac{C}{S_i}$，令 C=2，即以 2km 观测高差为单位权观测值，$P_i=\frac{2}{S_i}$，可得

$$P_1=2,\ P_2=1,\ P_3=1,\ P_4=2$$

观测高差互相独立，构成观测值的独立权阵为

$$\boldsymbol{P}=\begin{bmatrix} P_1 & & & \\ & P_2 & & \\ & & P_3 & \\ & & & P_4 \end{bmatrix}=\begin{bmatrix} 2 & & & \\ & 1 & & \\ & & 1 & \\ & & & 2 \end{bmatrix}$$

组成误差方程式

$$v_1=\hat{x}_1-l_1$$
$$v_2=-\hat{x}_1+\hat{x}_2-l_2$$
$$v_3=-\hat{x}_1+\hat{x}_2-l_3$$
$$v_4=-\hat{x}_2-l_4$$

其中系数矩阵 $\boldsymbol{B}$(也称为网型设计矩阵)为

$$\boldsymbol{B}=\begin{bmatrix} 1 & 0 \\ -1 & 1 \\ -1 & 1 \\ 0 & -1 \end{bmatrix}$$

组成法方程系数矩阵为

$$\boldsymbol{N}_{\mathrm{bb}}=\boldsymbol{B}^{\mathrm{T}}\boldsymbol{P}\boldsymbol{B}=\begin{bmatrix} 4 & -2 \\ -2 & 4 \end{bmatrix}$$

则未知参数的协因数阵为

$$\boldsymbol{Q}_{\hat{X}\hat{X}}=\boldsymbol{N}_{\mathrm{bb}}^{-1}=\frac{1}{12}\begin{bmatrix} 4 & 2 \\ 2 & 4 \end{bmatrix}=\frac{1}{6}\begin{bmatrix} 2 & 1 \\ 1 & 2 \end{bmatrix}$$

平差后 P_1、P_2 两点高程的协因数分别为

$$Q_{\hat{X}_1\hat{X}_1}=0.33;\quad Q_{\hat{X}_2\hat{X}_2}=0.33$$

$\hat{X}_1$ 与 $\hat{X}_2$ 的互协因数为

$$Q_{\hat{X}_1\hat{X}_2}=0.17$$

3.4　间接平差特例——直接平差

对同一个待定量进行多次独立观测，求该量的平差值并评定精度的平差，称为直接平差。实际上它是间接平差中只有一个未知参数的特殊情况。

3.4.1 平差原理

设对某待定量$\tilde{X}$进行n次不同精度的观测，观测值为$\underset{n,1}{\boldsymbol{L}}$，权阵为$\underset{n,n}{\boldsymbol{P}}$，且它为对角阵，对角线元素分别为$P_1,P_2,\cdots,P_n$，按间接平差选该量的平差值为参数$\hat{X}$，可以列出误差方程为

$$v_i=\hat{X}-L_i \quad i=1,2\cdots,n \tag{3-62}$$

组成法方程为

$$\sum_{i=1}^{n}p_i\hat{X}-\sum_{i=1}^{n}p_iL_i=0 \tag{3-63}$$

解得

$$\hat{X}=\frac{\sum_{i=1}^{n}p_iL_i}{\sum_{i=1}^{n}p_i} \tag{3-64}$$

由此可见，直接平差的结果就是观测值的加权平均值。

为方便计算，通常取参数的近似值X^0，有$\hat{X}=X^0+\hat{x}$，则误差方程为

$$v_i=\hat{x}-l_i \quad i=1,2,\cdots,n \tag{3-65}$$

式中

$$l_i=L_i-X^0$$

组成法方程为

$$\sum_{i=1}^{n}p_i\hat{x}-\sum_{i=1}^{n}p_il_i=0 \tag{3-66}$$

解得

$$\hat{x}=\frac{\sum_{i=1}^{n}p_il_i}{\sum_{i=1}^{n}p_i} \tag{3-67}$$

于是有

$$\hat{X}=X^0+\hat{x}=X^0+\frac{\sum_{i=1}^{n}p_il_i}{\sum_{i=1}^{n}p_i} \tag{3-68}$$

特别地，当各观测值等精度时，取权全为 1，则与式(3-64)、式(3-68)相对应的待定量的平差值为

$$\hat{X}=\frac{\sum_{i=1}^{n}L_i}{n} \tag{3-69}$$

或者

$$\hat{X}=X^0+\hat{x}=X^0+\frac{\sum_{i=1}^{n}l_i}{n} \tag{3-70}$$

式(3-69)说明，当观测值等精度独立时，直接平差的结果就是观测值的算术平均值。

3.4.2　精度评定

单位权中误差

$$\hat{\sigma}_0=\sqrt{\frac{\boldsymbol{V}^{\mathrm{T}}\boldsymbol{P}\boldsymbol{V}}{n-1}} \tag{3-71}$$

参数的协因数

$$Q_{\hat{X}\hat{X}}=N_{\mathrm{bb}}^{-1}=\frac{1}{\sum_{i=1}^{n}p_i} \tag{3-72}$$

参数的权

$$p_{\hat{X}}=\sum_{i=1}^{n}p_i \tag{3-73}$$

由此可见，加权平均值的权为各观测值权之和。

参数的中误差为

$$\sigma_{\hat{X}}=\hat{\sigma}_0\sqrt{Q_{\hat{X}\hat{X}}}=\hat{\sigma}_0\sqrt{\frac{1}{\sum_{i=1}^{n}p_i}} \tag{3-74}$$

特别地，当各观测值等精度时，精度评定公式为

$$\hat{\sigma}_0=\sqrt{\frac{\boldsymbol{V}^{\mathrm{T}}\boldsymbol{V}}{n-1}} \tag{3-75}$$

$$p_{\hat{X}}=n \tag{3-76}$$

$$\sigma_{\hat{X}}=\frac{\hat{\sigma}_0}{\sqrt{n}} \tag{3-77}$$

即当对某量作 n 次同精度观测时，其平差值为观测值的算术平均值，算术平均值的权为单个观测值权的 n 倍。

例 3-4　如图 3-5 所示的水准网中，A、B、C 为已知点，P 为待定高程点，已知 H_A=121.910，H_B=122.870，H_C=26.890，单位为 m。各段观测高差和路线长度为

h_1=3.552m，h_2=2.605m，h_3=1.425 m；S_1=2km，S_2=6km，S_3=3km。

试求：(1) P 点的平差高程；(2) P 点平差高程的中误差。

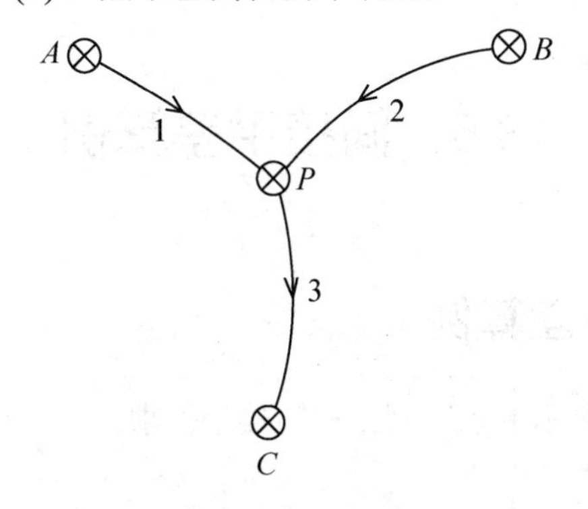

图 3-5　水准网

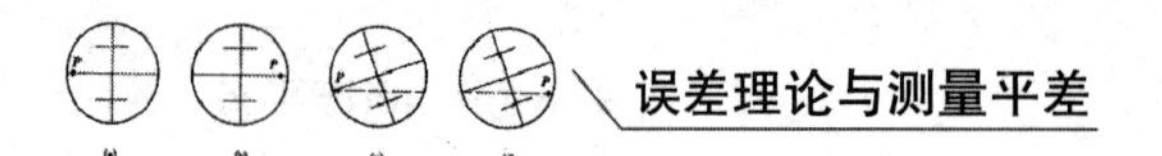

解　选取 P 点平差高程为未知参数，$\hat{X}=\hat{H}_{\mathrm{P}}$，令 $X^0=H_{\mathrm{A}}+h_1=125.462\mathrm{m}$

定权：令 C=1，P=1/S，组成观测值的独立权阵为

$$\boldsymbol{P}=\begin{bmatrix}1/2 & & \\ & 1/6 & \\ & & 1/3\end{bmatrix}$$

列误差方程式

$$\begin{cases}v_1=\hat{x}\\ v_2=\hat{x}-13\\ v_3=\hat{x}-3\end{cases}$$

因为

$$\boldsymbol{B}=\begin{bmatrix}1\\1\\1\end{bmatrix},\quad \boldsymbol{l}=\begin{bmatrix}0\\13\\3\end{bmatrix}(\mathrm{mm})$$

组成并求解法方程为

$$N_{\mathrm{bb}}=\boldsymbol{B}^{\mathrm{T}}\boldsymbol{PB}=[P]=1,\quad W=\boldsymbol{B}^{\mathrm{T}}\boldsymbol{Pl}=[Pl]=19/6$$

$$\hat{x}=3.2\ \mathrm{mm}$$

P 点平差高程为

$$\hat{H}_{\mathrm{P}}=\hat{X}=X^0+\hat{x}=125.4652\ \mathrm{m}$$

观测值的平差值为

$$\boldsymbol{V}=\boldsymbol{B}\hat{\boldsymbol{x}}-\boldsymbol{l}=\begin{bmatrix}3.2 & -9.8 & 0.2\end{bmatrix}^{\mathrm{T}}(\mathrm{mm})$$

$$\hat{\boldsymbol{h}}=\boldsymbol{h}+\boldsymbol{V}=\begin{bmatrix}3.5552 & 2.5952 & 1.4252\end{bmatrix}^{\mathrm{T}}(\mathrm{m})$$

验后单位权中误差为

$$\hat{\sigma}_0=\sqrt{\frac{\boldsymbol{V}^{\mathrm{T}}\boldsymbol{PV}}{n-t}}=\pm\sqrt{\frac{21.14}{2}}=3.25\ \mathrm{mm}$$

P 点平差高程的中误差为

$$Q_{\hat{X}\hat{X}}=N_{\mathrm{bb}}^{-1}=1/[P]=1$$

$$\hat{\sigma}_X=\hat{\sigma}_0\sqrt{Q_{\hat{X}\hat{X}}}=3.25\ \mathrm{mm}$$

3.5　间接平差算例

3.5.1　水准网间接平差算例

例 3-5　第 2 章例 2-3 所示的水准网，按间接平差求：

(1) 待定点 B、C 的高程平差值。

(2) 待定点 B、C 平差高程的中误差。

(3) 各段高差平差值的中误差。

解　(1) n=5，t=2，选待定点 B、C 的高程平差值为未知参数。

$$\hat{X}_1 = \hat{H}_B，\quad \hat{X}_2 = \hat{H}_C$$

给出未知参数的近似值

$$X_1^0 = H_A + h_2 = 11.888\,\text{m}，\quad X_2^0 = H_A + h_1 = 10.967\,\text{m}$$

由于各段高差是等精度独立观测值，$\boldsymbol{P}=\boldsymbol{Q}^{-1}=\boldsymbol{I}$。

列观测值的平差值方程，即

$$\begin{aligned}
\hat{h}_1 &= \hat{X}_2 - H_A \\
\hat{h}_2 &= \hat{X}_1 - H_A \\
\hat{h}_3 &= \hat{X}_2 - H_D \\
\hat{h}_4 &= \hat{X}_1 - H_D \\
\hat{h}_5 &= \hat{X}_1 - \hat{X}_2
\end{aligned}$$

写成误差方程式为

$$\begin{aligned}
v_1 &= \hat{x}_2 - (H_A + h_1 - X_2^0) \\
v_2 &= \hat{x}_1 - (H_A + h_2 - X_1^0) \\
v_3 &= \hat{x}_2 - (H_D + h_3 - X_2^0) \\
v_4 &= \hat{x}_1 - (H_D + h_4 - X_1^0) \\
v_5 &= \hat{x}_1 - \hat{x}_2 - (X_2^0 + h_5 - X_1^0)
\end{aligned}$$

代入具体数值，自由项 $\boldsymbol{l}$ 以 mm 为单位，有

$$\begin{aligned}
v_1 &= \hat{x}_2 - 0 \\
v_2 &= \hat{x}_1 - 0 \\
v_3 &= \hat{x}_2 - (-1) \\
v_4 &= \hat{x}_1 - 8 \\
v_5 &= \hat{x}_1 - \hat{x}_2 - 7
\end{aligned}$$

因为

$$\boldsymbol{B} = \begin{bmatrix} 0 & 1 \\ 1 & 0 \\ 0 & 1 \\ 1 & 0 \\ 1 & -1 \end{bmatrix}，\quad \boldsymbol{l} = \begin{bmatrix} 0 \\ 0 \\ -1 \\ 8 \\ 7 \end{bmatrix}$$

组成并求解法方程为

$$\boldsymbol{N}_{bb} = \boldsymbol{B}^T\boldsymbol{B} = \begin{bmatrix} 3 & -1 \\ -1 & 3 \end{bmatrix}，\quad \boldsymbol{W} = \boldsymbol{B}^T\boldsymbol{l} = \begin{bmatrix} 15 \\ -8 \end{bmatrix}$$

$$\boldsymbol{N}_{bb}^{-1} = \frac{1}{8}\begin{bmatrix} 3 & 1 \\ 1 & 3 \end{bmatrix}，\quad \hat{\boldsymbol{x}} = \boldsymbol{N}_{bb}^{-1}\boldsymbol{W} = \frac{1}{8}\begin{bmatrix} 37 \\ -9 \end{bmatrix} = \begin{bmatrix} 4.6 \\ -1.1 \end{bmatrix}(\text{mm})$$

待定点 B、C 的高程平差值为

B 点：$\hat{H}_B = \hat{X}_1 = X_1^0 + \hat{x}_1 = 11.8926\,\text{m}$

C 点：$\hat{H}_C = \hat{X}_2 = X_2^0 + \hat{x}_2 = 10.9659\,\text{m}$

观测值的平差值为

$$\boldsymbol{V} = \boldsymbol{B}\hat{\boldsymbol{x}} - \boldsymbol{l} = \begin{bmatrix} -1.1 & 4.6 & -0.1 & -3.4 & -1.3 \end{bmatrix}^{\mathrm{T}}\ (\text{mm})$$

$$\hat{L} = L + V = \begin{bmatrix} 2.3579 & 3.2846 & 1.2259 & 2.1526 & 0.9267 \end{bmatrix}^{\mathrm{T}}\ (\text{m})$$

(2) 高程平差值的中误差。

单位权中误差为

$$\hat{\sigma}_0 = \sqrt{\frac{\boldsymbol{V}^{\mathrm{T}}\boldsymbol{P}\boldsymbol{V}}{n-t}} = \sqrt{\frac{35.63}{3}} = 3.4\,\text{mm}$$

未知参数的协因数阵为

$$\boldsymbol{Q}_{\hat{X}\hat{X}} = \boldsymbol{N}_{\mathrm{bb}}^{-1} = \frac{1}{8}\begin{bmatrix} 3 & 1 \\ 1 & 3 \end{bmatrix}$$

待定点 B、C 平差高程的中误差

B 点：$\sigma_{\hat{X}_1} = \hat{\sigma}_0\sqrt{Q_{\hat{X}_1\hat{X}_1}} = 3.4 \times \sqrt{\dfrac{3}{8}} = 2.1\,\text{mm}$

C 点：$\sigma_{\hat{X}_2} = \hat{\sigma}_0\sqrt{Q_{\hat{X}_2\hat{X}_2}} = 3.4 \times \sqrt{\dfrac{3}{8}} = 2.1\,\text{mm}$

(3) 高差平差值的中误差。

平差高差的协因数阵为

$$\boldsymbol{Q}_{\hat{L}\hat{L}} = \boldsymbol{B}\boldsymbol{N}_{\mathrm{bb}}^{-1}\boldsymbol{B}^{\mathrm{T}} = \frac{1}{8}\begin{bmatrix} 3 & 1 & 3 & 1 & -2 \\ 1 & 3 & 1 & 3 & 2 \\ 3 & 1 & 3 & 1 & -2 \\ 1 & 3 & 1 & 3 & 2 \\ -2 & 2 & -2 & 2 & 4 \end{bmatrix}$$

由 $\boldsymbol{D}_{\hat{L}\hat{L}} = \hat{\sigma}_0^2\boldsymbol{Q}_{\hat{L}\hat{L}}$，可得 $\sigma_{\hat{h}_i} = \hat{\sigma}_0\sqrt{Q_{\hat{L}_i\hat{L}_i}}$，即

$$\sigma_{\hat{h}_1} = \sigma_{\hat{h}_2} = \sigma_{\hat{h}_3} = \sigma_{\hat{h}_4} = 3.4 \times \sqrt{\frac{3}{8}} = 2.1\,\text{mm}$$

$$\sigma_{\hat{h}_5} = 3.4 \times \sqrt{\frac{4}{8}} = 2.4\,\text{mm}$$

3.5.2 测角网间接平差算例

例 3-6 测角网见第 2 章例 2-4，试按间接平差法，求：(1) 待定点 C、D 的坐标平差值；(2) C、D 点的点位中误差；(3) 角度平差值的中误差；(4) CD 边平差边长的相对中误差。

解 (1) t=4，选取 C、D 两点的平差坐标作为未知参数。

$$\begin{cases} \hat{X}_C = X_C^0 + \hat{x}_C \\ \hat{Y}_C = Y_C^0 + \hat{y}_C \end{cases},\quad \begin{cases} \hat{X}_D = X_D^0 + \hat{x}_D \\ \hat{Y}_D = Y_D^0 + \hat{y}_D \end{cases}$$

令未知参数的改正数向量 $\hat{\boldsymbol{x}} = [\hat{x}_C \quad \hat{y}_C \quad \hat{x}_D \quad \hat{y}_D]^{\mathrm{T}}$。本例计算过程中，角度改正数以″为单位，

长度以 m 为单位。

推算各边的近似边长和近似坐标方位角：

在△*ABC* 和△*BCD* 中，分别由前方交会公式，计算 *C*、*D* 两点的近似坐标如下(计算过程见例 2-4)：

$$X_C^0 = 3213.6719\text{，}\ Y_C^0 = 2631.6089$$

$$X_D^0 = 3228.8958\text{，}\ Y_D^0 = 2520.4530$$

按已知点坐标和未知点的近似坐标推算各边的近似边长和近似坐标方位角，见表 3-2。

表 3-2　近似边长和方位角

方　向	近似边长/m	近似坐标方位角/(°)
CA	118.4833	150.222940
CB	115.9370	217.284137
CD	112.1936	277.475533
DB	114.6632	159.152143

反算已知边 *AB* 的边长和方位角

$$S_{AB}=129.5788\text{m}，\alpha_{AB}=274°\ 51'\ 53.43''$$

列各待定边的坐标方位角改正数方程，其中 $\hat{\alpha} = \alpha^0 + \delta_\alpha$

$$\delta_{\alpha_{CA}} = \delta_{\alpha_{AC}} = \frac{\sin\alpha_{CA}^0}{S_{CA}^0}\cdot\hat{x}_C - \frac{\cos\alpha_{CA}^0}{S_{CA}^0}\cdot\hat{y}_C$$

$$\delta_{\alpha_{CB}} = \delta_{\alpha_{BC}} = \frac{\sin\alpha_{CB}^0}{S_{CB}^0}\cdot\hat{x}_C - \frac{\cos\alpha_{CB}^0}{S_{CB}^0}\cdot\hat{y}_C$$

$$\delta_{\alpha_{CD}} = \delta_{\alpha_{DC}} = \frac{\sin\alpha_{CD}^0}{S_{CD}^0}\cdot\hat{x}_C - \frac{\cos\alpha_{CD}^0}{S_{CD}^0}\cdot\hat{y}_C - \frac{\sin\alpha_{CD}^0}{S_{CD}^0}\cdot\hat{x}_D + \frac{\cos\alpha_{CD}^0}{S_{CD}^0}\cdot\hat{y}_D$$

$$\delta_{\alpha_{DB}} = \delta_{\alpha_{BD}} = \frac{\sin\alpha_{DB}^0}{S_{DB}^0}\cdot\hat{x}_D - \frac{\cos\alpha_{DB}^0}{S_{DB}^0}\cdot\hat{y}_D$$

列各个观测角度的平差值方程为

$$\hat{L}_1 = L_1 + v_1 = \hat{\alpha}_{AC} - \alpha_{AB} = \delta_{\alpha_{AC}} + \alpha_{AC}^0 - \alpha_{AB}$$

$$\hat{L}_2 = L_2 + v_2 = \alpha_{BA} - \hat{\alpha}_{BC} = -\delta_{\alpha_{BC}} + \alpha_{BA} - \alpha_{BC}^0$$

$$\hat{L}_3 = L_3 + v_3 = \hat{\alpha}_{CB} - \hat{\alpha}_{CA} = \delta_{\alpha_{CB}} - \delta_{\alpha_{CA}} + \alpha_{CB}^0 - \alpha_{CA}^0$$

$$\hat{L}_4 = L_4 + v_4 = \hat{\alpha}_{BC} - \hat{\alpha}_{BD} = \delta_{\alpha_{BC}} - \delta_{\alpha_{BD}} + \alpha_{BC}^0 - \alpha_{BD}^0$$

$$\hat{L}_5 = L_5 + v_5 = \hat{\alpha}_{DB} - \hat{\alpha}_{DC} = \delta_{\alpha_{DB}} - \delta_{\alpha_{DC}} + \alpha_{DB}^0 - \alpha_{DC}^0$$

$$\hat{L}_6 = L_6 + v_6 = \hat{\alpha}_{CD} - \hat{\alpha}_{CB} = \delta_{\alpha_{CD}} - \delta_{\alpha_{CB}} + \alpha_{CD}^0 - \alpha_{CB}^0$$

将各个边的坐标方位角改正数方程代入角度平差值方程，写成误差方程的形式，即

$$v_1 = \delta_{\alpha_{AC}} - l_1$$

$$v_2 = -\delta_{\alpha_{BC}} - l_2$$

$$v_3 = \delta_{\alpha_{CB}} - \delta_{\alpha_{CA}} - l_3$$

$$v_4=\delta_{\alpha_{BC}}-\delta_{\alpha_{BD}}-l_4$$
$$v_5=\delta_{\alpha_{DB}}-\delta_{\alpha_{DC}}-l_5$$
$$v_6=\delta_{\alpha_{CD}}-\delta_{\alpha_{CB}}-l_6$$

其中自由项$\boldsymbol{l}$(单位：″)：

$$l_1=L_1+\alpha_{AB}-\alpha_{AC}^0=0.023$$
$$l_2=L_2+\alpha_{BC}^0-\alpha_{BA}=-0.066$$
$$l_3=L_3+\alpha_{CA}^0-\alpha_{CB}^0=-9.966$$
$$l_4=L_4+\alpha_{BD}^0-\alpha_{BC}^0=0.059$$
$$l_5=L_5+\alpha_{DC}^0-\alpha_{DB}^0=3.903$$
$$l_6=L_6+\alpha_{CB}^0-\alpha_{CD}^0=0.038$$

即$\boldsymbol{l}=[0.023\quad -0.066\quad -9.966\quad 0.059\quad 3.903\quad 0.038]^{\mathrm{T}}\,('')$

误差方程式系数矩阵$\boldsymbol{B}_{6\times4}$

$$\boldsymbol{B}=\begin{bmatrix}
\dfrac{\sin\alpha_{CA}^0}{S_{CA}^0} & -\dfrac{\cos\alpha_{CA}^0}{S_{CA}^0} & 0 & 0\\
-\dfrac{\sin\alpha_{CB}^0}{S_{CB}^0} & \dfrac{\cos\alpha_{CB}^0}{S_{CB}^0} & 0 & 0\\
\left(\dfrac{\sin\alpha_{CB}^0}{S_{CB}^0}-\dfrac{\sin\alpha_{CA}^0}{S_{CA}^0}\right) & \left(\dfrac{\cos\alpha_{CA}^0}{S_{CA}^0}-\dfrac{\cos\alpha_{CB}^0}{S_{CB}^0}\right) & 0 & 0\\
\dfrac{\sin\alpha_{CB}^0}{S_{CB}^0} & -\dfrac{\cos\alpha_{CB}^0}{S_{CB}^0} & -\dfrac{\sin\alpha_{DB}^0}{S_{DB}^0} & \dfrac{\cos\alpha_{DB}^0}{S_{DB}^0}\\
-\dfrac{\sin\alpha_{CD}^0}{S_{CD}^0} & \dfrac{\cos\alpha_{CD}^0}{S_{CD}^0} & \left(\dfrac{\sin\alpha_{CD}^0}{S_{CD}^0}+\dfrac{\sin\alpha_{DB}^0}{S_{DB}^0}\right) & \left(-\dfrac{\cos\alpha_{DB}^0}{S_{DB}^0}-\dfrac{\cos\alpha_{CD}^0}{S_{CD}^0}\right)\\
\left(\dfrac{\sin\alpha_{CD}^0}{S_{CD}^0}-\dfrac{\sin\alpha_{CB}^0}{S_{CB}^0}\right) & \left(\dfrac{\cos\alpha_{CB}^0}{S_{CB}^0}-\dfrac{\cos\alpha_{CD}^0}{S_{CD}^0}\right) & -\dfrac{\sin\alpha_{CD}^0}{S_{CD}^0} & \dfrac{\cos\alpha_{CD}^0}{S_{CD}^0}
\end{bmatrix}$$

代入具体数值，有

$$\boldsymbol{B}=\begin{bmatrix}
0.004172 & 0.007337 & 0.0 & 0.0\\
0.005248 & -0.006845 & 0.0 & 0.0\\
-0.009420 & -0.000492 & 0.0 & 0.0\\
-0.005248 & 0.006845 & -0.003089 & -0.008156\\
0.008831 & 0.001209 & -0.005742 & 0.006946\\
-0.003583 & -0.008054 & 0.008831 & 0.001209
\end{bmatrix}$$

组成并求解法方程$\boldsymbol{N}_{bb}\hat{\boldsymbol{x}}=\boldsymbol{W}$

$$\boldsymbol{N}_{bb}=\boldsymbol{B}^{\mathrm{T}}\boldsymbol{B}=10^{-4}\times\begin{bmatrix}
2.5205 & 0.0293 & -0.6613 & 0.9981\\
0.0293 & 2.1411 & -0.9921 & -0.5717\\
-0.6613 & -0.9921 & 1.2049 & -0.0401\\
0.9981 & -0.5717 & -0.0401 & 1.1623
\end{bmatrix},\quad \boldsymbol{W}=\boldsymbol{B}^{\mathrm{T}}\boldsymbol{l}=\begin{bmatrix}0.1277\\0.0104\\-0.0223\\0.0267\end{bmatrix}$$

$$N_{bb}^{-1}=\begin{bmatrix}7480.16011 & 50.53744 & 3938.45839 & -6262.67336\\ 50.53744 & 9908.90525 & 8357.30117 & 5118.46730\\ 3938.45839 & 8357.30117 & 17386.67525 & 1328.22702\\ -6262.67336 & 5118.46730 & 1328.22702 & 16544.65726\end{bmatrix}$$

$$\hat{x}=N_{bb}^{-1}W/\rho''=\begin{bmatrix}3.40\\0.29\\1.16\\-0.62\end{bmatrix}\times10^{-3}\,(\mathrm{m})$$

改正数 V 和角度平差值

$$V=B\hat{x}-l,\quad \hat{L}=L+V$$

代入各个矩阵的值，得

$$V=[3.33\quad 3.33\quad 3.33\quad -1.33\quad -1.33\quad -1.33]^{\mathrm{T}}\,('')$$

$$\hat{L}=[55.303933\quad 57.231533\quad 67.060533\quad 58.131867\quad 61.272867\quad 60.191267]^{\mathrm{T}}\,(^\circ)$$

待定点坐标平差值

$$\hat{X}=X^0+\hat{x}$$

代入具体数值，可得(单位：m)

$$\hat{X}_C=3213.6753,\quad \hat{Y}_C=2631.6092$$

$$\hat{X}_D=3228.8970,\quad \hat{Y}_D=2520.4514$$

(2) 待定点平差坐标的中误差。

验后单位权中误差

$$\hat{\sigma}_0=\sqrt{\frac{V^{\mathrm{T}}PV}{n-t}}=\pm4.40\,('')$$

因为 $Q_{\hat{X}\hat{X}}=N_{bb}^{-1}$，可得

$$\sigma_{\hat{X}_C}=\hat{\sigma}_0\cdot\sqrt{Q_{\hat{X}_C\hat{X}_C}}=\frac{4.40}{\rho''}\times\sqrt{7480.16011}=1.84\times10^{-3}\,(\mathrm{m})$$

$$\sigma_{\hat{Y}_C}=\hat{\sigma}_0\cdot\sqrt{Q_{\hat{Y}_C\hat{Y}_C}}=\frac{4.40}{\rho''}\times\sqrt{9908.90525}=2.12\times10^{-3}\,(\mathrm{m})$$

$$\sigma_{\hat{X}_D}=\hat{\sigma}_0\cdot\sqrt{Q_{\hat{X}_D\hat{X}_D}}=\frac{4.40}{\rho''}\times\sqrt{17386.67525}=2.81\times10^{-3}\,(\mathrm{m})$$

$$\sigma_{\hat{Y}_D}=\hat{\sigma}_0\cdot\sqrt{Q_{\hat{Y}_D\hat{Y}_D}}=\frac{4.40}{\rho''}\times\sqrt{16544.65726}=2.74\times10^{-3}\,(\mathrm{m})$$

C 点的点位中误差

$$\hat{\sigma}_C=\sqrt{\sigma_{\hat{X}_C}^2+\sigma_{\hat{Y}_C}^2}=2.81\times10^{-3}\,(\mathrm{m})$$

D 点的点位中误差

$$\hat{\sigma}_D=\sqrt{\sigma_{\hat{X}_D}^2+\sigma_{\hat{Y}_D}^2}=3.93\times10^{-3}\,(\mathrm{m})$$

(3) 角度平差值的中误差。

观测值的平差值的协因数阵为

$$
\boldsymbol{Q}_{\hat{L}\hat{L}} = \boldsymbol{B}\boldsymbol{N}_{bb}^{-1}\boldsymbol{B}^{\mathrm{T}} = \begin{bmatrix} 0.66667 & -0.33333 & -0.33333 & 0.0 & 0.0 & 0.0 \\ -0.33333 & 0.66667 & -0.33333 & 0.0 & 0.0 & 0.0 \\ -0.33333 & -0.33333 & 0.66667 & 0.0 & 0.0 & 0.0 \\ 0.0 & 0.0 & 0.0 & 0.66667 & -0.33333 & -0.33333 \\ 0.0 & 0.0 & 0.0 & -0.33333 & 0.66667 & -0.33333 \\ 0.0 & 0.0 & 0.0 & -0.33333 & -0.33333 & 0.66667 \end{bmatrix}
$$

因为各个内角是同精度观测，由 $\boldsymbol{D}_{\hat{L}\hat{L}} = \hat{\sigma}_0^2 \boldsymbol{Q}_{\hat{L}\hat{L}}$ 可得各个内角平差值的中误差

$$
\sigma_{\hat{L}_1} = \hat{\sigma}_0 \sqrt{Q_{\hat{L}_1\hat{L}_1}} = 4.40 \times \sqrt{0.66667} = 3.59\,('')
$$

(4) CD 边的边长相对中误差。

CD 平差边长的函数式为

$$
\hat{S}_{CD} = \sqrt{(\hat{X}_C - \hat{X}_D)^2 + (\hat{Y}_C - \hat{Y}_D)^2}
$$

全微分，得权函数式

$$
d\hat{S}_{CD} = \cos\alpha_{DC}^0 \cdot \hat{x}_C + \sin\alpha_{DC}^0 \cdot \hat{y}_C - \cos\alpha_{DC}^0 \cdot \hat{x}_D - \sin\alpha_{DC}^0 \cdot \hat{y}_D
$$

令

$$
\boldsymbol{f} = \begin{bmatrix} \cos\alpha_{DC}^0 & \sin\alpha_{DC}^0 & -\cos\alpha_{DC}^0 & -\sin\alpha_{DC}^0 \end{bmatrix}^{\mathrm{T}}
$$

则

$$
d\hat{S}_{CD} = \boldsymbol{f} \cdot \hat{x}
$$

代入数值，有

$$
\boldsymbol{f} = [-0.13569 \quad 0.99075 \quad 0.13569 \quad -0.99075]^{\mathrm{T}}
$$

由协因数传播律，可得

$$
Q_{\hat{S}_{CD}} = \boldsymbol{f}\boldsymbol{Q}_{\hat{x}\hat{x}}\boldsymbol{f}^{\mathrm{T}} = \boldsymbol{f}\boldsymbol{Q}_{\hat{X}\hat{X}}\boldsymbol{f}^{\mathrm{T}} = 16423.34484
$$

则 CD 边长平差值的中误差

$$
\sigma_{\hat{S}_{CD}} = \hat{\sigma}_0 \cdot \sqrt{Q_{\hat{S}_{CD}}} = \pm\frac{4.40}{\rho''} \times \sqrt{16423.34484} = 2.73 \times 10^{-3}\,(\mathrm{m})
$$

CD 边的平差边长

$$
\hat{S}_{CD} = \sqrt{(\hat{X}_C - \hat{X}_D)^2 + (\hat{Y}_C - \hat{Y}_D)^2} = 112.1952\,(\mathrm{m})
$$

CD 平差边长的相对中误差

$$
\frac{\sigma_{\hat{S}_{CD}}}{\hat{S}_{CD}} = \frac{1}{41069}
$$

3.5.3 测边网间接平差算例

例 3-7 测边网，见第 2 章例 2-5，试按间接平差法，求：

(1) 待定点 C、D 的平差坐标。

(2) C、D 两点平差坐标的中误差。

(3) 各个边长平差值的中误差和相对中误差。

(4) CD 边平差后方位角的中误差。

解　(1) n=5，t=4，选取 C、D 两点的平差坐标为未知参数。

$$\begin{cases}\hat{X}_C = X_C^0 + \hat{x}_C \\ \hat{Y}_C = Y_C^0 + \hat{y}_C\end{cases},\quad \begin{cases}\hat{X}_D = X_D^0 + \hat{x}_D \\ \hat{Y}_D = Y_D^0 + \hat{y}_D\end{cases}$$

令观测值向量为

$$\boldsymbol{L}=[S_{AC}\ S_{AD}\ S_{BC}\ S_{BD}\ S_{CD}]^T$$

独立权阵

$$\boldsymbol{P}=\boldsymbol{Q}^{-1}=\boldsymbol{I}$$

未知参数的改正数向量为

$$\hat{\boldsymbol{x}} = [\hat{x}_C \quad \hat{y}_C \quad \hat{x}_D \quad \hat{y}_D]^T$$

C、D 两点近似坐标计算，采用边长交会公式，同例 2-5，单位为 m。

$$X_C^0 = 4377352.1760,\quad Y_C^0 = 616687.2915$$

$$X_D^0 = 4376601.5040,\quad Y_D^0 = 615887.6176$$

推算各边近似边长。

由已知点坐标和 C、D 两点的近似坐标反算 AC、AD、BC、BD、CD 各边近似边长，单位为 m。结果为：

$$L_1^0 = 1850.512,\ L_2^0 = 1041.836,\ L_3^0 = 1664.230,\ L_4^0 = 1673.308,\ L_5^0 = 1096.8076$$

列边长误差方程式

$$v_1 = \cos\alpha_{AC}^0 \cdot \hat{x}_C + \sin\alpha_{AC}^0 \cdot \hat{y}_C - l_1$$

$$v_2 = \cos\alpha_{AD}^0 \cdot \hat{x}_D + \sin\alpha_{AD}^0 \cdot \hat{y}_D - l_2$$

$$v_3 = \cos\alpha_{BC}^0 \cdot \hat{x}_C + \sin\alpha_{BC}^0 \cdot \hat{y}_C - l_3$$

$$v_4 = \cos\alpha_{BD}^0 \cdot \hat{x}_D + \sin\alpha_{BD}^0 \cdot \hat{y}_D - l_4$$

$$v_5 = -\cos\alpha_{CD}^0 \cdot \hat{x}_C - \sin\alpha_{CD}^0 \cdot \hat{y}_C + \cos\alpha_{CD}^0 \cdot \hat{x}_D + \sin\alpha_{CD}^0 \cdot \hat{y}_D - l_5$$

自由项 $l_i = L_i - L_i^0$ (i=1,2,3,4,5)，L_i^0 为各边近似边长，代入数值，有

$$\boldsymbol{l} = [0 \quad 0 \quad 0 \quad 0 \quad 26.04]^T \text{ (mm)}$$

误差方程式系数矩阵为

$$\boldsymbol{B} = \begin{bmatrix} \cos\alpha_{AC}^0 & \sin\alpha_{AC}^0 & 0 & 0 \\ 0 & 0 & \cos\alpha_{AD}^0 & \sin\alpha_{AD}^0 \\ \cos\alpha_{BC}^0 & \sin\alpha_{BC}^0 & 0 & 0 \\ 0 & 0 & \cos\alpha_{BD}^0 & \sin\alpha_{BD}^0 \\ -\cos\alpha_{CD}^0 & -\sin\alpha_{CD}^0 & \cos\alpha_{CD}^0 & \sin\alpha_{CD}^0 \end{bmatrix}$$

代入具体数值，有

$$\boldsymbol{B} = \begin{bmatrix} 0.24101 & 0.97052 & 0.0 & 0.0 \\ 0.0 & 0.0 & -0.29244 & 0.95628 \\ -0.47060 & 0.88235 & 0.0 & 0.0 \\ 0.0 & 0.0 & -0.91666 & 0.39966 \\ 0.68442 & 0.72909 & -0.68442 & -0.72909 \end{bmatrix}$$

组成并求解法方程 $\boldsymbol{N}_{bb}\hat{\boldsymbol{x}} = \boldsymbol{W}$。

其中：

$$N_{bb}=B^{T}B=\begin{bmatrix}0.74798 & 0.31767 & -0.46842 & -0.49900\\0.31767 & 2.25202 & -0.49900 & -0.53158\\-0.46842 & -0.49900 & 1.39422 & -0.14701\\-0.49900 & -0.53158 & -0.14701 & 1.60578\end{bmatrix}$$

$$W=B^{T}l=\begin{bmatrix}18.78\\20.01\\-18.78\\-20.01\end{bmatrix}(\mathrm{mm})$$

$$N_{bb}^{-1}=\begin{bmatrix}2.49959 & 0.06916 & 0.95812 & 0.88737\\0.06916 & 0.53989 & 0.23989 & 0.22218\\0.95812 & 0.23989 & 1.17613 & 0.48483\\0.88737 & 0.22218 & 0.48483 & 1.01644\end{bmatrix}$$

未知参数的改正数

$$\hat{x}=N_{bb}^{-1}W=\begin{bmatrix}12.58\\3.15\\-9.00\\-8.33\end{bmatrix}(\mathrm{mm})$$

C 点平差坐标

$$\begin{cases}\hat{X}_{C}=X_{C}^{0}+\hat{x}_{C}=4377352.1885\\\hat{Y}_{C}=Y_{C}^{0}+\hat{y}_{C}=616687.2947\end{cases}(\mathrm{m})$$

D 点平差坐标：

$$\begin{cases}\hat{X}_{D}=X_{D}^{0}+\hat{x}_{D}=4376601.4950\\\hat{Y}_{D}=Y_{D}^{0}+\hat{y}_{D}=615887.6093\end{cases}(\mathrm{m})$$

边长观测值的改正数

$$V=B\hat{x}-l=\begin{bmatrix}6.09\\-5.34\\-3.14\\4.92\\-4.30\end{bmatrix}(\mathrm{mm})$$

边长平差值

$$\hat{L}=L+V=\begin{bmatrix}\hat{S}_{1}\\\hat{S}_{2}\\\hat{S}_{3}\\\hat{S}_{4}\\\hat{S}_{5}\end{bmatrix}=\begin{bmatrix}1850.5181\\1041.8307\\1664.2269\\1673.3129\\1096.8307\end{bmatrix}(\mathrm{m})$$

(2) 待定点平差坐标的中误差。

验后单位权中误差

$$\hat{\sigma}_0 = \sqrt{\frac{\boldsymbol{V}^{\mathrm{T}}\boldsymbol{V}}{n-t}} = \pm 10.87\,\mathrm{mm}$$

由 $\boldsymbol{Q}_{\hat{X}\hat{X}} = \boldsymbol{N}_{\mathrm{bb}}^{-1}$，可知：

$$Q_{\hat{X}_C\hat{X}_C} = 2.49959，\ Q_{\hat{Y}_C\hat{Y}_C} = 0.53989，\ Q_{\hat{X}_D\hat{X}_D} = 1.17613，\ Q_{\hat{Y}_D\hat{Y}_D} = 1.01644$$

待定点平差坐标分量的中误差

$$\sigma_{\hat{X}_C} = \hat{\sigma}_0 \cdot \sqrt{Q_{\hat{X}_C\hat{X}_C}} = \pm 17.18\mathrm{mm}$$

$$\sigma_{\hat{Y}_C} = \hat{\sigma}_0 \cdot \sqrt{Q_{\hat{Y}_C\hat{Y}_C}} = \pm 7.99\mathrm{mm}$$

$$\sigma_{\hat{X}_D} = \hat{\sigma}_0 \cdot \sqrt{Q_{\hat{X}_D\hat{X}_D}} = \pm 11.79\mathrm{mm}$$

$$\sigma_{\hat{Y}_D} = \hat{\sigma}_0 \cdot \sqrt{Q_{\hat{Y}_D\hat{Y}_D}} = \pm 10.96\mathrm{mm}$$

C 点的点位中误差

$$\hat{\sigma}_C = \sqrt{\sigma_{\hat{X}_C}^2 + \sigma_{\hat{Y}_C}^2} = \pm 18.95\,\mathrm{mm}$$

D 点的点位中误差

$$\hat{\sigma}_D = \sqrt{\sigma_{\hat{X}_D}^2 + \sigma_{\hat{Y}_D}^2} = \pm 16.09\,\mathrm{mm}$$

(3) 边长平差值的精度。

边长平差值的协因数阵

$$\boldsymbol{Q}_{\hat{L}\hat{L}} = \boldsymbol{B}\boldsymbol{N}_{\mathrm{bb}}^{-1}\boldsymbol{B}^{\mathrm{T}} = \begin{bmatrix} 0.68607 & 0.27510 & 0.16194 & -0.25344 & 0.22190 \\ 0.27510 & 0.75892 & -0.14191 & 0.22210 & -0.19445 \\ 0.16194 & -0.14191 & 0.91646 & 0.13074 & -0.11447 \\ -0.25344 & 0.22210 & 0.13074 & 0.79539 & 0.17914 \\ 0.22190 & -0.19445 & -0.11447 & 0.17914 & 0.84315 \end{bmatrix}$$

由 $\boldsymbol{D}_{\hat{L}\hat{L}} = \hat{\sigma}_0^2\boldsymbol{Q}_{\hat{L}\hat{L}}$，可得

$$\sigma_{\hat{L}_i} = \hat{\sigma}_0\sqrt{Q_{\hat{L}_i\hat{L}_i}} \qquad i=1,2,3,4,5$$

则各个边长平差值的中误差与相对中误差 K

AC 边

$$\sigma_{\hat{L}_1} = \hat{\sigma}_0 \cdot \sqrt{Q_{\hat{L}_1\hat{L}_1}} = 10.87 \times \sqrt{0.68607} = 9.00\ (\mathrm{mm})$$

$$K_1 = \frac{\sigma_{\hat{L}_1}}{\hat{S}_1} = \frac{1}{205554}$$

AD 边

$$\sigma_{\hat{L}_2} = \hat{\sigma}_0 \cdot \sqrt{Q_{\hat{L}_2\hat{L}_2}} = 9.47\ \mathrm{mm}$$

$$K_2 = \frac{\sigma_{\hat{L}_2}}{\hat{S}_2} = \frac{1}{110032}$$

同理，可得

$$\sigma_{\hat{L}_3}=10.40\text{mm}，K_3=\frac{1}{159946}$$

$$\sigma_{\hat{L}_4}=9.69\text{mm}，K_4=\frac{1}{172626}$$

$$\sigma_{\hat{L}_5}=9.98\text{mm}，K_5=\frac{1}{109902}$$

(4) *CD* 边方位角平差值的中误差。

CD 边方位角的函数式

$$\hat{\alpha}_{\text{CD}}=\arctan\frac{\hat{Y}_{\text{D}}-\hat{Y}_{\text{C}}}{\hat{X}_{\text{D}}-\hat{X}_{\text{C}}}$$

其中：

$$S_{\text{CD}}^0=L_5^0=1096.8076，\ \alpha_{\text{CD}}^0=\arctan\frac{Y_{\text{D}}^0-Y_{\text{C}}^0}{X_{\text{D}}^0-X_{\text{C}}^0}=226°\ 48'37.26''$$

权函数式

$$d_{\phi}=d_{\hat{\alpha}_{\text{CD}}}=\frac{\sin\alpha_{\text{CD}}^0}{S_{\text{CD}}^0}\cdot\hat{x}_{\text{C}}-\frac{\cos\alpha_{\text{CD}}^0}{S_{\text{CD}}^0}\cdot\hat{y}_{\text{C}}-\frac{\sin\alpha_{\text{CD}}^0}{S_{\text{CD}}^0}\cdot\hat{x}_{\text{D}}+\frac{\cos\alpha_{\text{CD}}^0}{S_{\text{CD}}^0}\cdot\hat{y}_{\text{D}}$$

权函数式的系数向量

$$\boldsymbol{f}=\left[\frac{\sin\alpha_{\text{CD}}^0}{S_{\text{CD}}^0}\quad -\frac{\cos\alpha_{\text{CD}}^0}{S_{\text{CD}}^0}\quad -\frac{\sin\alpha_{\text{CD}}^0}{S_{\text{CD}}^0}\quad \frac{\cos\alpha_{\text{CD}}^0}{S_{\text{CD}}^0}\right]$$

代入具体改值，有

$$\boldsymbol{f}=[-0.00066\quad 0.00062\quad 0.00066\quad -0.00062]$$

$$Q_{\varphi\varphi}=\boldsymbol{f}\boldsymbol{Q}_{\hat{X}\hat{X}}\boldsymbol{f}^{\text{T}}=0.16861\times10^{-5}$$

$$\sigma_{\varphi}=\hat{\sigma}_0\cdot\sqrt{Q_{\varphi\varphi}}=0.1411\times10^{-4}(\text{rad})=2.91('')$$

即 *CD* 边方位角平差值的中误差是 2.91″。

3.5.4 边角网间接平差算例

例 3-8 边角网如图 3-6 所示，已知点 *A*、*B* 的坐标，观测角度与观测边长为：

A(0.0，0.0)，*B*(0.0，1000.0)，单位为 m；

β_1=60° 00′ 05″，β_2=59° 59′ 58″，β_3=60° 00′ 00″，*S*=999.99m；

已知：σ_β=±2″，σ_S=±1cm，令单位权中误差σ_0=σ_β。

试按间接平差法，求：

(1) 待定点 *P* 的平差坐标。

(2) *P* 点平差坐标的中误差。

(3) 观测值的平差值的中误差。

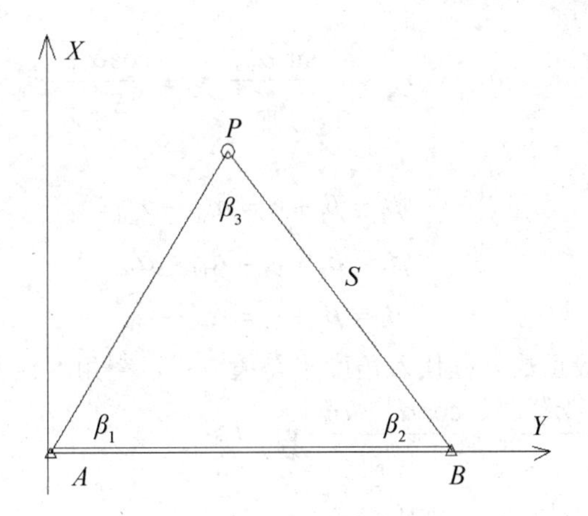

图 3-6　边角网

解　(1) n=4，t=2，选定待定点 P 的平差坐标为未知参数。

$$\hat{X}_P = X_P^0 + \hat{x}_P ,\quad \hat{Y}_P = Y_P^0 + \hat{x}_P$$

令未知参数的改正数向量为

$$\hat{\boldsymbol{x}} = [\hat{x}_P \ \hat{y}_P]^T$$

观测值向量为

$$\boldsymbol{L}=[\beta_1 \ \beta_2 \ \beta_3 \ S]^T$$

根据题意，定权时令角度观测值为单位权观测值 $\sigma_0 = \sigma_\beta$，取长度单位为 m，角度单位为″，σ_S=±0.01m，则

$$p_\beta = \frac{\sigma_0^2}{\sigma_\beta^2} = 1 ,\quad p_S = \frac{\sigma_0^2}{\sigma_S^2} = 4\times10^4 (''/\mathrm{m})^2$$

组成观测值的独立权阵

$$\boldsymbol{P} = \boldsymbol{Q}^{-1} = \begin{bmatrix} 1 & & & \\ & 1 & & \\ & & 1 & \\ & & & 40000 \end{bmatrix}$$

在△ABP 中，由前方交会公式，得 P 点近似坐标为

$$X_P^0 = 866.0399\ \mathrm{m} ,\quad Y_P^0 = 499.9804\ \mathrm{m}$$

由 A、B、P 3 点的坐标推算各边近似方位角和近似边长为

$$\alpha_{AP}^0 = 29^\circ \ \ 59'55''$$

$$\alpha_{BP}^0 = 329^\circ \ \ 59'58''$$

$$S_{AP}^0 = \sqrt{(X_P^0 - X_A)^2 + (Y_P^0 - Y_A)^2} = 1000.0028\ \mathrm{m}$$

$$S_{BP}^0 = \sqrt{(X_P^0 - X_B)^2 + (Y_P^0 - Y_B)^2} = 1000.0224\ \mathrm{m}$$

列各边坐标方位角改正数方程($\hat{\alpha} = \alpha^0 + \delta_\alpha$)

$$\delta_{\alpha_{PA}} = \delta_{\alpha_{AP}} = -\frac{\sin\alpha_{AP}^0}{S_{AP}^0}\cdot\hat{x}_P + \frac{\cos\alpha_{AP}^0}{S_{AP}^0}\cdot\hat{y}_P$$

$$\delta_{\alpha_{PB}}=\delta_{\alpha_{BP}}=-\frac{\sin\alpha_{BP}^0}{S_{BP}^0}\cdot\hat{x}_P+\frac{\cos\alpha_{BP}^0}{S_{BP}^0}\cdot\hat{y}_P$$

列角度平差值方程

$$\hat{\beta}_1=\beta_1+v_1=\hat{\alpha}_{AP}-\alpha_{AB}$$
$$\hat{\beta}_2=\beta_2+v_2=\hat{\alpha}_{BP}-\alpha_{BA}$$
$$\hat{\beta}_3=\beta_3+v_3=\hat{\alpha}_{PA}-\hat{\alpha}_{PB}$$

将各边坐标方位角改正数方程代入角度平差值方程，得角度误差方程式为

$$v_1=-\frac{\sin\alpha_{AP}^0\cdot\rho''}{S_{AP}^0}\cdot\hat{x}_P+\frac{\cos\alpha_{AP}^0\cdot\rho''}{S_{AP}^0}\cdot\hat{y}_P-l_1$$
$$v_2=-\frac{\sin\alpha_{BP}^0\cdot\rho''}{S_{BP}^0}\cdot\hat{x}_P+\frac{\cos\alpha_{BP}^0\cdot\rho''}{S_{BP}^0}\cdot\hat{y}_P-l_2$$
$$v_3=\left(\frac{\sin\alpha_{BP}^0\cdot\rho''}{S_{BP}^0}-\frac{\sin\alpha_{AP}^0\cdot\rho''}{S_{AP}^0}\right)\cdot\hat{x}_P+\left(-\frac{\cos\alpha_{BP}^0\cdot\rho''}{S_{BP}^0}+\frac{\cos\alpha_{AP}^0\cdot\rho''}{S_{AP}^0}\right)\cdot\hat{y}_P-l_3$$

其中，角度误差方程自由项为

$$l_1=\beta_1+\alpha_{AB}-\alpha_{AP}^0$$
$$l_2=\beta_2+\alpha_{BA}-\alpha_{BP}^0$$
$$l_3=\beta_3+\alpha_{PB}^0-\alpha_{PA}^0$$

代入具体数值，有(自由项以″为单位)

$$l_1=0.0\quad l_2=0.0\quad l_3=3.0$$

列边长误差方程式为

$$\hat{S}_{BP}=S+v_4=\sqrt{(\hat{X}_P-X_B)^2+(\hat{Y}_P-Y_B)^2}$$
$$v_4=\cos\alpha_{BP}^0\cdot\hat{x}_P+\sin\alpha_{BP}^0\cdot\hat{y}_P-l_4$$

自由项 $l_4=S_{BP}-S_{BP}^0$，代入具体数值，有 $l_4=-0.0324\ \text{m}$

组成边角网误差方程为

$$\underset{4\times1}{\boldsymbol{V}}=\underset{4\times2}{\boldsymbol{B}}\,\hat{\boldsymbol{x}}-\underset{2\times1}{\boldsymbol{l}}$$

其中：

$$\boldsymbol{B}_{4\times2}=\begin{bmatrix}-103.12778 & 178.63256\\ 103.13183 & 178.62556\\ -206.25961 & 0.00700\\ 0.86602 & -0.50001\end{bmatrix}\quad \boldsymbol{l}_{4\times1}=\begin{bmatrix}0.0\\0.0\\3.0\\-0.0324\end{bmatrix}$$

组成并求解法方程

$$\boldsymbol{N}_{bb}=\boldsymbol{B}^{T}\boldsymbol{P}\boldsymbol{B}=\begin{bmatrix}93814.20424 & -17322.14574\\ -17322.14574 & 73817.01964\end{bmatrix}$$

$$\boldsymbol{W}=\boldsymbol{B}^{T}\boldsymbol{P}\boldsymbol{l}=\begin{bmatrix}-1740.88460\\ 647.88357\end{bmatrix}$$

$$\boldsymbol{N}_{bb}^{-1}=10^{-4}\times\begin{bmatrix}0.11142 & 0.02615\\ 0.02615 & 0.14161\end{bmatrix}$$

$$\hat{\boldsymbol{x}} = \boldsymbol{N}_{\text{bb}}^{-1}\boldsymbol{W} = \begin{bmatrix} -0.0177 \\ 0.0046 \end{bmatrix} \text{m}$$

待定点 P 坐标平差值

$$\hat{X}_{\text{P}} = \hat{x}_{\text{P}} + X_{\text{P}}^{0} = 866.0222\,\text{m}$$

$$\hat{Y}_{\text{P}} = \hat{y}_{\text{P}} + Y_{\text{P}}^{0} = 499.9850\,\text{m}$$

观测值的改正数为

$$\boldsymbol{V} = \boldsymbol{B}\hat{\boldsymbol{x}} - \boldsymbol{l} = \begin{bmatrix} 2.65 & -1.00 & 0.65 & 0.0147 \end{bmatrix}^{\text{T}}$$

其中，角度改正数以角秒为单位，边长改正数以 m 为单位。

观测值的平差值为

$$\hat{\boldsymbol{L}} = \boldsymbol{L} + \boldsymbol{V} = \begin{bmatrix} 60^{\circ}\ 00'07.65'' \\ 59^{\circ}\ 59'57.00'' \\ 60^{\circ}\ 00'00.65'' \\ 1000.0047 \end{bmatrix}$$

(2) 待定点 P 的坐标中误差。

验后单位权中误差

$$\hat{\sigma}_0 = \sqrt{\frac{\boldsymbol{V}^{\text{T}}\boldsymbol{P}\boldsymbol{V}}{n-t}} = 2.93''$$

未知参数的协因数阵 $\boldsymbol{Q}_{\hat{X}\hat{X}} = \boldsymbol{N}_{\text{bb}}^{-1}$，可知

$$Q_{\hat{X}_{\text{P}}\hat{X}_{\text{P}}} = 0.11142\times 10^{-4}，\quad Q_{\hat{Y}_{\text{P}}\hat{Y}_{\text{P}}} = 0.14161\times 10^{-4}$$

P 点坐标分量中误差为

$$\sigma_{\hat{X}_{\text{P}}} = \hat{\sigma}_0\sqrt{Q_{\hat{X}_{\text{P}}\hat{X}_{\text{P}}}} = 2.93\times\sqrt{0.11142\times 10^{-4}} = 0.000978\,\text{m}$$

$$\sigma_{\hat{y}_{\text{P}}} = \hat{\sigma}_0\sqrt{Q_{\hat{Y}_{\text{P}}\hat{Y}_{\text{P}}}} = 2.93\times\sqrt{0.14161\times 10^{-4}} = 0.01102\,\text{m}$$

P 点的点位中误差为

$$\hat{\sigma}_{\text{P}} = \sqrt{\sigma_{\hat{X}_{\text{P}}}^2 + \sigma_{\hat{Y}_{\text{P}}}^2} = 14.73\,\text{mm}$$

(3) 观测值平差值的中误差。

观测值平差值的协因数阵为

$$\boldsymbol{Q}_{\hat{L}\hat{L}} = \boldsymbol{B}\boldsymbol{N}_{\text{bb}}^{-1}\boldsymbol{B}^{\text{T}} = \begin{bmatrix} 0.47402 & 0.33334 & 0.14069 & -0.00172 \\ 0.33334 & 0.66667 & -0.33333 & 0.00000 \\ 0.14069 & -0.33333 & 0.47401 & -0.00172 \\ -0.00172 & 0.00000 & -0.00172 & 0.00000963 \end{bmatrix}$$

各个观测值的中误差

$$\sigma_{\hat{\beta}_1} = \hat{\sigma}_0\sqrt{Q_{\hat{\beta}_1\hat{\beta}_1}} = 2.93\times\sqrt{0.47402} = 2.02\,('')$$

$$\sigma_{\hat{\beta}_2} = \hat{\sigma}_0\sqrt{Q_{\hat{\beta}_2\hat{\beta}_2}} = 2.93\times\sqrt{0.66667} = 2.39\,('')$$

$$\sigma_{\hat{\beta}_3} = \hat{\sigma}_0\sqrt{Q_{\hat{\beta}_3\hat{\beta}_3}} = 2.93\times\sqrt{0.47401} = 2.02\,('')$$

$$\sigma_{\hat{S}} = \hat{\sigma}_0 \sqrt{Q_{\hat{S}\hat{S}}} = 2.93 \times \sqrt{0.00000963} = 9.09\ (\text{mm})$$

边长 BP 平差后的相对中误差为

$$\frac{\sigma_{\hat{S}}}{\hat{S}} = \frac{9.09 \times 10^{-3}}{1000.0047} = \frac{1}{110012}$$

3.5.5 GNSS 网间接平差算例

例 3-9 GPS 网平差。图 3-7 所示为一简单 GPS 网，网中 A_1 点三维坐标已知，见表 3-3，其余 3 个点为待定点，参数个数 t=9。用两台 GPS 接收机观测，测得 5 条基线向量，见表 3-4，n=15，每个基线向量中 3 个坐标差观测值相关，由于只用两台 GPS 接收机观测，所以各观测基线向量相互独立，试按间接平差法平差该网。

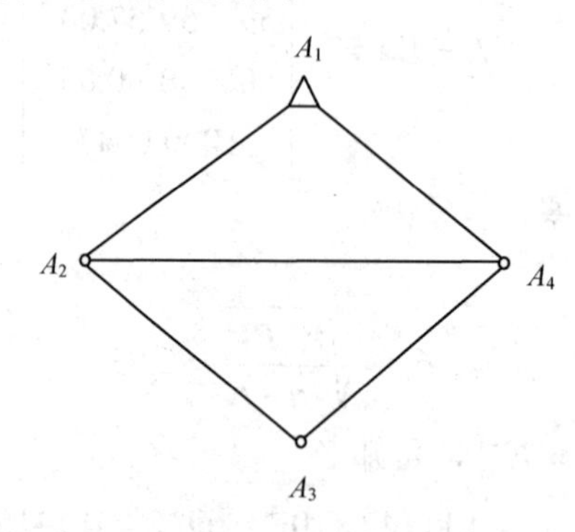

图 3-7 GPS 网

表 3-3 已知点信息(单位:m)

点 名	X	Y	Z
A_1	−1974638.7340	4590014.8190	3953144.9235

表 3-4 观测基线信息

编号	起点	终点	ΔX	ΔY	ΔZ	基线方差阵
1	A_2	A_1	−1218.561	−1039.227	1737.720	$\begin{bmatrix} 2.320999\text{E}-007 & \text{对} & \\ -5.097008\text{E}-007 & 1.339931\text{E}-006 & \text{称} \\ -4.371401\text{E}-007 & 1.109356\text{E}-006 & 1.008592\text{E}-006 \end{bmatrix}$
2	A_4	A_1	270.457	−503.208	1879.923	$\begin{bmatrix} 1.044894\text{E}-006 & \text{对} & \\ -2.396533\text{E}-006 & 6.341291\text{E}-006 & \text{称} \\ -2.319683\text{E}-006 & 5.902876\text{E}-006 & 6.035577\text{E}-006 \end{bmatrix}$
3	A_4	A_2	1489.013	536.030	142.218	$\begin{bmatrix} 5.850064\text{E}-007 & \text{对} & \\ -1.329620\text{E}-006 & 3.362548\text{E}-006 & \text{称} \\ -1.252374\text{E}-006 & 3.069820\text{E}-006 & 3.019233\text{E}-006 \end{bmatrix}$

续表

编号	起点	终点	ΔX	ΔY	ΔZ	基线方差阵
4	A_3	A_2	1405.531	−178.157	1171.380	$\begin{bmatrix} 1.205319E-006 & & \text{对} \\ -2.636702E-006 & 6.858585E-006 & \text{称} \\ -2.174106E-006 & 5.480745E-006 & 4.820125E-006 \end{bmatrix}$
5	A_4	A_3	83.497	714.153	−1029.199	$\begin{bmatrix} 9.662657E-006 & & \text{对} \\ -2.175476E-005 & 5.194777E-005 & \text{称} \\ -1.971468E-005 & 4.633565E-006 & 4.324110E-005 \end{bmatrix}$

解 (1) 设 A_2、A_3、A_4 点的三维坐标平差值为参数，即

$$\hat{\boldsymbol{X}} = [\hat{X}_2 \quad \hat{Y}_2 \quad \hat{Z}_2 \quad \hat{X}_3 \quad \hat{Y}_3 \quad \hat{Z}_3 \quad \hat{X}_4 \quad \hat{Y}_4 \quad \hat{Z}_4]^{\mathrm{T}}$$

取参数的近似值

$$\boldsymbol{X}^0 = \begin{bmatrix} X_2^0 \\ Y_2^0 \\ Z_2^0 \\ X_3^0 \\ Y_3^0 \\ Z_3^0 \\ X_4^0 \\ Y_4^0 \\ Z_4^0 \end{bmatrix}^{\mathrm{T}} = \begin{bmatrix} -1973420.1740 \\ 4591054.0467 \\ 3951407.2050 \\ -1974825.7010 \\ 4591232.1940 \\ 3950235.8130 \\ -1974909.1980 \\ 4590518.0410 \\ 3951265.0120 \end{bmatrix}^{\mathrm{T}} (\mathrm{m})$$

(2) 列出误差方程，$\underset{15\times1}{\boldsymbol{V}} = \underset{15\times9}{\boldsymbol{B}} \underset{9\times1}{\hat{\boldsymbol{x}}} - \underset{15\times1}{\boldsymbol{l}}$ 为

$$\begin{bmatrix} v_1 \\ v_2 \\ v_3 \\ v_4 \\ v_5 \\ v_6 \\ v_7 \\ v_8 \\ v_9 \\ v_{10} \\ v_{11} \\ v_{12} \\ v_{13} \\ v_{14} \\ v_{15} \end{bmatrix} = \begin{bmatrix} -1 & 0 & 0 & 0 & 0 & 0 & 0 & 0 & 0 \\ 0 & -1 & 0 & 0 & 0 & 0 & 0 & 0 & 0 \\ 0 & 0 & -1 & 0 & 0 & 0 & 0 & 0 & 0 \\ 0 & 0 & 0 & 0 & 0 & 0 & -1 & 0 & 0 \\ 0 & 0 & 0 & 0 & 0 & 0 & 0 & -1 & 0 \\ 0 & 0 & 0 & 0 & 0 & 0 & 0 & 0 & -1 \\ 1 & 0 & 0 & 0 & 0 & 0 & -1 & 0 & 0 \\ 0 & 1 & 0 & 0 & 0 & 0 & 0 & -1 & 0 \\ 0 & 0 & 1 & 0 & 0 & 0 & 0 & 0 & -1 \\ 1 & 0 & 0 & -1 & 0 & 0 & 0 & 0 & 0 \\ 0 & 1 & 0 & 0 & -1 & 0 & 0 & 0 & 0 \\ 0 & 0 & 1 & 0 & 0 & -1 & 0 & 0 & 0 \\ 0 & 0 & 0 & 1 & 0 & 0 & -1 & 0 & 0 \\ 0 & 0 & 0 & 0 & 1 & 0 & 0 & -1 & 0 \\ 0 & 0 & 0 & 0 & 0 & 1 & 0 & 0 & -1 \end{bmatrix} \begin{bmatrix} \hat{x}_2 \\ \hat{y}_2 \\ \hat{z}_2 \\ \hat{x}_3 \\ \hat{y}_3 \\ \hat{z}_3 \\ \hat{x}_4 \\ \hat{y}_4 \\ \hat{z}_4 \end{bmatrix} - \begin{bmatrix} -0.001 \\ 0.0007 \\ 0.0015 \\ -0.007 \\ 0.014 \\ 0.0115 \\ -0.110 \\ 0.0243 \\ 0.0250 \\ 0.0040 \\ -0.0097 \\ -0.012 \\ 0 \\ 0 \\ 0 \end{bmatrix}$$

取先验单位权中误差 $\sigma_0 = 0.00298$，按公式 $\boldsymbol{P} = \sigma_0^2 \boldsymbol{D}^{-1}$ 确定观测值的权阵为

$$\underset{15\times15}{\boldsymbol{P}} = \begin{bmatrix}
249.53 & & & & & & & & & & & & & & \\
60.20 & 88.85 & & & & & & \text{对} & & & & & & & \\
41.94 & -71.63 & 105.79 & & & & & & & & & & & & \\
0 & 0 & 0 & 71.43 & & & & & & & & & & & \\
0 & 0 & 0 & 16.07 & 19.28 & & & & & & & & & & \\
0 & 0 & 0 & 11.73 & -12.68 & 18.38 & & & & & & & & & \\
0 & 0 & 0 & 0 & 0 & 0 & 169.83 & & & & & & & & \\
0 & 0 & 0 & 0 & 0 & 0 & 39.60 & 46.12 & & & & & \text{称} & & \\
0 & 0 & 0 & 0 & 0 & 0 & 30.18 & -30.46 & 46.44 & & & & & & \\
0 & 0 & 0 & 0 & 0 & 0 & 0 & 0 & 0 & 49.05 & & & & & \\
0 & 0 & 0 & 0 & 0 & 0 & 0 & 0 & 0 & 12.89 & 17.59 & & & & \\
0 & 0 & 0 & 0 & 0 & 0 & 0 & 0 & 0 & 7.47 & -14.19 & 21.35 & & & \\
0 & 0 & 0 & 0 & 0 & 0 & 0 & 0 & 0 & 0 & 0 & 17.74 & & & \\
0 & 0 & 0 & 0 & 0 & 0 & 0 & 0 & 0 & 0 & 0 & 4.86 & 5.21 & & \\
0 & 0 & 0 & 0 & 0 & 0 & 0 & 0 & 0 & 0 & 0 & 2.88 & -3.36 & 5.12 &
\end{bmatrix}$$

$$\begin{bmatrix}
468.4142 & & & & & & & & \\
112.6840 & 152.5534 & & & & \text{对} & & & \\
79.5936 & -116.2839 & 173.5805 & & & & & & \\
-49.0502 & -12.8852 & -7.4728 & 14.1853 & & & & \text{称} & \\
-12.8852 & -17.5868 & 14.1853 & 17.7451 & 22.7947 & & & & \\
-7.4728 & 14.1853 & -21.3465 & 10.3510 & -17.5501 & 26.4702 & & & \\
-169.8336 & -39.6002 & -30.1830 & -17.7351 & -4.8599 & -2.8782 & 259.0030 & & \\
-39.6002 & -46.1183 & 30.4649 & -4.8599 & -5.2079 & 3.3648 & 60.5337 & 70.6066 & \\
-30.1830 & 30.4649 & -46.4430 & -2.8782 & 3.3648 & -5.1237 & 44.7957 & -46.5086 & 69.9513
\end{bmatrix}
\begin{bmatrix} \hat{x}_2 \\ \hat{y}_2 \\ \hat{z}_2 \\ \hat{x}_3 \\ \hat{y}_3 \\ \hat{z}_3 \\ \hat{x}_4 \\ \hat{y}_4 \\ \hat{z}_4 \end{bmatrix}
=
\begin{bmatrix} -0.0253 \\ 0.0801 \\ -0.0665 \\ 0.0185 \\ -0.0512 \\ 0.0887 \\ 0.2914 \\ 0.0649 \\ -0.0405 \end{bmatrix}$$

(3) 按 $\boldsymbol{B}^{\mathrm{T}}\boldsymbol{PBx} - \boldsymbol{B}^{\mathrm{T}}\boldsymbol{Pl} = 0$ 组成法方程，解算法方程得

$$\begin{bmatrix} \hat{x}_2 \\ \hat{y}_2 \\ \hat{z}_2 \\ \hat{x}_3 \\ \hat{y}_3 \\ \hat{z}_3 \\ \hat{x}_4 \\ \hat{y}_4 \\ \hat{z}_4 \end{bmatrix}
=
\begin{bmatrix} 0.7 \\ -2 \\ -0.6 \\ -2.3 \\ 7.3 \\ 8.7 \\ 9.6 \\ -19.8 \\ -19.7 \end{bmatrix}^{\mathrm{T}} \text{(mm)}$$

(4) 平差结果(单位：m)

$$\boldsymbol{X}^0 = \begin{bmatrix} \hat{X}_2 \\ \hat{Y}_2 \\ \hat{Z}_2 \\ \hat{X}_3 \\ \hat{Y}_3 \\ \hat{Z}_3 \\ \hat{X}_4 \\ \hat{Y}_4 \\ \hat{Z}_4 \end{bmatrix}^{\mathrm{T}} = \begin{bmatrix} -1973420.1733 \\ 4591054.0465 \\ 3951407.2044 \\ -1974825.7033 \\ 4591232.2013 \\ 3950235.8217 \\ -1974909.1984 \\ 4590518.0212 \\ 3951265.9923 \end{bmatrix}^{\mathrm{T}}$$

(5) 精度评定

$$\hat{\sigma}_0 = \pm\sqrt{\frac{\boldsymbol{V}^{\mathrm{T}}\boldsymbol{PV}}{n-t}} = \sqrt{\frac{0.0006}{159}} = \pm 0.010\,(\mathrm{m})$$

$$\hat{\sigma}_{\hat{x}_{ii}} = \hat{\sigma}_0\sqrt{Q_{\hat{x}_i\hat{x}_i}} \qquad \hat{\sigma}_{\hat{y}_{ii}} = \hat{\sigma}_0\sqrt{Q_{\hat{y}_i\hat{y}_i}} \qquad \hat{\sigma}_{\hat{z}_{ii}} = \hat{\sigma}_0\sqrt{Q_{\hat{z}_z\hat{z}_z}}$$

$$\hat{\sigma}_{\hat{x}_2} = \pm 0.0015\,\mathrm{m} \qquad \hat{\sigma}_{\hat{y}_2} = \pm 0.0036\,\mathrm{m} \qquad \hat{\sigma}_{\hat{z}_2} = \pm 0.0032\,\mathrm{m}$$

$$\hat{\sigma}_{\hat{x}_3} = \pm 0.0037\,\mathrm{m} \qquad \hat{\sigma}_{\hat{y}_3} = \pm 0.0089\,\mathrm{m} \qquad \hat{\sigma}_{\hat{z}_3} = \pm 0.0076\,\mathrm{m}$$

$$\hat{\sigma}_{\hat{x}_4} = \pm 0.0022\,\mathrm{m} \qquad \hat{\sigma}_{\hat{y}_4} = \pm 0.0054\,\mathrm{m} \qquad \hat{\sigma}_{\hat{z}_4} = \pm 0.0051\,\mathrm{m}$$

习　　题

3-1　在图 3-8 所示的水准网中，A、B 为已知水准点，各路线的观测高差和路线长度见表 3-5，若选择 $H_{P_1} = \hat{X}_1$，$H_{P_2} = \hat{X}_2$，$H_{P_3} = \hat{X}_3$，试按间接平差法：①求各个待定点的平差高程、各测段的平差高差；②评定平差高差和平差高程的精度。

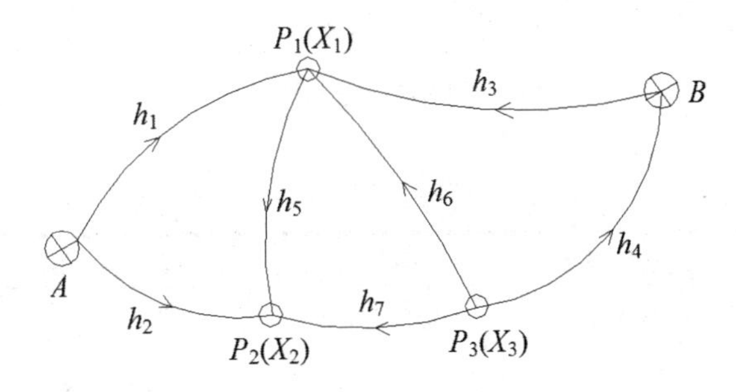

图 3-8　水准网

表 3-5　观测高差值和已知数据

高差观测值/m	路线长度/km	已知高程/m
$h_1 = +1.359$	$S_1 = 1.0$	
$h_2 = +2.009$	$S_2 = 1.0$	
$h_3 = +0.363$	$S_3 = 2.0$	
$h_4 = +0.640$	$S_4 = 2.0$	$H_A=5.000$
$h_5 = +0.657$	$S_5 = 1.0$	$H_B=6.000$
$h_6 = +1.000$	$S_6 = 1.0$	
$h_7 = +1.650$	$S_7 = 1.5$	

3-2　测站平差，见第 2 章习题 2-2，试用文字符号列出，按间接平差时的误差方程式。

3-3　如图 3-9 所示的测角网中，A、B、C 是已知点，P_1、P_2 为待定点，网中观测了 12 个角度和 6 条边长。已知测角中误差为±2″，边长测量精度公式为 $2+2\times10^{-6}$，起算数据及观测值分别列于表 3-6 和表 3-7 中。试按间接平差法求各待定点的平差坐标，并评定网的精度。

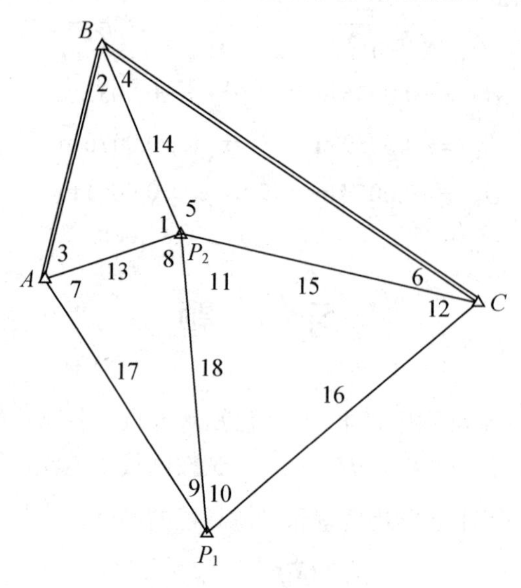

图 3-9　测角网

表 3-6　已知数据

点　名	纵坐标 x/m	横坐标 y/m	坐标方位角(° ′ ″)	边长/m
A	4534899.846	500130.812		
			14　00　35.77	4001.1172
B	4538781.945	501099.443		
			123　11　00.82	7734.6386
C	4534548.795	507572.622		

表 3-7　边角观测值

编　号	观测角/(° ′ ″)	编号	观测角(° ′ ″)	编号	观测边/m
1	84 07 38.2	7	74 18 16.8	13	2463.94
2	37 46 34.9	8	77 27 59.1	14	3414.71
3	58 05 44.1	9	28 13 43.2	15	5216.23
4	33 03 03.2	10	55 21 09.9	16	6042.94
5	126 01 55.7	11	72 22 25.8	17	5085.08
6	20 55 02.3	12	52 16 20.5	18	5014.99

3-4　在间接平差中，试证明：

(1) 参数向量 $\hat{\boldsymbol{X}}$ 与改正数向量 $\boldsymbol{V}$ 是互不相关的。

(2) 改正数向量 $\boldsymbol{V}$ 与平差值向量 $\hat{\boldsymbol{L}}$ 是互不相关的。

3-5　某平差问题按条件平差有条件方程：

$$v_1+v_2+v_3+8=0$$
$$v_4+v_5+v_6-9=0$$
$$v_1+v_4+7=0$$
$$1.8v_2-0.3v_3+v_5-v_6-5=0$$

试求：按间接平差时的误差方程式。

3-6　如图 3-10 所示的导线网，在已知点 A、B、C 分别敷设导线相交于结点 G，A_1、B_1、C_1 分别为定向点。已知的起算数据、观测各点上的方向值、网中的导线边长分别见表 3-8 至表 3-10。设观测方向中误差为±8″，导线边长丈量中误差为 $\pm0.8\sqrt{s_i(\mathrm{m})}$ mm，不设固定误差参数。试按间接平差法平差此导线网，并评定精度。

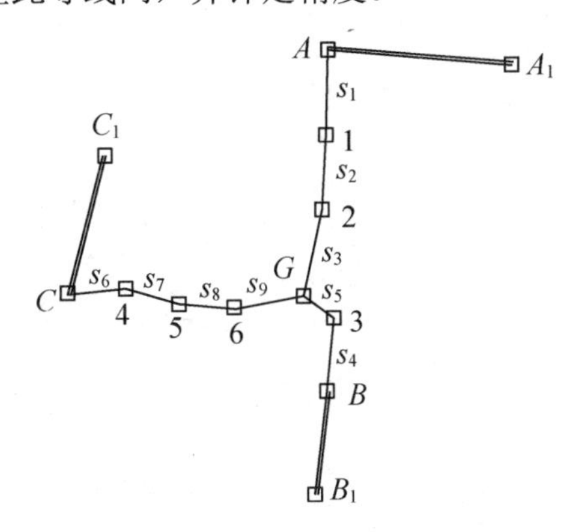

图 3-10　导线网

表 3-8　已知数据表

点　号	已知坐标/m		编号	已知方位角/(°)
	X	Y		
A	11768.714	8419.242	A_1-A	274.2334
B	10878.302	8415.114	B_1-B	8.1027
C	11131.959	7722.199	C_1-C	194.2012

表 3-9　方向观测值

测站	照准点	观测方向/(° ′ ″)	测站	照准点	观测方向/(° ′ ″)	测站	照准点	观测方向/(° ′ ″)
A	A_1	0 00 00	*B*	B_1	0 00 00	5	4	0 00 00
	1	86 43 16		3	176 33 43		6	165 40 29
1	*A*	0 00 00	3	*B*	0 00 00	6	5	0 00 00
	2	182 22 43		*G*	123 09 05		*G*	165 59 58
2	1	0 00 00	*C*	C_1	0 00 00			
	G	188 59 57		4	70 04 34			
G	2	0 00 00	4	*C*	0 00 00			
	3	115 23 37		5	203 16 41			
	6	246 51 23						

表 3-10　边长观测值

边　号	观测值/m	边　号	观测值/m	边　号	观测值/m
1	221.650	4	189.781	7	148.337
2	195.843	5	98.163	8	151.480
3	229.356	6	154.773	9	187.751

第4章　平差综合模型

【学习要点及目标】

- 了解附有参数的条件平差原理及其精度评定；
- 了解附有限制条件的间接平差原理及其精度评定；
- 熟悉各种平差方法的共性和特性。

4.1　附有参数的条件平差

在运用条件平差方法解决问题时，会遇到因缺少观测值而无法列写足够条件方程的问题。如图4-1所示，A、B为已知点，AC为已知边。总观测数$n=6$，必要观测数$t=3$，需要列写3个条件方程。容易列出两个图形条件，即

$$\hat{L}_1+\hat{L}_2+\hat{L}_6-180°=0$$

$$\hat{L}_3+\hat{L}_4+\hat{L}_5-180°=0$$

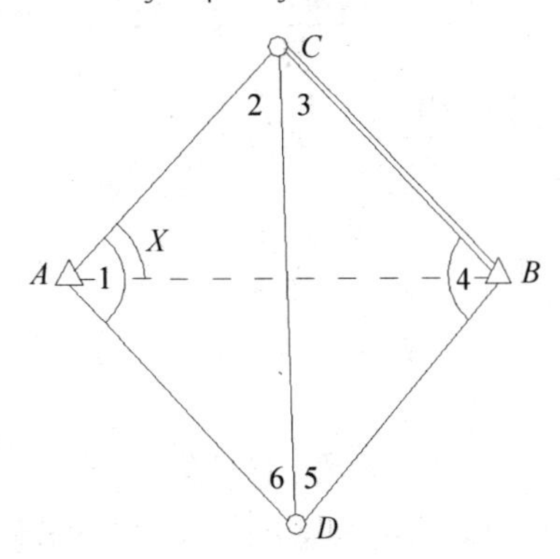

图4-1　控制网示意图

由于A、B两点间不通视，无法观测对角线AB两侧的角度，因此就无法列写第3个条件方程。此时，如果选取$\angle BAC=X$，以B点为极可以列写一个大地四边形的极条件方程，此外还可以列写一个固定边条件，即

$$S_{AB}=S_{BC}\frac{\sin\hat{X}}{\sin(\hat{L}_2+\hat{L}_3)}$$

$$\frac{\sin\hat{X}\sin\hat{L}_3\sin(\hat{L}_5+\hat{L}_6)}{\sin(\hat{L}_1-\hat{X})\sin(\hat{L}_2+\hat{L}_3)\sin\hat{L}_5}=1$$

这样通过选择$u=1$个参数，相当于多一个观测数，就需要列写$\mathrm{r}=n+u-t=4$个方程，这就是附有参数的条件平差的基本思想。

4.1.1 平差原理

设平差问题中有 n 个总观测数，t 个必要观测数，则有 $r = n - t$ 个多余观测数，选取 $u(0<u<t)$个参数 $\hat{X}$，参数之间相互独立，则需要列出的条件方程总数为

$$c = r + u \tag{4-1}$$

由实例可知，附有参数的条件平差的函数模型的一般形式应该包含 $\underset{n\times 1}{\hat{L}}$、$\underset{u\times 1}{\hat{X}}$，即

$$\underset{c\times n}{\boldsymbol{A}}\underset{n\times 1}{\hat{\boldsymbol{L}}}+\underset{c\times u}{\boldsymbol{B}}\underset{u\times 1}{\hat{\boldsymbol{X}}}+\underset{c\times 1}{\boldsymbol{A}_0}=\underset{c\times 1}{\boldsymbol{0}} \tag{4-2}$$

顾及 $\hat{\boldsymbol{L}} = \boldsymbol{L} + \boldsymbol{V}$，$\hat{\boldsymbol{X}} = \boldsymbol{X}^0 + \hat{\boldsymbol{x}}$，$\boldsymbol{X}^0$ 为参数的近似值，代入式(4-2)得条件方程

$$\underset{c\times n}{\boldsymbol{A}}\underset{n\times 1}{\boldsymbol{V}}+\underset{c\times u}{\boldsymbol{B}}\underset{u\times 1}{\hat{\boldsymbol{x}}}-\underset{c\times 1}{\boldsymbol{W}}=\underset{c\times 1}{\boldsymbol{0}} \tag{4-3}$$

式中

$$\boldsymbol{W} = -(\boldsymbol{A}\boldsymbol{L} + \boldsymbol{B}\boldsymbol{X}^0 + \boldsymbol{A}_0)$$

其随机模型为

$$\underset{n\times n}{\boldsymbol{D}} = \sigma_0^2 \underset{n\times n}{\boldsymbol{Q}} = \sigma_0^2 \underset{n\times n}{\boldsymbol{P}^{-1}} \tag{4-4}$$

在最小二乘准则下，组成拉格朗日条件极值函数为

$$\boldsymbol{\Phi} = \boldsymbol{V}^{\mathrm{T}}\boldsymbol{P}\boldsymbol{V} - 2\boldsymbol{K}^{\mathrm{T}}(\boldsymbol{A}\boldsymbol{V} + \boldsymbol{B}\hat{\boldsymbol{x}} - \boldsymbol{W}) \tag{4-5}$$

将 $\boldsymbol{\Phi}$ 分别对 $\boldsymbol{V}$ 和 $\hat{\boldsymbol{x}}$ 求一阶导数，并令其为零

$$\frac{\partial\boldsymbol{\Phi}}{\partial\boldsymbol{V}} = \frac{\partial(\boldsymbol{V}^{\mathrm{T}}\boldsymbol{P}\boldsymbol{V})}{\partial\boldsymbol{V}} - 2\frac{\partial(\boldsymbol{K}^{\mathrm{T}}\boldsymbol{A}\boldsymbol{V})}{\partial\boldsymbol{V}} = 2\boldsymbol{V}^{\mathrm{T}}\boldsymbol{P} - 2\boldsymbol{K}^{\mathrm{T}}\boldsymbol{A} = \boldsymbol{0}$$

$$\frac{\partial\boldsymbol{\Phi}}{\partial\hat{\mathbf{x}}} = -2\frac{\partial(\boldsymbol{K}^{\mathrm{T}}\boldsymbol{B}\hat{\boldsymbol{x}})}{\partial\hat{\mathbf{x}}} = -2\boldsymbol{K}^{\mathrm{T}}\boldsymbol{B} = \boldsymbol{0}$$

转置后分别得

$$\boldsymbol{P}\boldsymbol{V} = \boldsymbol{A}^{\mathrm{T}}\boldsymbol{K} \tag{4-6}$$

$$\boldsymbol{B}^{\mathrm{T}}\boldsymbol{K} = \boldsymbol{0} \tag{4-7}$$

由式(4-6)得

$$\boldsymbol{V} = \boldsymbol{P}^{-1}\boldsymbol{A}^{\mathrm{T}}\boldsymbol{K} = \boldsymbol{Q}\boldsymbol{A}^{\mathrm{T}}\boldsymbol{K} \tag{4-8}$$

联立式(4-3)、式(4-7)、式(4-8)得附有参数的条件平差的基础方程，即

$$\left.\begin{aligned}
&\underset{c\times n}{\boldsymbol{A}}\underset{n\times 1}{\boldsymbol{V}}+\underset{c\times u}{\boldsymbol{B}}\underset{u\times 1}{\hat{\boldsymbol{x}}}-\underset{c\times 1}{\boldsymbol{W}}=\underset{c\times 1}{\boldsymbol{0}}\\
&\underset{n\times 1}{\boldsymbol{V}}=\underset{n\times n}{\boldsymbol{P}^{-1}}\underset{n\times c}{\boldsymbol{A}^{\mathrm{T}}}\underset{c\times 1}{\boldsymbol{K}}=\underset{n\times n}{\boldsymbol{Q}}\underset{n\times c}{\boldsymbol{A}^{\mathrm{T}}}\underset{c\times 1}{\boldsymbol{K}}\\
&\underset{u\times c}{\boldsymbol{B}^{\mathrm{T}}}\underset{c\times 1}{\boldsymbol{K}}=\underset{u\times 1}{\boldsymbol{0}}
\end{aligned}\right\} \tag{4-9}$$

将式(4-8)代入式(4-3)得

$$\underset{c\times n}{\boldsymbol{A}}\underset{n\times n}{\boldsymbol{Q}}\underset{n\times c}{\boldsymbol{A}^{\mathrm{T}}}\underset{c\times 1}{\boldsymbol{K}}+\underset{c\times u}{\boldsymbol{B}}\underset{u\times 1}{\hat{\boldsymbol{x}}}-\underset{c\times 1}{\boldsymbol{W}}=\underset{c\times 1}{\boldsymbol{0}} \tag{4-10}$$

令 $\mathbf{N}_{\mathrm{aa}} = \boldsymbol{A}\boldsymbol{Q}\boldsymbol{A}^{\mathrm{T}}$，故式(4-9)也可写为

$$\left.\begin{aligned}
&\underset{c\times c}{\boldsymbol{N}_{\mathrm{aa}}}\underset{c\times 1}{\boldsymbol{K}}+\underset{c\times u}{\boldsymbol{B}}\underset{u\times 1}{\hat{\boldsymbol{x}}}-\underset{c\times 1}{\boldsymbol{W}}=\underset{c\times 1}{\boldsymbol{0}}\\
&\underset{u\times c}{\boldsymbol{B}^{\mathrm{T}}}\underset{c\times 1}{\boldsymbol{K}}=\underset{u\times 1}{\boldsymbol{0}}
\end{aligned}\right\} \tag{4-11}$$

式(4-11)称为附有参数的条件平差的法方程。

因为 $R(\boldsymbol{N}_{aa})=R(\boldsymbol{AQA}^{T})=R(\boldsymbol{A})=c$，所以 $\boldsymbol{N}_{aa}$ 可逆，用 $\boldsymbol{N}_{aa}^{-1}$ 左乘式(4-11)第一式，得

$$\boldsymbol{K}=\boldsymbol{N}_{aa}^{-1}(\boldsymbol{W}-\boldsymbol{B}\hat{\boldsymbol{x}}) \tag{4-12}$$

将式(4-12)代入基础方程(4-9)第三式，得

$$\boldsymbol{B}^{T}\boldsymbol{N}_{aa}^{-1}(\boldsymbol{W}-\boldsymbol{B}\hat{\boldsymbol{x}})=\boldsymbol{0}$$

即

$$\boldsymbol{B}^{T}\boldsymbol{N}_{aa}^{-1}\boldsymbol{B}\hat{\boldsymbol{x}}-\boldsymbol{B}^{T}\boldsymbol{N}_{aa}^{-1}\boldsymbol{W}=\boldsymbol{0} \tag{4-13}$$

令 $\boldsymbol{N}_{bb}=\boldsymbol{B}^{T}\boldsymbol{N}_{aa}^{-1}\boldsymbol{B}$，$R(\boldsymbol{N}_{bb})=R(\boldsymbol{B}^{T}\boldsymbol{N}_{aa}^{-1}\boldsymbol{B})=R(\boldsymbol{B}^{T}\boldsymbol{B})=u$，$\boldsymbol{N}_{bb}$ 为满秩方阵。由式(4-13)得

$$\hat{\boldsymbol{x}}=\boldsymbol{N}_{bb}^{-1}\boldsymbol{B}^{T}\boldsymbol{N}_{aa}^{-1}\boldsymbol{W} \tag{4-14}$$

将式(4-12)和式(4-14)代入式(4-8)得

$$\boldsymbol{V}=\boldsymbol{QA}^{T}\boldsymbol{N}_{aa}^{-1}(E-\boldsymbol{BN}_{bb}^{-1}\boldsymbol{B}^{T}\boldsymbol{N}_{aa}^{-1})\boldsymbol{W} \tag{4-15}$$

则观测值的平差值和参数的平差值为

$$\begin{cases}\hat{\boldsymbol{L}}=\boldsymbol{L}+\boldsymbol{V}\\ \hat{\boldsymbol{X}}=\boldsymbol{X}^{0}+\hat{\boldsymbol{x}}\end{cases}$$

在实际应用中，可以将式(4-11)写为式(4-16)

$$\begin{bmatrix}\boldsymbol{N}_{aa} & \boldsymbol{B}\\ \boldsymbol{B}^{T} & \boldsymbol{0}\end{bmatrix}\begin{bmatrix}\boldsymbol{K}\\ \hat{\boldsymbol{x}}\end{bmatrix}-\begin{bmatrix}\boldsymbol{W}\\ \boldsymbol{0}\end{bmatrix}=\boldsymbol{0} \tag{4-16}$$

此时，式(4-16)的系数矩阵仍然是对称可逆矩阵，可解得

$$\begin{bmatrix}\boldsymbol{K}\\ \hat{\boldsymbol{x}}\end{bmatrix}=\begin{bmatrix}\boldsymbol{N}_{aa} & \boldsymbol{B}\\ \boldsymbol{B}^{T} & \boldsymbol{0}\end{bmatrix}^{-1}\begin{bmatrix}\boldsymbol{W}\\ \boldsymbol{0}\end{bmatrix} \tag{4-17}$$

这样可以一次求出 $\boldsymbol{K}$、$\hat{\boldsymbol{x}}$，进而求出 $\boldsymbol{V}$、$\hat{\boldsymbol{L}}$、$\hat{\boldsymbol{X}}$。

4.1.2　精度评定

1. 单位权方差的估值公式

附有参数的条件平差的单位权方差的估值，仍然等于残差平方和除以平差问题的自由度，即

$$\hat{\sigma}_0^2=\frac{\boldsymbol{V}^{T}\boldsymbol{PV}}{r}=\frac{\boldsymbol{V}^{T}\boldsymbol{PV}}{c-u} \tag{4-18}$$

它与平差时是否选取参数无关。

2. 平差向量的协因数阵

参与平差的基本向量为 $\boldsymbol{L}$、$\boldsymbol{W}$、$\hat{\boldsymbol{X}}$、$\boldsymbol{K}$、$\boldsymbol{V}$、$\hat{\boldsymbol{L}}$，已知 $\boldsymbol{Q}_{LL}$，简写为 $\boldsymbol{Q}$。平差向量间的线性函数关系可表示为式(4-19)，即

$$
\begin{aligned}
&\boldsymbol{L}=\boldsymbol{E L} \\
&\boldsymbol{W}=-(\boldsymbol{A L}+\boldsymbol{B X}^{0}+\boldsymbol{A}_{0})=-\boldsymbol{A L}-(\boldsymbol{B X}^{0}+\boldsymbol{A}_{0}) \\
&\hat{\boldsymbol{X}}=\boldsymbol{X}^{0}+\hat{\boldsymbol{x}}=\boldsymbol{X}^{0}+\boldsymbol{N}_{\mathrm{bb}}^{-1}\boldsymbol{B}^{\mathrm{T}}\boldsymbol{N}_{\mathrm{aa}}^{-1}\boldsymbol{W} \\
&\boldsymbol{K}=\boldsymbol{N}_{\mathrm{aa}}^{-1}\boldsymbol{W}-\boldsymbol{N}_{\mathrm{aa}}^{-1}\boldsymbol{B}\hat{\boldsymbol{x}} \\
&\boldsymbol{V}=\boldsymbol{P}^{-1}\boldsymbol{A}^{\mathrm{T}}\boldsymbol{K} \\
&\hat{\boldsymbol{L}}=\boldsymbol{L}+\boldsymbol{V}
\end{aligned} \tag{4-19}
$$

由协因数传播律，可得出参与平差的基本向量的协因数矩阵如表 4-1 所示。

表 4-1　附有参数的条件平差平差向量协因数矩阵元素表

	L	W	$\hat{X}$	K	V	$\hat{L}$
L	$\boldsymbol{Q}$	$\boldsymbol{QA}^{\mathrm{T}}$	$-\boldsymbol{QA}^{\mathrm{T}}\boldsymbol{N}_{\mathrm{aa}}^{-1}\cdot\boldsymbol{BQ}_{\hat{X}\hat{X}}$	$-\boldsymbol{QA}^{\mathrm{T}}\boldsymbol{Q}_{\mathrm{KK}}$	$-\boldsymbol{Q}_{\mathrm{VV}}$	$\boldsymbol{Q}-\boldsymbol{Q}_{\mathrm{VV}}$
W	$\boldsymbol{AQ}$	$\boldsymbol{N}_{\mathrm{aa}}$	$-\boldsymbol{BQ}_{\hat{X}\hat{X}}$	$-\boldsymbol{N}_{\mathrm{aa}}\boldsymbol{Q}_{\mathrm{KK}}$	$-\boldsymbol{N}_{\mathrm{aa}}\boldsymbol{Q}_{\mathrm{KK}}\cdot\boldsymbol{AQ}$	$\boldsymbol{BQ}_{\hat{X}\hat{X}}\boldsymbol{B}^{\mathrm{T}}\cdot\boldsymbol{N}_{\mathrm{aa}}^{-1}\boldsymbol{AQ}$
$\hat{X}$	$-\boldsymbol{Q}_{\hat{X}\hat{X}}\boldsymbol{B}^{\mathrm{T}}\cdot\boldsymbol{N}_{\mathrm{aa}}^{-1}\boldsymbol{AQ}$	$-\boldsymbol{Q}_{\hat{X}\hat{X}}\boldsymbol{B}^{\mathrm{T}}$	$\boldsymbol{N}_{\mathrm{bb}}^{-1}$	0	0	$-\boldsymbol{N}_{\mathrm{bb}}^{-1}\boldsymbol{B}^{\mathrm{T}}\cdot\boldsymbol{N}_{\mathrm{aa}}^{-1}\boldsymbol{AQ}$
K	$-\boldsymbol{Q}_{\mathrm{KK}}\boldsymbol{AQ}$	$-\boldsymbol{Q}_{\mathrm{KK}}\boldsymbol{N}_{\mathrm{aa}}$	0	$\boldsymbol{N}_{\mathrm{aa}}^{-1}-\boldsymbol{N}_{\mathrm{aa}}^{-1}\boldsymbol{B}\cdot\boldsymbol{Q}_{\hat{X}\hat{X}}\boldsymbol{B}^{\mathrm{T}}\boldsymbol{N}_{\mathrm{aa}}^{-1}$	$\boldsymbol{Q}_{\mathrm{KK}}\boldsymbol{AQ}$	0
V	$-\boldsymbol{Q}_{\mathrm{VV}}$	$-\boldsymbol{QA}^{\mathrm{T}}\boldsymbol{Q}_{\mathrm{KK}}\boldsymbol{N}_{\mathrm{aa}}$	0	$\boldsymbol{QA}^{\mathrm{T}}\boldsymbol{Q}_{\mathrm{KK}}$	$\boldsymbol{QA}^{\mathrm{T}}\boldsymbol{Q}_{\mathrm{KK}}\cdot\boldsymbol{AQ}$	0
$\hat{L}$	$\boldsymbol{Q}-\boldsymbol{Q}_{\mathrm{VV}}$	$\boldsymbol{QA}^{\mathrm{T}}\boldsymbol{N}_{\mathrm{aa}}^{-1}\cdot\boldsymbol{BQ}_{\hat{X}\hat{X}}\boldsymbol{B}^{\mathrm{T}}$	$\boldsymbol{QA}^{\mathrm{T}}\boldsymbol{N}_{\mathrm{aa}}^{-1}\cdot\boldsymbol{BN}_{\mathrm{bb}}^{-1}$	0	0	$\boldsymbol{Q}-\boldsymbol{Q}_{\mathrm{VV}}$

3. 平差值函数中误差计算

设观测值平差值与参数平差值的一个非线性函数为

$$\hat{\boldsymbol{F}}=f(\hat{\boldsymbol{L}},\hat{\boldsymbol{X}})=f(\hat{L}_1,\hat{L}_2,\cdots,\hat{L}_n,\hat{X}_1,\hat{X}_2,\cdots,\hat{X}_u) \tag{4-20}$$

在点$(L_1,L_2,\cdots,L_n,X_1^0,X_2^0,\cdots,X_u^0)$处全微分得权函数式为

$$\mathrm{d}\hat{\boldsymbol{F}}=\boldsymbol{f}_l^{\mathrm{T}}\mathrm{d}\hat{\boldsymbol{L}}+\boldsymbol{f}_x^{\mathrm{T}}\mathrm{d}\hat{\boldsymbol{X}} \tag{4-21}$$

式中

$$\boldsymbol{f}_l^{\mathrm{T}}=\begin{pmatrix}\left(\dfrac{\partial f}{\partial \hat{L}_1}\right)_0 & \left(\dfrac{\partial f}{\partial \hat{L}_2}\right)_0 & \cdots & \left(\dfrac{\partial f}{\partial \hat{L}_n}\right)_0\end{pmatrix}$$

$$\boldsymbol{f}_x^{\mathrm{T}}=\begin{pmatrix}\left(\dfrac{\partial f}{\partial \hat{X}_1}\right)_0 & \left(\dfrac{\partial f}{\partial \hat{X}_2}\right)_0 & \cdots & \left(\dfrac{\partial f}{\partial \hat{X}_u}\right)_0\end{pmatrix}$$

$$\mathrm{d}\hat{\boldsymbol{L}}=\begin{pmatrix}\mathrm{d}\hat{L}_1 & \mathrm{d}\hat{L}_2 & \cdots & \mathrm{d}\hat{L}_n\end{pmatrix}^{\mathrm{T}},\quad \mathrm{d}\hat{\boldsymbol{X}}=\begin{pmatrix}\mathrm{d}\hat{X}_1 & \mathrm{d}\hat{X}_2 & \cdots & \mathrm{d}\hat{X}_u\end{pmatrix}^{\mathrm{T}}$$

根据协因数传播律，得$\hat{\boldsymbol{F}}$的协因数为

$$\boldsymbol{Q}_{\hat{F}\hat{F}}=\boldsymbol{f}_l^{\mathrm{T}}\boldsymbol{Q}_{\hat{L}\hat{L}}\boldsymbol{f}_l+\boldsymbol{f}_l^{\mathrm{T}}\boldsymbol{Q}_{\hat{L}\hat{X}}\boldsymbol{f}_x+\boldsymbol{f}_x^{\mathrm{T}}\boldsymbol{Q}_{\hat{X}\hat{L}}\boldsymbol{f}_l+\boldsymbol{f}_x^{\mathrm{T}}\boldsymbol{Q}_{\hat{X}\hat{X}}\boldsymbol{f}_x \tag{4-22}$$

则变量$\hat{\boldsymbol{F}}$的中误差为

$$\hat{\sigma}_{\hat{F}} = \hat{\sigma}_0 \sqrt{Q_{\hat{F}\hat{F}}} \tag{4-23}$$

4.2　附有限制条件的间接平差

在间接平差中，所选参数的个数应该等于必要观测数，且参数之间要相互独立。但实际问题中会遇到所选参数个数多于必要观测数的情况，即在平差中选取了 $u > t$ 个量作为参数，其中包含了 t 个独立量，则参数间存在 $s = u - t$ 个限制条件。

如图 4-2 所示的三角网中，A、B 是已知点，C、D 是待定点，观测了 8 个角度。此外，又高精度测量了边长 S_{CD}。这样该网的必要观测数为 3，按坐标平差时，选取 4 个参数，即选取两个待定点纵、横坐标的平差值作为参数，才能列出误差方程式，因为多选了一个参数，因此在参数之间产生了限制条件方程式。这个限制条件方程就是用平差后坐标反算求得的边长 $\hat{S}_{\mathrm{CD}}$ 应分别等于已知的边长 S_{CD}，即

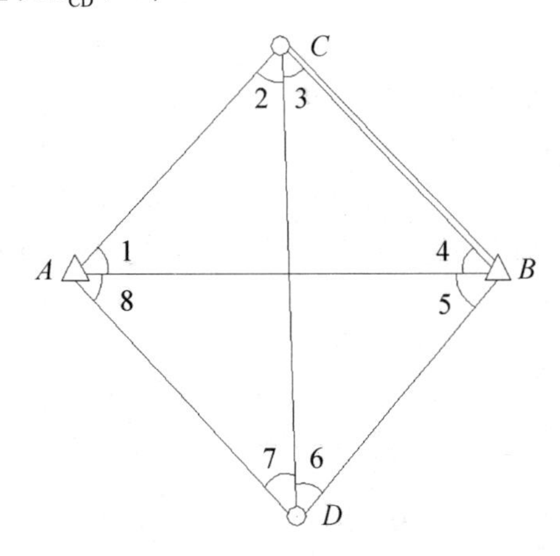

图 4-2　控制点示意图

$$S_{\mathrm{CD}} = \sqrt{(\hat{x}_2 - \hat{x}_1)^2 + (\hat{y}_2 - \hat{y}_1)^2}$$

因此，在应用最小二乘准则进行平差时，除了 8 个误差方程外，还应该考虑限制条件方程。在一个平差问题中，多余观测数 $r = n - t$，如果在平差中选择的参数 $u > t$ 个，其中包含了 t 个独立参数，则参数间存在 $s = u - t$ 个限制条件。平差时列出 n 个观测方程和 s 个参数间限制条件方程，以此为函数模型的平差方法，就是附有限制条件的间接平差。

4.2.1　平差原理

设有 n 个观测值 $\underset{n\times1}{\boldsymbol{L}}$，其权阵为 $\underset{n\times n}{\boldsymbol{P}}$，必要观测数为 t，选取 u 个未知参数 $\underset{u\times1}{\boldsymbol{X}}$，$u > t$，但包含 t 个独立量，参数间限制条件方程数 $s = u - t$。可以列写 n 个误差方程和 s 个条件方程，即

$$\left.\begin{aligned}\hat{\boldsymbol{L}} &= \boldsymbol{F}(\hat{\boldsymbol{X}})\\ \boldsymbol{\Phi}(\hat{\boldsymbol{X}}) &= \boldsymbol{0}\end{aligned}\right\},\quad \left.\begin{aligned}\hat{\boldsymbol{L}} &= \boldsymbol{B}\hat{\boldsymbol{X}} + \boldsymbol{d}\\ \boldsymbol{C}\hat{\boldsymbol{X}} + \boldsymbol{C}_0 &= \boldsymbol{0}\end{aligned}\right\} \tag{4-24}$$

顾及 $\hat{\boldsymbol{L}} = \boldsymbol{L} + \boldsymbol{V}$，$\hat{\boldsymbol{X}} = \boldsymbol{X}^0 + \hat{\boldsymbol{x}}$，$\boldsymbol{X}^0$ 为参数的近似值，则附有限制条件的间接平差函数模

型为

$$\underset{n\times1}{V}=\underset{n\times u}{B}\underset{u\times1}{\hat{x}}-\underset{n\times1}{l} \tag{4-25}$$

式中

$$l=L-(BX^0+d)$$

$$\underset{s\times u}{C}\underset{u\times1}{\hat{x}}-\underset{s\times1}{W_x}=0 \tag{4-26}$$

式中

$$W_x=-(CX^0+C_0)$$

随机模型为

$$D=\sigma_0^2\underset{n\times n}{Q}=\sigma_0^2P^{-1} \tag{4-27}$$

在式(4-25)、式(4-26)中，待求量是n个改正数和u个参数，而方程个数为$n+s$，少于待求量的个数$n+u$，且系数阵的秩等于其增广矩阵的秩，即

$$R\begin{bmatrix}-I & B\\ 0 & C\end{bmatrix}=R\begin{bmatrix}-I & B & l\\ 0 & C & W_x\end{bmatrix}=n+s \tag{4-28}$$

故是有无穷多组解的一组相容方程。为求出使$V^{\mathrm{T}}PV=\min$的唯一解，可按式(4-29)组成条件极值函数，即

$$\varPhi=V^{\mathrm{T}}PV+2K_s^{\mathrm{T}}(C\hat{x}-W_x) \tag{4-29}$$

式中$\underset{s\times1}{K_s}$是联系数向量。由式(4-25)知，V是$\hat{x}$的函数，为求$\varPhi$的极小值，将其对$\hat{x}$取偏导数并令其为零，则有

$$\frac{\partial\varPhi}{\partial\hat{x}}=2V^{\mathrm{T}}P\frac{\partial V}{\partial\hat{x}}+2K_s^{\mathrm{T}}C=2V^{\mathrm{T}}PB+2K_s^{\mathrm{T}}C=0$$

转置后

$$\underset{u\times n}{B^{\mathrm{T}}}\underset{n\times n}{P}\underset{n\times1}{V}+\underset{u\times s}{C^{\mathrm{T}}}\underset{s\times1}{K_s}=\underset{u\times1}{0} \tag{4-30}$$

在式(4-25)、式(4-26)和式(4-30)中，方程的个数是$n+s+u$，待求未知数的个数是n个改正数，u个参数和s个联系数，即方程个数等于未知数个数，故有唯一解。称这3个方程为附有限制条件的间接平差法的基础方程。

解此基础方程通常是先将式(4-25)代入式(4-30)中

$$B^{\mathrm{T}}PB\hat{x}+C^{\mathrm{T}}K_s-B^{\mathrm{T}}Pl=0 \tag{4-31}$$

$$C\hat{x}-W_x=0 \tag{4-32}$$

令

$$\underset{u\times u}{N_{\mathrm{bb}}}=B^{\mathrm{T}}PB,\ \underset{u\times1}{W}=B^{\mathrm{T}}Pl \tag{4-33}$$

故式(4-33)可写成

$$\begin{cases}\underset{u\times u}{N_{\mathrm{bb}}}\underset{u\times1}{\hat{x}}+\underset{u\times s}{C^{\mathrm{T}}}\underset{s\times1}{K_s}-\underset{u\times1}{W}=0\\ \underset{s\times u}{C}\underset{u\times1}{\hat{x}}-\underset{s\times1}{W_x}=0\end{cases} \tag{4-34}$$

式(4-34)即为附有限制条件的间接平差法的法方程。因为N_{bb}满秩可逆阵。用CN_{bb}^{-1}左乘式(4-34)第一式，并减去式(4-34)第二式得

$$\boldsymbol{CN}_{\text{bb}}^{-1}\boldsymbol{C}^{\text{T}}\boldsymbol{K}_s-(\boldsymbol{CN}_{\text{bb}}^{-1}\boldsymbol{W}-\boldsymbol{W}_x)=\boldsymbol{0} \tag{4-35}$$

若令

$$\underset{s\times s}{\boldsymbol{N}_{\text{cc}}}=\underset{s\times u}{\boldsymbol{C}}\ \underset{u\times u}{\boldsymbol{N}_{\text{bb}}^{-1}}\ \underset{u\times s}{\boldsymbol{C}^{\text{T}}} \tag{4-36}$$

则式(4-35)也可以写成

$$\boldsymbol{N}_{\text{cc}}\boldsymbol{K}_s-(\boldsymbol{CN}_{\text{bb}}^{-1}\boldsymbol{W}-\boldsymbol{W}_x)=\boldsymbol{0} \tag{4-37}$$

式中 $\boldsymbol{N}_{\text{cc}}$ 的秩为 $R(\boldsymbol{N}_{\text{cc}})=R(\boldsymbol{CN}_{\text{bb}}^{-1}\boldsymbol{C}^{\text{T}})=R(\boldsymbol{C})=s$，且 $\boldsymbol{N}_{\text{cc}}^{\text{T}}=(\boldsymbol{CN}_{\text{bb}}^{-1}\boldsymbol{C}^{\text{T}})^{\text{T}}=\boldsymbol{CN}_{\text{bb}}^{-1}\boldsymbol{C}^{\text{T}}$，故 $\underset{s\times s}{\boldsymbol{N}_{\text{cc}}}$ 为一个 s 阶的满秩对称可逆方阵，于是

$$\underset{s\times 1}{\boldsymbol{K}_s}=\boldsymbol{N}_{\text{cc}}^{-1}(\boldsymbol{CN}_{\text{bb}}^{-1}\boldsymbol{W}-\boldsymbol{W}_x) \tag{4-38}$$

将式(4-38)代入式(4-34)，经整理可得

$$\underset{u\times 1}{\hat{\boldsymbol{x}}}=(\boldsymbol{N}_{\text{bb}}^{-1}-\boldsymbol{N}_{\text{bb}}^{-1}\boldsymbol{C}^{\text{T}}\boldsymbol{N}_{\text{cc}}^{-1}\boldsymbol{CN}_{\text{bb}}^{-1})\boldsymbol{W}+\boldsymbol{N}_{\text{bb}}^{-1}\boldsymbol{C}^{\text{T}}\boldsymbol{N}_{\text{cc}}^{-1}\boldsymbol{W}_x \tag{4-39}$$

在实际平差计算中，当列出误差方程和限制条件方程之后，即可计算 $\boldsymbol{N}_{\text{bb}}$、$\boldsymbol{N}_{\text{bb}}^{-1}$、$\boldsymbol{N}_{\text{cc}}$、$\boldsymbol{N}_{\text{cc}}^{-1}$，然后由式(4-39)计算 $\hat{\boldsymbol{x}}$，再代入误差方程式(4-25)中计算 $\boldsymbol{V}$，最后由 $\hat{\boldsymbol{L}}=\boldsymbol{L}+\boldsymbol{V}$ 和 $\hat{\boldsymbol{X}}=\boldsymbol{X}^0+\hat{\boldsymbol{x}}$，求得观测值和参数的平差值。

此外，法方程还可以写为式(4-40)，即

$$\begin{bmatrix}\boldsymbol{N}_{\text{bb}} & \boldsymbol{C}^{\text{T}}\\ \boldsymbol{C} & \boldsymbol{0}\end{bmatrix}\begin{bmatrix}\hat{\boldsymbol{x}}\\ \boldsymbol{K}_s\end{bmatrix}-\begin{bmatrix}\boldsymbol{W}\\ \boldsymbol{W}_x\end{bmatrix}=\boldsymbol{0} \tag{4-40}$$

其系数阵为对称满秩阵，可解得 $\hat{\boldsymbol{x}}$ 和 $\boldsymbol{K}_s$ 为

$$\begin{bmatrix}\hat{\boldsymbol{x}}\\ \boldsymbol{K}_s\end{bmatrix}=\begin{bmatrix}\boldsymbol{N}_{\text{bb}} & \boldsymbol{C}^{\text{T}}\\ \boldsymbol{C} & \boldsymbol{0}\end{bmatrix}^{-1}\begin{bmatrix}\boldsymbol{W}\\ \boldsymbol{W}_x\end{bmatrix} \tag{4-41}$$

然后将 $\hat{\boldsymbol{x}}$ 代入误差方程，即可求得改正数 $\boldsymbol{V}$ 的值，将 $\boldsymbol{V}$ 和解算法方程求得的 $\hat{\boldsymbol{x}}$ 代入 $\hat{\boldsymbol{L}}=\boldsymbol{L}+\boldsymbol{V}$ 和 $\hat{\boldsymbol{X}}=\boldsymbol{X}^0+\hat{\boldsymbol{x}}$，可分别求得观测值的平差值和参数的平差值。

4.2.2　精度评定

1. 单位权方差的估值公式

附有限制条件的间接平差的单位权方差估值仍是 $\boldsymbol{V}^{\text{T}}\boldsymbol{PV}$ 除以其自由度，即

$$\hat{\sigma}_0^2=\frac{\boldsymbol{V}^{\text{T}}\boldsymbol{PV}}{r}=\frac{\boldsymbol{V}^{\text{T}}\boldsymbol{PV}}{n-u+s} \tag{4-42}$$

2. 协因数阵

在附有限制条件的间接平差法中，基本向量为 $\boldsymbol{L}$、$\boldsymbol{W}$、$\hat{\boldsymbol{X}}$、$\boldsymbol{K}_s$、$\boldsymbol{V}$ 和 $\hat{\boldsymbol{L}}$。顾及 $\boldsymbol{Q}_{\text{LL}}=\boldsymbol{Q}$，即可推求各基本向量的协因数阵以及两两向量之间的互协因数阵。

因为平差值方程的形式是 $\hat{\boldsymbol{L}}=\boldsymbol{F}(\hat{\boldsymbol{X}})$，误差方程的常数项 $\boldsymbol{l}=\boldsymbol{L}-\boldsymbol{F}(\boldsymbol{X}^0)$，其中 $\boldsymbol{F}(\boldsymbol{X}^0)$ 为常量，对精度计算无影响，故有

$$\boldsymbol{W}=\boldsymbol{B}^{\text{T}}\boldsymbol{Pl}=\boldsymbol{B}^{\text{T}}\boldsymbol{PL}+\boldsymbol{W}^0$$

其中 $\boldsymbol{W}^0$ 亦为常量。于是基本向量的表达式为

$$L = EL$$
$$W = B^{\mathrm{T}}PL + W^0$$
$$\hat{X} = X^0 + \hat{x} = X^0 + (N_{\mathrm{bb}}^{-1} - N_{\mathrm{bb}}^{-1}C^{\mathrm{T}}N_{\mathrm{cc}}^{-1}CN_{\mathrm{bb}}^{-1})W + N_{\mathrm{bb}}^{-1}C^{\mathrm{T}}N_{\mathrm{cc}}^{-1}W_x$$
$$K_s = N_{\mathrm{cc}}^{-1}CN_{\mathrm{bb}}^{-1}W - N_{\mathrm{cc}}^{-1}W_x$$
$$V = B\hat{x} - l$$
$$\hat{L} = L + V$$

由以上各表达式，可将平差各基本向量的互协因数的结果列于表 4-2 中，以便查用。

表 4-2　附有限制条件的间接平差各量的协因数阵

	L	W	K_s	$\hat{X}$	V	$\hat{L}$
L	Q	B	$BN_{\mathrm{bb}}^{-1}C^{\mathrm{T}}N_{\mathrm{cc}}^{-1}$	$BQ_{\hat{X}\hat{X}}$	$-Q_{\mathrm{VV}}$	$Q-Q_{\mathrm{VV}}$
W	B^{T}	N_{bb}	$C^{\mathrm{T}}N_{\mathrm{cc}}^{-1}$	$N_{\mathrm{bb}}Q_{\hat{X}\hat{X}}$	$(Q_{\hat{X}\hat{X}}N_{\mathrm{bb}}-I)^{\mathrm{T}}B^{\mathrm{T}}$	$N_{\mathrm{bb}}Q_{\hat{X}\hat{X}}B^{\mathrm{T}}$
K_s	$N_{\mathrm{cc}}^{-1}CN_{\mathrm{bb}}^{-1}B^{\mathrm{T}}$	$N_{\mathrm{cc}}^{-1}C$	N_{cc}^{-1}	0	$-N_{\mathrm{cc}}^{-1}CN_{\mathrm{bb}}^{-1}B^{\mathrm{T}}$	0
$\hat{X}$	$Q_{\hat{X}\hat{X}}B^{\mathrm{T}}$	$Q_{\hat{X}\hat{X}}N_{\mathrm{bb}}$	0	$N_{\mathrm{bb}}^{-1}-N_{\mathrm{bb}}^{-1}\cdot C^{\mathrm{T}}N_{\mathrm{cc}}^{-1}CN_{\mathrm{bb}}^{-1}$	0	$Q_{\hat{X}\hat{X}}B^{\mathrm{T}}$
V	$-Q_{\mathrm{VV}}$	$B(Q_{\hat{X}\hat{X}}N_{\mathrm{bb}}-\mathrm{I})$	$-BN_{\mathrm{bb}}^{-1}C^{\mathrm{T}}N_{\mathrm{cc}}^{-1}$	0	$Q-BQ_{\hat{X}\hat{X}}B^{\mathrm{T}}$	0
$\hat{L}$	$Q-Q_{\mathrm{VV}}$	$BQ_{\hat{X}\hat{X}}N_{\mathrm{bb}}$	0	$BQ_{\hat{X}\hat{X}}$	0	$Q-Q_{\mathrm{VV}}$

3. 平差参数函数的协因数

在附有限制条件的间接平差中，因在 u 个参数中包含了 t 个独立参数，故任意量的平差值都可以表达成这 u 个参数的函数。设某个量的平差值为

$$\hat{\varphi} = \varPhi(\hat{X}) \tag{4-43}$$

对其全微分，得权函数式为

$$\mathrm{d}\hat{\varphi} = \frac{\partial \varPhi}{\partial \hat{X}}\mathrm{d}\hat{X} = f^{\mathrm{T}}\mathrm{d}\hat{X} \tag{4-44}$$

式中

$$f^{\mathrm{T}} = \begin{bmatrix} \dfrac{\partial \varPhi}{\partial \hat{X}_1} & \dfrac{\partial \varPhi}{\partial \hat{X}_2} & \cdots & \dfrac{\partial \varPhi}{\partial \hat{X}_u} \end{bmatrix} \tag{4-45}$$

用 X^0 代入各偏导数中，即得各偏导数值，然后按式(4-46)计算其协因数，即

$$Q_{\hat{\varphi}\hat{\varphi}} = f^{\mathrm{T}}Q_{\hat{X}\hat{X}}f \tag{4-46}$$

$Q_{\hat{X}\hat{X}}$ 可按表 4-2 中给出的公式计算。于是变量 $\hat{\varphi}$ 的中误差为

$$\hat{\sigma}_{\hat{\varphi}} = \hat{\sigma}_0\sqrt{Q_{\hat{\varphi}\hat{\varphi}}} \tag{4-47}$$

4.3　附有限制条件的条件平差

4.3.1　平差原理

前面学习了条件平差、附有参数的条件平差、间接平差、附有条件的间接平差 4 种经典

平差方法，这 4 种方法的区别就在于函数模型不同。从函数模型上看，4 种平差方法包含以下 4 类条件方程：

(1) $\boldsymbol{F}(\tilde{\boldsymbol{L}})=\boldsymbol{0}$，其线性形式为 $\boldsymbol{A}\tilde{\boldsymbol{L}}+\boldsymbol{A}_0=\boldsymbol{0}$；

(2) $\tilde{\boldsymbol{L}}=\boldsymbol{F}(\tilde{\boldsymbol{X}})$；其线性形式为 $\tilde{\boldsymbol{L}}=\boldsymbol{B}\tilde{\boldsymbol{X}}+\boldsymbol{d}$；

(3) $\boldsymbol{F}(\tilde{\boldsymbol{L}},\tilde{\boldsymbol{X}})=\boldsymbol{0}$；其线性形式为 $\boldsymbol{A}\tilde{\boldsymbol{L}}+\boldsymbol{B}\tilde{\boldsymbol{X}}+\boldsymbol{A}_0=\boldsymbol{0}$；

(4) $\boldsymbol{\varPhi}(\tilde{\boldsymbol{X}})=\boldsymbol{0}$；其线性形式为 $\boldsymbol{C}\tilde{\boldsymbol{X}}+\boldsymbol{C}_0=\boldsymbol{0}$。

前 3 类方程中都含有观测量或同时含有观测量和未知参数，在最后一种方程中则只含有参数而无观测量，为了便于区别，将前 3 种类型的方程统称为一般条件方程，其中第二类条件方程又称为观测方程，而将最后一类条件方程称为限制条件方程。

但在很多情况下，即使选了 $u<t$ 或 $u=t$ 个参数，它们之间也是相关的，即使选择了 $u>t$ 个参数，也不一定就包含 t 个独立参数，这是前面几种方法中所未提及的概念。在这种情况下，应该采用何种的函数模型和平差方法，正是本节所要讨论的内容。

对于任意一个平差问题，设观测值个数为 n，必要观测数为 t，则多余观测数 $r=n-t$。若选用了 u 个参数，不论 $u<t$、$u=t$ 还是 $u>t$，也不论参数是否独立，每增加一个参数则相应地增加一个方程，故方程总数为 $c=r+u$。如果在 u 个参数中存在 s 个不独立的参数，或者说，在这 u 个参数之间存在 s 个函数关系式，则方程总数 c 中除含有 $r+u-s$ 个一般条件方程外，还包含 s 个限制条件方程。因此就形成了以下的函数模型，即

$$\underset{c\times1}{\boldsymbol{F}}(\tilde{\boldsymbol{L}},\tilde{\boldsymbol{X}})=\boldsymbol{0} \tag{4-48}$$

$$\underset{s\times1}{\boldsymbol{\varPhi}}(\tilde{\boldsymbol{X}})=\boldsymbol{0} \tag{4-49}$$

这就是附有限制条件的条件平差函数模型，又称为概括平差函数模型。

若为线性形式，则为

$$\underset{c\times n}{\boldsymbol{A}}\,\underset{n\times1}{\tilde{\boldsymbol{L}}}+\underset{c\times u}{\boldsymbol{B}}\,\underset{u\times1}{\tilde{\boldsymbol{X}}}+\underset{c\times1}{\boldsymbol{A}_0}=\boldsymbol{0} \tag{4-50}$$

$$\underset{s\times u}{\boldsymbol{C}}\,\underset{u\times1}{\tilde{\boldsymbol{X}}}+\underset{s\times1}{\boldsymbol{C}_0}=\boldsymbol{0} \tag{4-51}$$

考虑到

$$\tilde{\boldsymbol{L}}=\boldsymbol{L}+\boldsymbol{\varDelta}\qquad\qquad \tilde{\boldsymbol{X}}=\boldsymbol{X}^0+\tilde{\boldsymbol{x}}$$

则可写出其线性化后的函数模型为

$$\underset{c\times n}{\boldsymbol{A}}\,\underset{n\times1}{\boldsymbol{\varDelta}}+\underset{c\times u}{\boldsymbol{B}}\,\underset{u\times1}{\tilde{\boldsymbol{x}}}-\underset{c\times1}{\boldsymbol{W}}=\boldsymbol{0} \tag{4-52}$$

$$\underset{s\times u}{\boldsymbol{C}}\,\underset{u\times1}{\tilde{\boldsymbol{x}}}-\underset{s\times1}{\boldsymbol{W}_x}=\boldsymbol{0} \tag{4-53}$$

将 $\boldsymbol{\varDelta}$ 和 $\tilde{\boldsymbol{x}}$ 的估值 $\boldsymbol{V}$ 和 $\hat{\boldsymbol{x}}$ 代入式(4-53)，则有

$$\underset{c\times n}{\boldsymbol{A}}\,\underset{n\times1}{\boldsymbol{V}}+\underset{c\times u}{\boldsymbol{B}}\,\underset{u\times1}{\hat{\boldsymbol{x}}}-\underset{c\times1}{\boldsymbol{W}}=\boldsymbol{0} \tag{4-54}$$

$$\underset{s\times u}{C}\,\underset{u\times 1}{\hat{x}}-\underset{s\times 1}{W_x}=0 \tag{4-55}$$

式中

$$W=-(AL+BX^0+A_0)\text{，}\quad W_x=-(CX^0+C_0)$$

以式(4-54)、式(4-55)作为函数模型而进行的平差，称为附有限制条件的条件平差，有的文献也称其为概括平差函数模型。

按照最小二乘准则，要求$\Phi=V^{\mathrm{T}}PV=\min$，为此，按求条件极值的方法组成新的函数

$$\Phi=V^{\mathrm{T}}PV-2K^{\mathrm{T}}(AV+B\hat{x}-W)-2K_s^{\mathrm{T}}(C\hat{x}-W_x) \tag{4-56}$$

为求其极小值，将式(4-56)分别对V和$\hat{x}$求一阶偏导数，并令一阶偏导数为零，得

$$\frac{\partial \Phi}{\partial V}=2V^{\mathrm{T}}P-2K^{\mathrm{T}}A=0$$

$$\frac{\partial \Phi}{\partial \hat{x}}=-2K^{\mathrm{T}}B-2K_s^{\mathrm{T}}C=0$$

两边转置整理后，则有

$$\underset{n\times n}{P}\,\underset{n\times 1}{V}-\underset{n\times c}{A^{\mathrm{T}}}\,\underset{c\times 1}{K}=0 \tag{4-57}$$

$$\underset{u\times c}{B^{\mathrm{T}}}\,\underset{c\times 1}{K}+\underset{u\times s}{C^{\mathrm{T}}}\,\underset{s\times 1}{K_s}=0 \tag{4-58}$$

以上式(4-54)、式(4-55)、式(4-57)、式(4-58) 4 式联合称为附有限制条件的条件平差的基础方程。其中共包括有$n+u+c+s$个方程，包含的未知量的个数也是$n+u+c+s$个，它们分别是$\underset{n\times 1}{V}$、$\underset{u\times 1}{\hat{x}}$、$\underset{c\times 1}{K}$和$\underset{s\times 1}{K_s}$，方程的个数和未知量的个数相同，可唯一确定各未知量。

解算此基础方程，通常是先从式(4-57)解得

$$\underset{n\times 1}{V}=P^{-1}A^{\mathrm{T}}K=QA^{\mathrm{T}}K \tag{4-59}$$

式(4-59)称为改正数方程。

将此式代入式(4-54)，则有

$$\underset{c\times n}{A}\,\underset{n\times n}{P^{-1}}\,\underset{n\times c}{A^{\mathrm{T}}}\,\underset{c\times 1}{K}+\underset{c\times u}{B}\,\underset{u\times 1}{\hat{x}}-\underset{c\times 1}{W}=0$$

令

$$N_{\mathrm{aa}}=AP^{-1}A^{\mathrm{T}}$$

联合式(4-55)和式(4-58)，则得

$$\begin{cases}\underset{c\times c}{N_{\mathrm{aa}}}\,\underset{c\times 1}{K}+\underset{c\times u}{B}\,\underset{u\times 1}{\hat{x}}-\underset{c\times 1}{W}=0 & \text{(4-60a)}\\ \underset{u\times c}{B^{\mathrm{T}}}\,\underset{c\times 1}{K}+\underset{u\times s}{C^{\mathrm{T}}}\,\underset{s\times 1}{K_s}=0 & \text{(4-60b)}\\ \underset{s\times u}{C}\,\underset{u\times 1}{\hat{x}}-\underset{s\times 1}{W_x}=0 & \text{(4-60c)}\end{cases}$$

称式(4-60)为附有限制条件的条件平差的法方程。

由式(4-60a)可得

$$K = N_{aa}^{-1}(W - B\hat{x}) \tag{4-61}$$

将其代入式(4-60b)得

$$B^{T}N_{aa}^{-1}(W - B\hat{x}) + C^{T}K_{s} = 0$$

即

$$B^{T}N_{aa}^{-1}B\hat{x} - C^{T}K_{s} - B^{T}N_{aa}^{-1}W = 0 \tag{4-62}$$

若令

$$\underset{u\times u}{N_{bb}} = B^{T}N_{aa}^{-1}B\text{，}\quad \underset{u\times 1}{W_{e}} = B^{T}N_{aa}^{-1}W$$

则式(4-62)可以写为

$$N_{bb}\hat{x} - C^{T}K_{s} - W_{e} = 0$$

于是可求得

$$\hat{x} = N_{bb}^{-1}(C^{T}K_{s} + W_{e}) \tag{4-63}$$

将式(4-63)代入式(4-68c)得

$$CN_{bb}^{-1}(C^{T}K_{s} + W_{e}) - W_{x} = 0$$

即

$$CN_{bb}^{-1}C^{T}K_{s} + CN_{bb}^{-1}W_{e} - W_{x} = 0 \tag{4-64}$$

令

$$N_{cc} = CN_{bb}^{-1}C^{T}$$

于是式(4-64)可写成

$$N_{cc}K_{s} + CN_{bb}^{-1}W_{e} - W_{x} = 0$$

由此式可得

$$K_{s} = N_{cc}^{-1}(W_{x} - CN_{bb}^{-1}W_{e}) \tag{4-65}$$

将式(4-65)代入式(4-63)，整理可得

$$\hat{x} = (N_{bb}^{-1} - N_{bb}^{-1}C^{T}N_{cc}^{-1}CN_{bb}^{-1})W_{e} + N_{bb}^{-1}C^{T}N_{cc}^{-1}W_{x} \tag{4-66}$$

将式(4-61)代入式(4-59)，整理可得

$$V = P^{-1}A^{T}N_{aa}^{-1}(W - B\hat{x}) \tag{4-67}$$

在实际计算时，当列出函数模型式(4-54)和式(4-55)后，即可计算 N_{aa}、N_{aa}^{-1}、N_{bb}、N_{bb}^{-1}、N_{cc}、N_{cc}^{-1} 和 W_{e}，然后根据式(4-66)解算 $\hat{x}$，再由式(4-67)求得观测值的改正数 V。最后由式(4-68)求得观测值的平差值 $\hat{L}$ 和参数的平差值 $\hat{X}$，即

$$\left.\begin{aligned}\hat{L} &= L + V\\ \hat{X} &= X^{0} + \hat{x}\end{aligned}\right\} \tag{4-68}$$

还可以将式(4-60)改写为式(4-69)

$$\begin{bmatrix} N_{aa} & B & 0\\ B^{T} & 0 & C^{T}\\ 0 & C & 0\end{bmatrix}\begin{bmatrix} K\\ \hat{x}\\ K_{s}\end{bmatrix} - \begin{bmatrix} W\\ 0\\ W_{x}\end{bmatrix} = 0 \tag{4-69}$$

式(4-69)的系数矩阵为满秩对称阵，可以解得

$$\begin{bmatrix} K \\ \hat{x} \\ K_s \end{bmatrix} = \begin{bmatrix} N_{aa} & B & 0 \\ B^T & 0 & C^T \\ 0 & C & 0 \end{bmatrix}^{-1} \begin{bmatrix} W \\ 0 \\ W_x \end{bmatrix} \tag{4-70}$$

然后将 $\boldsymbol{K}$ 代入式(4-59)即可求得改正数 $\boldsymbol{V}$ 的值，进而观测值的平差值 $\hat{\boldsymbol{L}}$ 和参数的平差值 $\hat{\boldsymbol{X}}$ 。

4.3.2 精度评定

1. 单位权方差估值公式

附有限制条件的条件平差法的单位权方差估值的计算仍然是用 $\boldsymbol{V}^T\boldsymbol{PV}$ 除以它的自由度(多余观测个数) r，即

$$\hat{\sigma}_0^2 = \frac{V^T PV}{r} = \frac{V^T PV}{c-u+s} \tag{4-71}$$

其中 $\boldsymbol{V}^T\boldsymbol{PV}$ 的计算，可以利用观测值的改正数及其权阵直接计算，也可以使用下面推导的公式进行计算。

由式(4-59)知 $V = P^{-1}A^T K$ ，则

$$V^T PV = V^T P(P^{-1}A^T K) = V^T A^T K = (AV)^T K$$

而 $\underset{c\times n}{A}\underset{n\times 1}{V} + \underset{c\times u}{B}\underset{u\times 1}{\hat{x}} - \underset{c\times 1}{W} = 0$ ，所以

$$V^T PV = (W - B\hat{x})^T K = W^T K - \hat{x}^T B^T K$$

因为 $\underset{u\times c}{B^T}\underset{c\times 1}{K} + \underset{u\times s}{C^T}\underset{s\times 1}{K_s} = 0$ ，则有

$$V^T PV = W^T K + \hat{x}^T C^T K_s = W^T K + (C\hat{x})^T K_s$$

考虑到 $\underset{s\times u}{C}\underset{u\times 1}{\hat{x}} - \underset{s\times 1}{W_x} = 0$ ，有

$$V^T PV = W^T K + W_x^T K_s \tag{4-72}$$

若将 $K = N_{aa}^{-1}(W - B\hat{x})$ 代入式(4-72)，得

$$V^T PV = W^T N_{aa}^{-1}(W - B\hat{x}) + W_x^T K_s = W^T N_{aa}^{-1} W - W^T N_{aa}^{-1} B\hat{x} + W_x^T K_s$$

顾及 $\underset{u\times 1}{W_e} = B^T N_{aa}^{-1} W$ ，则

$$V^T PV = W^T N_{aa}^{-1} W - W_e^T \hat{x} + W_x^T K_s \tag{4-73}$$

2. 各种向量的协因数阵

在附有限制条件的条件平差中，基本向量有 $\boldsymbol{L}$ 、$\boldsymbol{W}$ 、$\hat{\boldsymbol{X}}$ 、$\boldsymbol{K}$ 、$\boldsymbol{K}_s$ 、$\boldsymbol{V}$ 和 $\hat{\boldsymbol{L}}$ ，现已知观测值 $\boldsymbol{L}$ 的协因数阵 $Q_{LL} = Q = P^{-1}$ ，为求其他量的协因数阵和互协因数阵，最基本的思路是把它们表达成已知协因数阵的向量的线性函数，然后根据协因数传播律进行求解。

根据原理可以写出这些向量的基本表达式为

$$\begin{aligned} &L = EL \\ &W = -(AL + BX^0 + A_0) = -AL + W^0 \\ &\hat{x} = (N_{bb}^{-1} - N_{bb}^{-1}C^T N_{cc}^{-1} C N_{bb}^{-1})W_e + N_{bb}^{-1}C^T N_{cc}^{-1} W_x \\ &K = N_{aa}^{-1}(W - B\hat{x}) = N_{aa}^{-1}W - N_{aa}^{-1}B\hat{x} \end{aligned}$$

$$K_s = N_{cc}^{-1}(W_x - CN_{bb}^{-1}W_e) = N_{cc}^{-1}W_x - N_{cc}^{-1}CN_{bb}^{-1}W_e$$
$$V = P^{-1}A^{T}K = QA^{T}K$$
$$\hat{L} = L + V$$

下面举例说明若干协因数阵的推导，考虑到 $\hat{X}$ 为非随机量，所以 W_x 可以视为常量。

$$Q_{WW} = AQ_{LL}A^{T} = N_{aa} \tag{4-74}$$

因为 $\underset{u\times 1}{W_e} = B^{T}N_{aa}^{-1}W$，所以

$$Q_{WeWe} = B^{T}N_{aa}^{-1}N_{aa}N_{aa}^{-1}B = B^{T}N_{aa}^{-1}B = N_{bb} \tag{4-75}$$

$$\begin{aligned}Q_{\hat{X}\hat{X}} &= (N_{bb}^{-1} - N_{bb}^{-1}C^{T}N_{cc}^{-1}CN_{bb}^{-1})N_{bb}(N_{bb}^{-1} - N_{bb}^{-1}C^{T}N_{cc}^{-1}CN_{bb}^{-1})^{T} \\ &= (E - N_{bb}^{-1}C^{T}N_{cc}^{-1}C)(N_{bb}^{-1} - N_{bb}^{-1}C^{T}N_{cc}^{-1}CN_{bb}^{-1})^{T} \\ &= (N_{bb}^{-1} - N_{bb}^{-1}C^{T}N_{cc}^{-1}CN_{bb}^{-1} - N_{bb}^{-1}C^{T}N_{cc}^{-1}CN_{bb}^{-1} + \\ &\quad N_{bb}^{-1}C^{T}N_{cc}^{-1}CN_{bb}^{-1}C^{T}N_{cc}^{-1}CN_{bb}^{-1})\end{aligned}$$

因为 $N_{cc} = CN_{bb}^{-1}C^{T}$，所以

$$\begin{aligned}Q_{\hat{X}\hat{X}} &= N_{bb}^{-1} - N_{bb}^{-1}C^{T}N_{cc}^{-1}CN_{bb}^{-1} - N_{bb}^{-1}C^{T}N_{cc}^{-1}CN_{bb}^{-1} + N_{bb}^{-1}C^{T}N_{cc}^{-1}CN_{bb}^{-1} \\ &= N_{bb}^{-1} - N_{bb}^{-1}C^{T}N_{cc}^{-1}CN_{bb}^{-1}\end{aligned} \tag{4-76}$$

由此可见，参数改正数 $\hat{x}$ 也可以表示为

$$\hat{x} = Q_{\hat{X}\hat{X}}W_e + N_{bb}^{-1}C^{T}N_{cc}^{-1}W_x \tag{4-77}$$

其他协因数阵不再一一推导。

4.4　各种平差方法的共性和特性

前面已经学习了 5 种不同的平差方法。不同的平差方法对应着形式不同的函数模型，在所有这些函数模型中，待求的未知数都是多于其方程的个数，而且它们系数矩阵的秩都等于其增广矩阵的秩，因此，这些方程都具有无穷多组解。为了解决解不唯一的问题，都采用最小二乘准则。对同一个平差问题而言，无论采用何种函数模型，其最后的平差值及其精度都是相同的。

5 种平差方法具有各自的优、缺点。在解决实际问题的过程中，平差方法的选择取决于：①方程列写的难易程度；②解方程工作量的大小，是否便于计算机程序设计；②问题的要求。

条件平差法是通过列立 r 个独立平差值条件方程来建立函数模型，方程的个数为 $c = r$ 个，法方程的阶数也为 r，在最小二乘准则作用下求平差值，并评定精度。这种方法的缺点在于平差值条件方程的列写形式较为复杂，可选形式多，对于观测数据量大的大型平面网，独立条件方程的选择困难，法方程的阶数大，计算工作量大，且不利于计算机程序设计。

附有参数的条件平差需要选择 u 个独立参数，且 $u < t$，通过列写观测值之间或观测值与参数之间满足的条件方程来建立函数模型，方程的个数为 $c = r + u$，法方程的阶数为 $r + u$。对于通过直接观测量难以列写条件方程式或只要求获得个别非观测量的平差值和精度的平差问题，采用附有参数的条件平差法就比较合适了。

间接平差是通过选择 $u = t$ 个独立参数建立函数模型的方法，方程的个数为 $c = r + u = n$，

法方程的阶数为t。在最小二乘准则作用下，通过求自由极值的方法获得参数的平差值。其优点是：误差方程形式统一，规律性强，便于列写；便于计算机程序设计来解决计算问题；所选的参数往往就是问题要求的结果。例如，水准网中选待定点高程作参数，平面网中选待定点的坐标作参数。对大型平面控制网，必要观测的个数往往大大小于多余观测数，因此间接平差的法方程阶数较条件平差低，计算量相对较小。

附有条件的间接平差中，因为所选参数的个数$u>t$，造成参数间存在$s=u-t$个限制条件方程，因此，模型建立时，除按间接平差法对每一个观测值列写一个方程外，还要列出参数之间所满足的s个限制条件方程，方程的总数为$r+u=n+s$个，法方程的个数为$u+s$个。其特点与间接平差基本相同。

附有条件的条件平差作为一种综合模型具有特殊的作用：

当式(4-54)、式(4-55)中的系数阵$\boldsymbol{B}=\boldsymbol{0}$，$\boldsymbol{C}=\boldsymbol{0}$时，就变为条件平差的函数模型。

当式(4-54)、式(4-55)中的系数阵$\boldsymbol{C}=\boldsymbol{0}$时，就变为附有参数的条件平差的函数模型。

当式(4-54)、式(4-55)中的系数阵$\boldsymbol{C}=\boldsymbol{0}$和$\boldsymbol{A}=-\boldsymbol{I}$时，就变为间接平差的函数模型。

当式(4-54)、式(4-55)中的系数阵$\boldsymbol{A}=-\boldsymbol{I}$时，就变为附有条件的间接平差的函数模型。

可见，其他平差方法的函数模型都是附有条件的条件平差方法函数模型的一个特例，或者说该模型概括了所有的模型，所以，该模型又称为“概括平差函数模型”。本章求解平差值和精度的公式也可以称为“通用公式”。特别地，条件平差函数模型是附有参数的条件平差的特例；间接平差是附有条件的间接平差的一种特例。

习　题

4-1　在图4-3所示的水准网中，A为已知点，H_A=15.100m，各水准路线观测值为

$$\boldsymbol{h}=[1.359\quad 2.009\quad 0.363\quad 1.012\quad 0.657]^{\mathrm{T}}\ \mathrm{m}$$

均为等精度观测。若设D点高程的最或是值与D、A间高差的最或是值为参数$\hat{X}_1$和$\hat{X}_2$，取近似值为：

$$\hat{X}_1^0=14.104\,\mathrm{m},\quad \hat{X}_2^0=0.996\,\mathrm{m}$$

试按附有限制条件的条件平差法：

(1) 列写条件方程和限制条件方程；

(2) 求解$\hat{\boldsymbol{X}}$、$\boldsymbol{V}$和$\hat{\boldsymbol{L}}$。

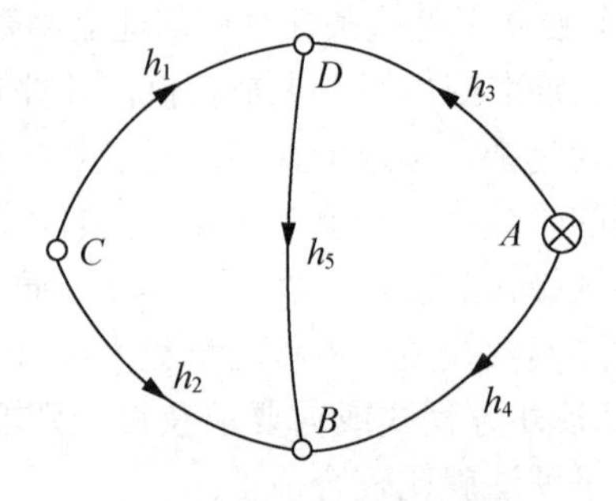

图4-3　水准网示意图

4-2 在图 4-4 所示的测角网中，A、B、C 点为已知点，P_1、P_2 为待定点，已知数据为：S_{AB}=4001.117m，S_{BC}=7734.443m，T_{AB}=14° 00′ 35.77″，T_{BC}=123° 10′ 57.97″。角度观测值见表 4-3。

表 4-3 测角网角度观测值

角 号	观测值/° ′ ″			角 号	观测值/° ′ ″		
1	84	07	38.2	7	74	18	16.8
2	37	46	34.9	8	77	27	59.1
3	58	05	44.1	9	28	13	43.2
4	33	03	03.2	10	55	21	09.9
5	126	01	55.7	11	72	22	25.8
6	20	55	02.3	12	52	16	20.5

若选∠2 和∠4 为未知参数 $\hat{X}_1$ 和 $\hat{X}_2$，其近似值设为 $\hat{X}_1^0=L_2$ 和 $\hat{X}_2^0=L_4$，试按附有限制条件的条件平差求观测值的改正数 $\boldsymbol{V}$。

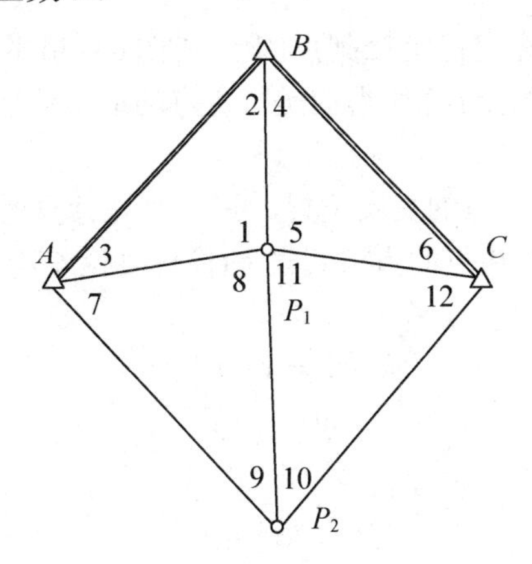

图 4-4 测角网示意图

第5章　误 差 椭 圆

【学习要点及目标】

- 了解点位误差的基本概念；
- 熟悉点位误差计算步骤与方法；
- 熟悉误差曲线、误差椭圆、相对误差椭圆的计算步骤。

5.1　点位误差概述

平面控制测量的目的是确定待定控制点的一对平面直角坐标。由于观测值总是带有误差，因而根据观测值，通过平差计算所得的是待定点的最或然坐标 x、y，并不是其坐标真值 $\tilde{x}$、$\tilde{y}$。

如图 5-1 所示，P 为某待定点的真实位置，P' 为平差计算所求得的最或然点位，那么 P' 点相对 P 点的偏移量 ΔP 就是 P 点的点位真误差(简称真位差)。ΔP 在 x、y 坐标轴上的投影分别为

$$\left.\begin{aligned}\Delta x = \tilde{x} - x \\ \Delta y = \tilde{y} - y\end{aligned}\right\} \tag{5-1}$$

由图 5-1 可知

$$\Delta P^2 = \Delta x^2 + \Delta y^2 \tag{5-2}$$

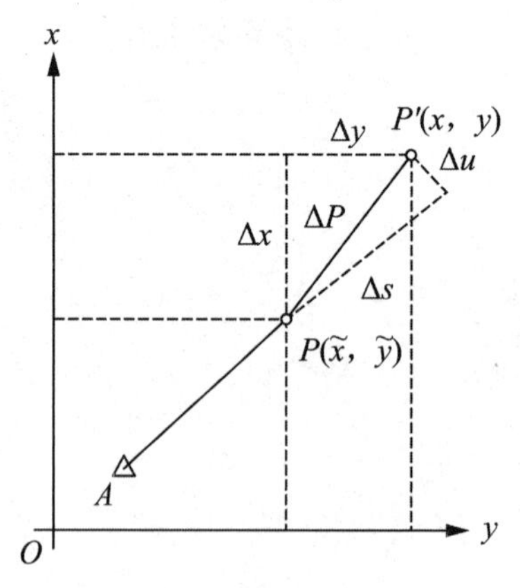

图 5-1　点位真误差

P 点的最或然坐标 x、y 都是由同一组观测值通过平差计算所求得的。设平差后的坐标 x、y 与观测值向量之间的线性函数关系为 $x = \alpha_0 + \boldsymbol{\alpha L}$，$y = \beta_0 + \boldsymbol{\beta L}$，显然，随着观测值的不同，$x$ 和 y 也将取得不同的数值。换言之，对应于不同的子样观测值，将得到不同的 x、y 值，因

而就出现不同的 Δx 、Δy 和 ΔP 值，所以它们都是随机变量。对该函数关系取数学期望，得

$$E(x)=\alpha_0+\alpha E(\boldsymbol{L})=\alpha_0+\alpha\tilde{\boldsymbol{L}}=\tilde{x}$$
$$E(y)=\beta_0+\beta E(\boldsymbol{L})=\beta_0+\beta\tilde{\boldsymbol{L}}=\tilde{y}$$

根据方差的定义，并顾及式(5-1)，则有

$$\sigma_x^2=E[(x-E(x))^2]=E[(x-\tilde{x})^2]=E(\Delta x^2)$$
$$\sigma_y^2=E[(y-E(y))^2]=E[(y-\tilde{y})^2]=E(\Delta y^2)$$

对式(5-2)两边取数学期望，得

$$E(\Delta P^2)=E(\Delta x^2)+E(\Delta y^2)=\sigma_x^2+\sigma_y^2$$

式中，$E(\Delta P^2)$ 是 P 点真位差平方的理论平均值，即 P 点的点位方差，若记为 $\sigma_{\rm P}^2$，则

$$\sigma_{\rm P}^2=\sigma_x^2+\sigma_y^2 \tag{5-3}$$

式中，σ_x 、σ_y 分别为 P 点在 x、y 方向上的中误差，或称为 x、y 方向上的位差。将式(5-3)开方即得 P 点的点位中误差 $\sigma_{\rm P}$ 。

如果将图 5-1 中的坐标系旋转某一个角度，即以 $x'Oy'$ 为坐标系(图 5-2)，则 P、P' 点的坐标分别为 $(\tilde{x}',\tilde{y}')$ 和 (x',y') 。虽然在新坐标系中对应的真误差 $\Delta x'$ 和 $\Delta y'$ 的大小变了，但 ΔP 的大小将不因坐标轴的变动而发生变化，此时 $\Delta P^2=\Delta x'^2+\Delta y'^2$，据式(5-2)、式(5-3)可以直接写出

$$\sigma_{\rm P}^2=\sigma_{x'}^2+\sigma_{y'}^2 \tag{5-4}$$

可见，点位方差 $\sigma_{\rm P}^2$ 总是等于两个相互垂直方向上的位差的平方和，与坐标系的选择无关。

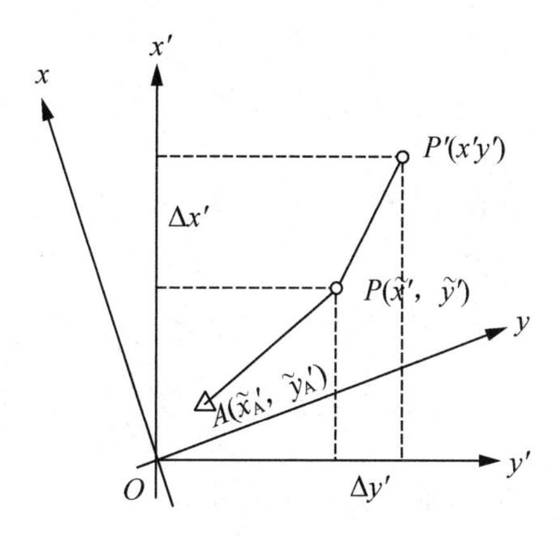

图 5-2　位差大小与坐标系无关

如图 5-1 所示，如果再将 P 点的真位差 ΔP 投影于 AP 方向和垂直于 AP 的方向上，则得 Δs和Δu ，此时有

$$\Delta P^2=\Delta s^2+\Delta u^2$$

仿式(5-4)的由来，又可以写出

$$\sigma_{\rm P}^2=\sigma_s^2+\sigma_u^2 \tag{5-5}$$

式中，σ_s 为纵向位差；σ_u 为横向位差。通过纵、横向位差来求点位误差，这在测量工作中是一种常用的方法。

5.2 点位误差计算

5.2.1 点位方差

因为待定点的 x、y 坐标平差值的方差可表达为

$$\left.\begin{aligned}\sigma_x^2 &= \sigma_0^2 \frac{1}{p_x} = \sigma_0^2 Q_{xx} \\ \sigma_y^2 &= \sigma_0^2 \frac{1}{p_y} = \sigma_0^2 Q_{yy}\end{aligned}\right\} \tag{5-6}$$

式中，Q_{xx}、Q_{yy} 分别为 x、y 平差值的协因数；σ_0 为单位权中误差。故将式(5-6)代入式(5-3)，即有

$$\sigma_{\mathrm{P}}^2 = \sigma_0^2 (Q_{xx} + Q_{yy}) \tag{5-7}$$

式(5-7)就是计算点位方差(或者点位中误差)的实用公式。

关于协因数 Q_{xx}、Q_{yy} 的计算，下面分别按两种平差方法概述如下：

(1) 按间接平差时。当以三角网中待定点的坐标为未知数按间接平差时，坐标平差值的协因数阵就是法方程系数阵的逆阵。例如，有 S 个待定点时，未知数的协因数阵为

$$\underset{2S,2S}{\mathbf{Q}_{\hat{X}\hat{X}}} = (\boldsymbol{B}^{\mathrm{T}}\boldsymbol{PB})^{-1} = \begin{pmatrix} Q_{x_1x_1} & Q_{x_1y_1} & \cdots & Q_{x_1x_i} & Q_{x_1y_i} & \cdots & Q_{x_1x_s} & Q_{x_1y_s} \\ Q_{y_1x_1} & Q_{y_1y_1} & \cdots & Q_{y_1x_i} & Q_{y_1y_i} & \cdots & Q_{y_1x_s} & Q_{y_1y_s} \\ \vdots & \vdots & & \vdots & \vdots & & \vdots & \vdots \\ Q_{x_sx_1} & Q_{x_sy_1} & \cdots & Q_{x_sx_i} & Q_{x_sy_i} & \cdots & Q_{x_sx_s} & Q_{x_sy_s} \\ Q_{y_sx_1} & Q_{y_sy_1} & \cdots & Q_{y_sx_i} & Q_{y_sy_i} & \cdots & Q_{y_sx_s} & Q_{y_sy_s} \end{pmatrix} \tag{5-8}$$

其中主对角线元素就是各个待定点坐标平差值 x 和 y 的权倒数。当只有一个待定点时，有

$$\boldsymbol{Q}_{\hat{X}\hat{X}} = (\boldsymbol{B}^{\mathrm{T}}\boldsymbol{PB})^{-1} = \begin{pmatrix} Q_{xx} & Q_{xy} \\ Q_{yx} & Q_{yy} \end{pmatrix} \tag{5-9}$$

式中，Q_{xx}、Q_{yy} 就是该点最或然坐标 x 和 y 的权倒数。

(2) 按条件平差时。当三角网按条件平差时，因待定点的坐标平差值是观测值的函数，这时可根据第 1 章中的协因数传播律来求待定点坐标平差值的协因数。

5.2.2 任意方向的位差

如图 5-3 所示，设某任意方向与 x 轴夹角为 φ，为求待定点 P 在方向 φ 上的真位差 $\Delta\varphi$，需先找出 $\Delta\varphi$ 与 x、y 方向上的真位差 Δx、Δy 的函数关系。

P 点在 φ 方向上的真位差，实际上就是 P 点的真位差 PP' 在 φ 方向上的投影值 PP'''。由图 5-3 可以看出 $\Delta\varphi$ 与 Δx、Δy 的关系为

$$\Delta\varphi = \overline{PP''} + \overline{P''P'''} = \Delta x \cos\varphi + \Delta y \sin\varphi$$

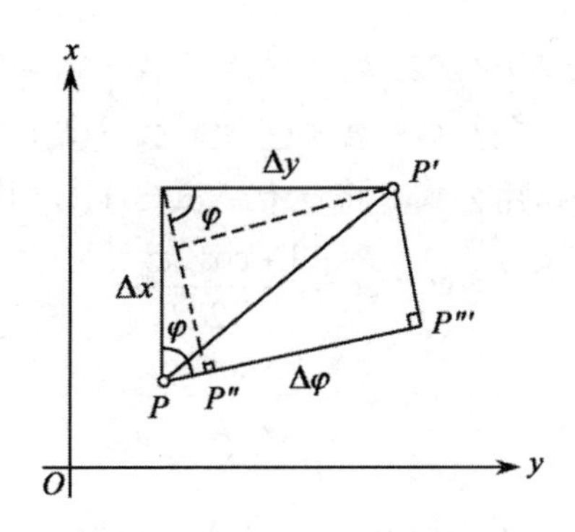

图 5-3　$\Delta\varphi$ 与 Δx 、Δy 的关系

根据广义传播律，得

$$\sigma_{\varphi}^{2}=\sigma_{x}^{2}\cos^{2}\varphi+\sigma_{y}^{2}\sin^{2}\varphi+\sigma_{xy}\sin 2\varphi \tag{5-10}$$

顾及式(5-6)，又得

$$\sigma_{\varphi}^{2}=\sigma_{0}^{2}Q_{\varphi\varphi}=\sigma_{0}^{2}(Q_{xx}\cos^{2}\varphi+Q_{yy}\sin^{2}\varphi+Q_{xy}\sin 2\varphi) \tag{5-11}$$

式(5-11)就是求任意方位 φ 方向上点位方差的基本公式。

5.2.3　位差的极大值、极小值与极值方向

在式(5-11)中，对于某具体平差问题，σ_0 和协因数 Q 为与 φ 角无关的定值，即 $Q_{\varphi\varphi}$ 是以 φ 为单一自变量的函数。因此，只要将 $Q_{\varphi\varphi}$ 对 φ 求导，并令其为零，即可求出取得极值时的方向 φ_0 。也就是使

$$\frac{\mathrm{d}}{\mathrm{d}\phi}(Q_{xx}\cos^{2}\phi+Q_{yy}\sin^{2}\phi+Q_{xy}\sin 2\phi)=0$$

即

$$-2Q_{xx}\cos\varphi_0\sin\varphi_0+2Q_{yy}\sin\varphi_0\cos\varphi_0+2Q_{xy}\cos 2\varphi_0=0$$

由此得

$$\tan 2\varphi_0=\frac{2Q_{xy}}{Q_{xx}-Q_{yy}} \tag{5-12}$$

根据式(5-12)可得两个解 $2\varphi_0$和$2\varphi_0+180^{\circ}$，极值方向为 φ_0和φ_0+90°。为判断哪一个是极大值方向，哪一个是极小值方向，将 φ_0 代入式(5-11)，得

$$\begin{aligned}\sigma_{\varphi_0}^{2}&=\sigma_{0}^{2}(Q_{xx}\cos^{2}\varphi_0+Q_{yy}\sin^{2}\varphi_0+Q_{xy}\sin 2\varphi_0)\\&=\sigma_{0}^{2}\left(Q_{xx}\cos^{2}\varphi_0+Q_{yy}\sin^{2}\varphi_0+Q_{xy}\times\frac{2\tan\varphi_0}{1+\tan^{2}\varphi_0}\right)\end{aligned}$$

上式中，括号内前两项恒为正值，因此，当 Q_{xy}与$\tan\varphi_0$ 同号时，$\sigma_{\varphi_0}^{2}$ 为极大值，而 $\sigma_{\varphi_0+90^{\circ}}^{2}$ 为极小值；当 Q_{xy}与$\tan\varphi_0$ 异号时，$\sigma_{\varphi_0}^{2}$ 为极小值，而 $\sigma_{\varphi_0+90^{\circ}}^{2}$ 为极大值。习惯上，用 E 表示极大值，F 表示极小值，φ_{E} 表示极大值方向，φ_{F} 表示极小值方向。φ_{E} 与 φ_{F} 总是互差 90°，即 $\varphi_{\mathrm{F}}=\varphi_{\mathrm{E}}\pm 90^{\circ}$。将 φ_{E} 、φ_{F} 分别代入式(5-11)，得两个位差极值的初步表达式为

$$\left.\begin{aligned}E^2&=\sigma_0^2(Q_{xx}\cos^2\varphi_{\mathrm{E}}+Q_{yy}\sin^2\varphi_{\mathrm{E}}+Q_{xy}\sin2\varphi_{\mathrm{E}})\\F^2&=\sigma_0^2(Q_{xx}\cos^2\varphi_{\mathrm{F}}+Q_{yy}\sin^2\varphi_{\mathrm{F}}+Q_{xy}\sin2\varphi_{\mathrm{F}})\end{aligned}\right\}\tag{5-13}$$

下面导出计算位差极值的常用公式。将φ_0代入式(5-11)，并考虑到

$$\cos^2\varphi_0=\frac{1+\cos2\varphi_0}{2}$$

$$\sin^2\varphi_0=\frac{1-\cos2\varphi_0}{2}$$

得

$$\begin{aligned}\sigma_{\varphi_0}^2&=\sigma_0^2\left(Q_{xx}\times\frac{1+\cos2\varphi_0}{2}+Q_{yy}\times\frac{1-\cos2\varphi_0}{2}+Q_{xy}\sin2\varphi_0\right)\\&=\frac{\sigma_0^2}{2}[(Q_{xx}+Q_{yy})+(Q_{xx}-Q_{yy})\cos2\varphi_0+2Q_{xy}\sin2\varphi_0]\end{aligned}$$

顾及式(5-12)，则

$$\begin{aligned}\sigma_{\varphi_0}^2&=\frac{1}{2}\sigma_0^2\left[(Q_{xx}+Q_{yy})+\frac{2Q_{xy}}{\tan2\varphi_0}\times\cos2\varphi_0+2Q_{xy}\sin2\varphi_0\right]\\&=\frac{1}{2}\sigma_0^2\left[(Q_{xx}+Q_{yy})+\frac{2Q_{xy}}{\sin2\varphi_0}\right]\end{aligned}$$

由三角学知$\frac{1}{\sin2\varphi_0}=\pm\sqrt{1+\cot^2 2\varphi_0}$，则

$$\begin{aligned}\sigma_{\varphi_0}^2&=\frac{1}{2}\sigma_0^2\left[(Q_{xx}+Q_{yy})\pm2Q_{xy}\sqrt{1+\cot^2 2\varphi_0}\right]\\&=\frac{1}{2}\sigma_0^2\left[(Q_{xx}+Q_{yy})\pm2Q_{xy}\sqrt{1+\frac{(Q_{xx}-Q_{yy})^2}{(2Q_{xy})^2}}\right]\\&=\frac{1}{2}\sigma_0^2\left[(Q_{xx}+Q_{yy})\pm\sqrt{(Q_{xx}-Q_{yy})^2+4Q_{xy}^2}\right]\end{aligned}$$

令

$$K=\sqrt{(Q_{xx}-Q_{yy})^2+4Q_{xy}^2}\tag{5-14}$$

则

$$\left.\begin{aligned}E^2&=\frac{1}{2}\sigma_0^2[(Q_{xx}+Q_{yy})+K]\\F^2&=\frac{1}{2}\sigma_0^2[(Q_{xx}+Q_{yy})-K]\end{aligned}\right\}\tag{5-15}$$

这就是求极值E、F的常用公式。不难看出，σ_{P}与E、F间存在以下关系，即

$$\sigma_{\mathrm{P}}^2=E^2+F^2\tag{5-16}$$

5.2.4 用极值表示任意方向上的位差

任意方向位差计算公式(5-11)中，方向φ是从x轴算起的，并且是通过协因数来计算位差。但既然已经算得了极值和极值方位，那么很多时候，以极值方向作为起始方向并通过极值来

计算位差可能会更方便。现导出以极值 E、F 表示的任意方向 ψ 上的位差计算公式，此处方向 ψ 是以极大值 E 的方向为起始轴的，即把 xOy 坐标系旋转 φ_E 角后形成 x_eOy_e 坐标系，见图 5-4。

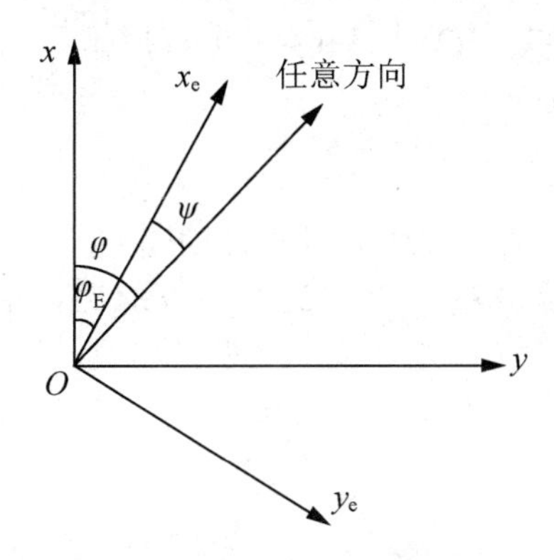

图 5-4　以 E 为起始轴时的角度关系

由图 5-4 中可知，任意方向在两个坐标系中的方位角有以下关系，即

$$\varphi = \varphi_E + \psi$$

把 $\varphi = \varphi_E + \psi$ 代入式(5-10)，得

$$\begin{aligned}
\sigma_\psi^2 = \sigma_\varphi^2 &= \sigma_x^2 \cos^2(\psi + \varphi_E) + \sigma_y^2 \sin^2(\psi + \varphi_E) + \sigma_{xy} \sin(2\psi + 2\varphi_E) \\
&= \sigma_x^2 \left(\cos^2\psi \cos^2\varphi_E + \sin^2\psi \sin^2\varphi_E - \frac{1}{2}\sin 2\psi \sin 2\varphi_E \right) + \\
&\quad \sigma_y^2 \left(\sin^2\psi \cos^2\varphi_E + \cos^2\psi \sin^2\varphi_E + \frac{1}{2}\sin 2\psi \sin 2\varphi_E \right) + \\
&\quad \sigma_{xy}(\sin 2\psi \cos 2\varphi_E + \cos^2\psi \sin 2\varphi_E - \sin^2\psi \sin 2\varphi_E) \\
&= \cos^2\psi(\sigma_x^2 \cos^2\varphi_E + \sigma_y^2 \sin^2\varphi_E + \sigma_{xy} \sin 2\varphi_E) + \\
&\quad \sin^2\psi(\sigma_x^2 \sin^2\varphi_E + \sigma_y^2 \cos^2\varphi_E - \sigma_{xy} \sin 2\varphi_E) - \\
&\quad \frac{1}{2}\sin 2\psi[(\sigma_x^2 - \sigma_y^2)\sin 2\varphi_E - 2\sigma_{xy} \cos 2\varphi_E]
\end{aligned}$$

顾及 $\varphi_E = \varphi_F \mp 90^\circ$ 以及式(5-6)，有

$$\begin{aligned}
\sigma_\psi^2 = &\sigma_0^2 \cos^2\psi(Q_{xx} \cos^2\varphi_E + Q_{yy} \sin^2\varphi_E + Q_{xy} \sin 2\varphi_E) + \\
&\sigma_0^2 \sin^2\psi(Q_{xx} \cos^2\varphi_F + Q_{yy} \sin^2\varphi_F + Q_{xy} \sin 2\varphi_F) - \\
&\frac{1}{2}\sigma_0^2 \sin 2\psi[(Q_{xx} - Q_{yy})\sin 2\varphi_E - 2Q_{xy} \cos 2\varphi_E]
\end{aligned}$$

由式(5-12)知

$$\tan 2\varphi_E = \frac{2Q_{xy}}{Q_{xx} - Q_{yy}} = \frac{\sin 2\varphi_E}{\cos 2\varphi_E}$$

显然，$(Q_{xx} - Q_{yy})\sin 2\varphi_E - 2Q_{xy} \cos 2\varphi_E = 0$，再顾及式(5-13)，则得

$$\sigma_\psi^2 = E^2 \cos^2\psi + F^2 \sin^2\psi \tag{5-17}$$

此即以极大值方向为起始轴，用 E、F 表示的任意方向 ψ 上位差 σ_ψ 的实用公式。

例 5-1 如图 5-5 所示，在固定三角形内插入一点 P，经过平差后得 P 点坐标的协因数阵为

$$\begin{pmatrix} Q_{xx} & Q_{xy} \\ Q_{yx} & Q_{yy} \end{pmatrix} = \begin{pmatrix} 3.81 & 0.36 \\ 0.36 & 2.93 \end{pmatrix} \quad (\text{cm}^2/'')$$

单位权方差为σ_0^2=1.96$''^2$。试求:

(1) 位差的极值方向φ_{E}和φ_{F}。

(2) 位差的极大值 E、极小值 F 与 P 点的点位中误差。

(3) 已算出 PM 方向的方位角 $T_{\text{PM}} = 75°\ \ 29'$，求 PM 方向上的位差。

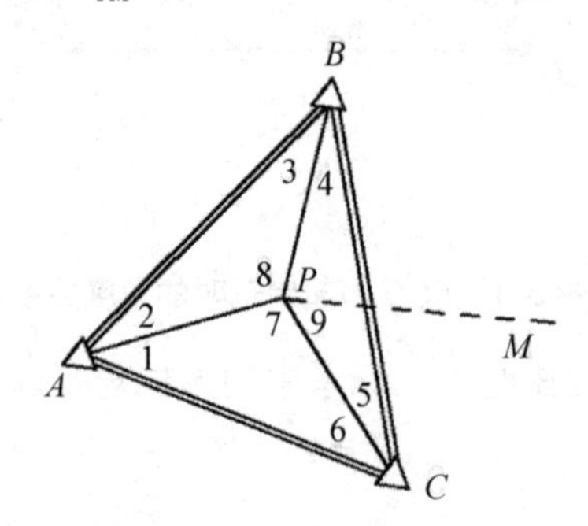

图 5-5 三角形内插一点

解 (1) 由式(5-12)得

$$\tan 2\varphi_0 = \frac{2Q_{xy}}{Q_{xx} - Q_{yy}} = \frac{2 \times 0.36}{3.81 - 2.93} = 0.81818$$

则

$$\varphi_{\text{E}} = 19°\ \ 38'40'' \quad \text{或} \quad 199°\ \ 38'40''$$
$$\varphi_{\text{F}} = 109°\ \ 38'40'' \quad \text{或} \quad 289°\ \ 38'40''$$

(2)由式(5-14)和式(5-15)得

$$K = \sqrt{(Q_{xx} - Q_{yy})^2 + 4Q_{xy}^2} = \sqrt{(3.18 - 2.93)^2 + 4 \times 0.36^2} = 1.14$$

$$E^2 = \frac{1}{2}\sigma_0^2(Q_{xx} + Q_{yy} + K) = 7.72\ \text{cm}^2$$

$$F^2 = \frac{1}{2}\sigma_0^2(Q_{xx} + Q_{yy} - K) = 5.49\text{cm}^2$$

所以

$$E = 2.78\text{cm}$$
$$F = 2.34\text{cm}$$
$$\sigma_{\text{P}} = \sqrt{E^2 + F^2} = 3.63\text{cm}$$

(3) 将 PM 的方位角 $T_{\text{PM}} = 75°\ \ 29'$ 直接代入式(5-11)，得

$$\sigma_{\text{PM}}^2 = \sigma_0^2(Q_{xx}\cos^2 T_{\text{PM}} + Q_{yy}\sin^2 T_{\text{PM}} + Q_{xy}\sin 2T_{\text{PM}}) = 6.19\text{cm}^2$$

或者，因为

$$\psi = \varphi - \varphi_{\text{E}} = T_{\text{PM}} - \varphi_{\text{E}} = 75°\ \ 29' - 19°\ \ 38'40'' = 55°\ \ 50'20''$$

所以将 E、F 和 ψ 值代入式(5-17)同样可得

$$\sigma_{PM}^2 = E^2\cos^2\psi + F^2\sin^2\psi = 6.19\text{cm}^2$$

即

$$\sigma_{PM} = 2.49\text{cm}$$

5.3　误差曲线

应该看到，点位中误差σ_P虽然可以评定待定点的点位精度，但它却不能全面反映该点在任意方向上的位差大小。即使上面提到的σ_x、σ_y、σ_s、σ_u以及E、F、σ_ψ等，也只是待定点在几个特定方向上的位差。在工程控制测量中，除了计算待定点在某给定方向上的位差外，有时为了更清楚、直观地了解某些待定点的位差在平面各方向上的分布情况，需要把待定点在各方向上的位差都图解出来，以便分析研究其点位误差特性，优化测量方案。

如果以不同的ψ $(0°\leqslant\psi\leqslant360°)$值代入式(5-17)，算出各个方向的$\sigma_\psi$值，则以$\psi$和$\sigma_\psi$为极坐标的点的轨迹必为一闭合曲线(图 5-6)，称为误差曲线，它把各方向的位差清楚地图解了出来。很显然，误差曲线是关于极值方向(即x_e轴、y_e轴)对称的，而且这条曲线在任意方向ψ上的向径$\overline{PM}$就是点P在该方向的位差。

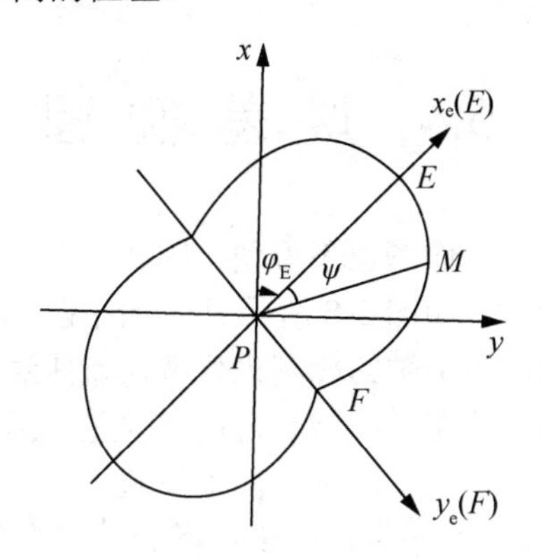

图 5-6　点的误差曲线

利用误差曲线图不但可以得到坐标平差值在各个方向上的位差，甚至可以得到坐标平差值函数的中误差。例如，图 5-7 所示为控制网中P点的点位误差曲线，A、B和C为已知点。在该图中可以确定以下误差信息：

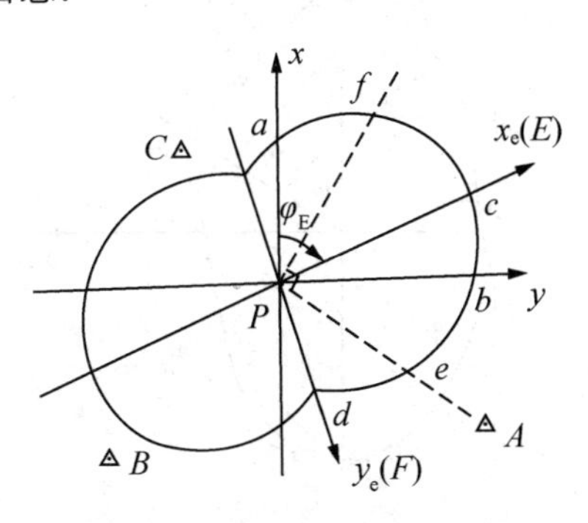

图 5-7　特定方向方差的图解

(1) 待定点任意方向的位差。

$$\left.\begin{aligned}\sigma_{P_x} &= \overline{Pa} \\ \sigma_{P_y} &= \overline{Pb} \\ \sigma_{\varphi_E} &= \overline{Pc} = E \\ \sigma_{\varphi_F} &= \overline{Pd} = F\end{aligned}\right\} \tag{5-18}$$

(2) 待定点 P 至任意已知三角点(视为无误差)的边长中误差。例如，PA 边 S_{PA} 平差后的边长中误差为

$$\sigma_{S_{PA}} = \overline{Pe} \tag{5-19}$$

(3) 待定点 P 至任意已知三角点的平差后方位角的中误差。例如，欲求 PA 边平差后方位角 α_{PA} 的中误差 $\sigma_{\alpha_{PA}}$ ，则可先在图中量出垂直于 PA 方向上的位差 $\overline{Pf}$ ，这就是 PA 边的横向位差，于是可求得

$$\sigma_{\alpha_{PA}} = \rho'' \frac{\overline{Pf}}{S_{PA}} \tag{5-20}$$

式中，ρ'' 为常数 206265″。

5.4 误差椭圆

误差曲线不是一种典型曲线，作图也不方便，因此降低了它的实用价值。但其形状与以 E、F 为长、短半轴的椭圆很相似，如图 5-8 所示。而椭圆是一种规则图形，作图也比较容易，所以实际上常用以 E、F 为长、短半轴的椭圆来代替误差曲线，并称为误差椭圆。因此一般情况下，总是先求出待定点的点位误差椭圆，再通过误差椭圆求得待定点在任意方向上的误差，起到与误差曲线同样的作用，方便而又全面地反映点位误差在各个方向上的分布情况。

如图 5-8 所示，在以 x_e、y_e 为轴的坐标系中，误差椭圆的方程为

$$\frac{x_e^2}{E^2} + \frac{y_e^2}{F^2} = 1 \tag{5-21}$$

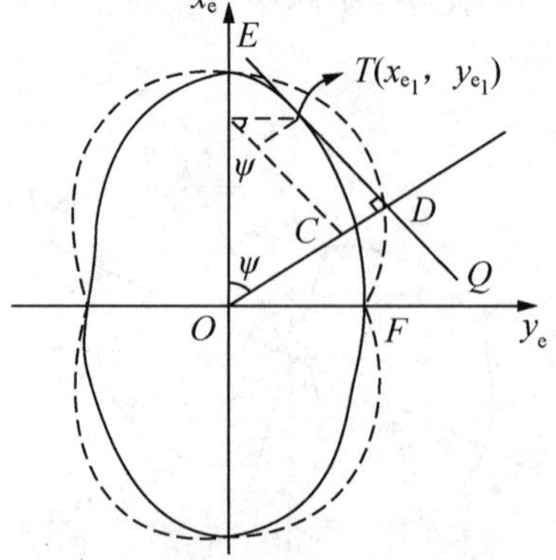

图 5-8　误差曲线与误差椭圆

可见，在平面上确定误差椭圆的参数为φ_E、E、F。有了这 3 个参数，便可以在控制网图上绘制出待定点的误差椭圆。为了更清晰地表达误差大小，具体绘制时，对误差椭圆要使用和控制网图形不同的更大的比例尺进行夸张显示。

为了说明如何在误差椭圆上图解误差信息而达到在误差曲线上一样的效果，就必须讨论误差椭圆与误差曲线之间的图解关系：对于与x_e轴夹角为ψ的某个方向，过椭圆上适当一点$T(x_{e_1}, y_{e_1})$作切线TQ与其垂直，相交于垂足D点。那么，线段$\overline{OD}$的长度就一定是误差曲线上ψ方向的位差σ_ψ。下面就来证明$\overline{OD}=\sigma_\psi$。

由图 5-8 可知

$$\overline{OD}=\overline{OC}+\overline{CD}=x_{e_1}\cos\psi+y_{e_1}\sin\psi$$

将上式平方，得

$$\overline{OD}^2=x_{e_1}^2\cos^2\psi+y_{e_1}^2\sin^2\psi+2x_{e_1}y_{e_1}\sin\psi\cos\psi \tag{5-22}$$

设过椭圆上点T的切线的斜率为K，由式(5-21)得

$$k=\frac{\mathrm{d}y_e}{\mathrm{d}x_e}=-\frac{F^2x_{e_1}}{E^2y_{e_1}}$$

又知切线TD与直线OD垂直，则切线斜率又应为

$$k=-\frac{1}{\tan\psi}$$

则有

$$\frac{F^2x_{e_1}}{E^2y_{e_1}}=\frac{1}{\tan\psi}$$

即

$$-\frac{x_{e_1}}{E^2}\sin\psi+\frac{y_{e_1}}{F^2}\cos\psi=0$$

将上式平方并两端同乘以E^2F^2，并移项得

$$2x_{e_1}y_{e_1}\sin\psi\cos\psi=\frac{x_{e_1}^2}{E^2}F^2\sin^2\psi+\frac{y_{e_1}^2}{F^2}E^2\cos^2\psi$$

将上式代入式(5-22)，有

$$\begin{aligned}\overline{OD}^2&=x_{e_1}^2\cos^2\psi+y_{e_1}^2\sin^2\psi+\frac{x_{e_1}^2}{E^2}F^2\sin^2\psi+\frac{y_{e_1}^2}{F^2}E^2\cos^2\psi\\&=\frac{x_{e_1}^2}{E^2}(E^2\cos^2\psi+F^2\sin^2\psi)+\frac{y_{e_1}^2}{F^2}(E^2\cos^2\psi+F^2\sin^2\psi)\\&=\left(\frac{x_{e_1}^2}{E^2}+\frac{y_{e_1}^2}{F^2}\right)(E^2\cos^2\psi+F^2\sin^2\psi)\end{aligned}$$

因$T(x_{e_1}, y_{e_1})$是椭圆上的点，故其坐标满足方程

$$\frac{x_{e_1}^2}{E^2}+\frac{y_{e_1}^2}{F^2}=1$$

则

$$\overline{OD}^2 = E^2\cos^2\psi + F^2\sin^2\psi \tag{5-23}$$

将式(5-23)与式(5-17)对比，可知$\overline{OD} = \sigma_\psi$。

以上的证明也间接说明了如何利用误差椭圆求某点在任意方向ψ上的位差σ_ψ的方法。即在求σ_ψ时，只要作椭圆的切线与ψ方向垂直，则垂足与原点的连线长度就是ψ方向上的位差。

在以上讨论中，都是以一个待定点为例。如果网中有多个待定点，可以利用上述方法，依次为每一个待定点确定一个误差椭圆并求解误差信息。

5.5 相对误差椭圆

在平面控制网中，有时不仅需要了解待定点相对于起始点的精度，还要研究任意两个待定点之间相对位置的精度。前面讨论了利用点位误差椭圆求解某些量的中误差的方法，但却不能确定待定点与待定点之间的某些精度指标，因为这些待定点间的坐标是相关的。为了直观展示两个待定点之间的相对精度，就需要进一步作出两待定点之间的相对误差椭圆。

设有两个待定点为P_i和P_k，其坐标平差值的协因数阵为

$$\begin{bmatrix} Q_{x_ix_i} & Q_{x_iy_i} & Q_{x_ix_k} & Q_{x_iy_k} \\ Q_{y_ix_i} & Q_{y_iy_i} & Q_{y_ix_k} & Q_{y_iy_k} \\ Q_{x_kx_i} & Q_{x_ky_i} & Q_{x_kx_k} & Q_{x_ky_k} \\ Q_{y_kx_i} & Q_{y_ky_i} & Q_{y_kx_k} & Q_{y_ky_k} \end{bmatrix}$$

两待定点平差后的相对位置可通过坐标差来表示，即

$$\Delta x_{ik} = x_k - x_i$$
$$\Delta y_{ik} = y_k - y_i$$

其矩阵表达式为

$$\begin{bmatrix} \Delta x_{ik} \\ \Delta y_{ik} \end{bmatrix} = \begin{bmatrix} -1 & 0 & 1 & 0 \\ 0 & -1 & 0 & 1 \end{bmatrix} \begin{bmatrix} x_i \\ y_i \\ x_k \\ y_k \end{bmatrix} \tag{5-24}$$

根据协因数传播律，得

$$\left.\begin{aligned} Q_{\Delta x\Delta x} &= Q_{x_ix_i} + Q_{x_kx_k} - 2Q_{x_ix_k} \\ Q_{\Delta y\Delta y} &= Q_{y_iy_i} + Q_{y_ky_k} - 2Q_{y_iy_k} \\ Q_{\Delta x\Delta y} &= Q_{x_iy_i} + Q_{x_ky_k} - Q_{x_iy_k} - Q_{x_ky_i} \end{aligned}\right\} \tag{5-25}$$

利用这些协因数，根据式(5-12)和式(5-14)、式(5-15)，就可得到计算P_i和P_k点间相对误差椭圆元素的3个公式，即

$$\left.\begin{aligned} \tan 2\phi_0 &= \frac{2Q_{\Delta x\Delta y}}{Q_{\Delta x\Delta x} - Q_{\Delta y\Delta y}} \\ E^2 &= \frac{1}{2}\sigma_0^2\left[Q_{\Delta x\Delta x} + Q_{\Delta y\Delta y} + \sqrt{(Q_{\Delta x\Delta x} - Q_{\Delta y\Delta y})^2 + 4Q^2_{\Delta x\Delta y}}\right] \\ F^2 &= \frac{1}{2}\sigma_0^2\left[Q_{\Delta x\Delta x} + Q_{\Delta y\Delta y} - \sqrt{(Q_{\Delta x\Delta x} - Q_{\Delta y\Delta y})^2 + 4Q^2_{\Delta x\Delta y}}\right] \end{aligned}\right\} \tag{5-26}$$

在计算出相对误差椭圆元素以后，便可用绘制误差椭圆的方法画出相对误差椭圆。只是误差椭圆是以待定点为中心绘制的，而相对误差椭圆则通常以两待定点连线的中点为中心绘制。根据相对误差椭圆便可图解出所需要的任意方向上的相对位差大小。

例 5-2　如图 5-9 所示的测角网中，已知点为 A、B、C，其坐标分别为 A(14899.84 m，130.81 m)、B(22939.70 m，2136.89 m)、C(51721.82 m，15542.85 m)；待定点为 P_1、P_2，平差后坐标分别为 P_1(16467.745 m，4986.847 m)、P_2(6126.997 m，5957.482 m)；单位权中误差为 $\sigma_0 = 2.4''$；未知数的协因数阵为

$$\begin{pmatrix} 10.61 & 0.81 & -0.60 & 0.12 \\ 0.81 & 13.48 & 0.52 & 0.94 \\ -0.60 & 0.52 & 11.72 & -2.86 \\ 0.12 & 0.94 & -2.86 & 14.21 \end{pmatrix}$$

试作出 P_1、P_2 点间的相对误差椭圆。

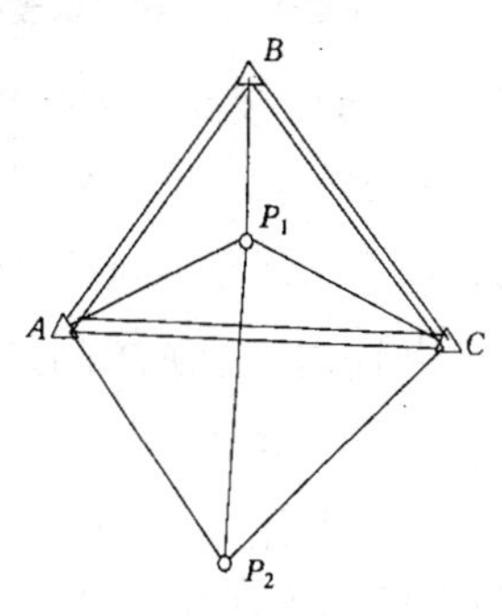

图 5-9　测角网示意图

解　由式(5-25)和式(5-26)得

$$\begin{pmatrix} Q_{\Delta x\Delta x} & Q_{\Delta x\Delta y} \\ Q_{\Delta y\Delta x} & Q_{\Delta y\Delta y} \end{pmatrix} = \begin{pmatrix} 23.53 & -2.69 \\ -2.69 & 25.81 \end{pmatrix}$$

$$\tan 2\varphi_0 = \frac{2Q_{\Delta x\Delta y}}{Q_{\Delta x\Delta x} - Q_{\Delta y\Delta y}} = \frac{2\times(-2.69)}{23.53 - 25.81} = 2.3596$$

$$\varphi_{E_{12}} = 123^\circ\ 31'00''$$

$$\begin{aligned} E_{12} &= \sigma_0\sqrt{\frac{1}{2}[(Q_{\Delta x\Delta x} + Q_{\Delta y\Delta y}) + \sqrt{(Q_{\Delta x\Delta x} - Q_{\Delta y\Delta y})^2 + 4Q^2_{\Delta x\Delta y}}]} \\ &= 2.4\sqrt{\frac{1}{2}[(23.53 + 25.81) + \sqrt{(23.53 - 25.81)^2 + 4\times(-2.69)^2}]} \\ &= 12.6\text{cm} \end{aligned}$$

$$F_{12}=\sigma_0\sqrt{\frac{1}{2}\left[(Q_{\Delta x\Delta x}+Q_{\Delta y\Delta y})-\sqrt{(Q_{\Delta x\Delta x}-Q_{\Delta y\Delta y})^2+4Q_{\Delta x\Delta y}^2}\right]}$$

$$=2.4\sqrt{\frac{1}{2}\left[(23.53+25.81)-\sqrt{(23.53-25.81)^2+4\times(-2.69)^2}\right]}$$

$$=11.2\text{cm}$$

根据以上数据，即可以适当的比例尺，在两待定点连线的中点上绘相对误差椭圆(图 5-10 中 P_1、P_2 点连线的中间)。

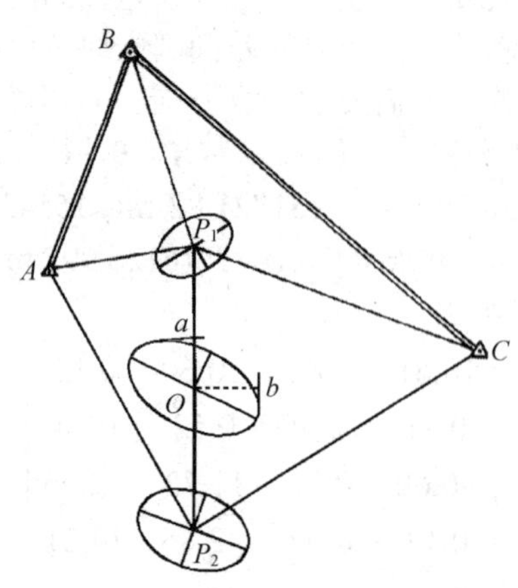

图 5-10　误差椭圆与相对误差椭圆

有了 P_1、P_2 点的相对误差椭圆，就可以按 5.4 节所述方法，图解得到所需要的任意方向上的位差。例如，要确定 P_1、P_2 点间边长误差 σ_S，它就是 $\overline{P_1P_2}$ 方向上的位差，只要在相对误差椭圆上作垂直于 $\overline{P_1P_2}$ 的椭圆切线，交 $\overline{P_1P_2}$ 于 a 点，则 $\sigma_S=\overline{oa}$；同样，在相对误差椭圆上作平行于 $\overline{P_1P_2}$ 的椭圆的切线，与过 O 点且垂直于 $\overline{P_1P_2}$ 的射线交于 b 点，则可得 P_1P_2 边的横向位差 $\sigma_u=\overline{ob}$，进而可以求得 P_1P_2 边的方位角误差。

在精度要求较高的工程测量中，往往利用误差椭圆来对布网方案进行精度分析。要确定椭圆参数 φ_E、E 和 F，只需要知道单位权中误差 σ_0 和各个协因数。σ_0 值可以根据技术设计中所拟定的布网等级、观测方案、使用的观测仪器等条件确定；而协因数阵就是该网按间接平差时的法方程式系数阵的逆阵。当在地形图上设计了三角网的点位后，计算误差方程的系数所需要的数据(如各边长和方位角的概略值等)可以从图上量取，而观测值的权可以根据实际情况事先加以确定，于是可以求得法方程式系数阵和协因数阵，这样就可以估算出椭圆参数进而绘出误差椭圆了。

如果估算的结果符合工程对控制网提出的要求，可以认为该设计方案是可行的；否则就要修改设计方案后重新估算，直到达到预期的精度要求。当然，在有条件的情况下，还可以做出多个设计方案，兼顾布网难易程度、建网费用开支、施测工作量大小等因素，在满足精度要求的前提下，从中选择最优的布网方案。

习　　题

5-1　具有一个待定点的三角网，用间接平差法得到的法方程式为

$$0.89\hat{x}+0.27\hat{y}-12.03=0$$

$$0.27\hat{x}+1.15\hat{y}-17.09=0$$

已知单位权中误差$\sigma_0=5.08''$，$\hat{x}$、$\hat{y}$均以 cm 为单位，试求：

(1) 待定点误差椭圆的极大值方向φ_{E}及极小值方向φ_{F}。

(2) 极大值E和极小值F，以及待定点点位中误差σ_{P}。

(3) $\varphi=60^{\circ}$方向上的位差$\sigma_{\varphi 60}$。

5-2　在某三角网中插入P_1、P_2两个待定点，经间接平差计算，得单位权中误差$\sigma_0=0.8''$和参数的协因数阵为

$$\boldsymbol{Q}_{\hat{X}\hat{X}}=\begin{bmatrix}0.0016 & 0.0002 & 0.0010 & 0.0005\\0.0002 & 0.0024 & 0.0006 & 0.0008\\0.0010 & 0.0006 & 0.0021 & 0.0003\\0.0005 & 0.0008 & 0.0003 & 0.0027\end{bmatrix}$$

平差时待定点坐标近似值改正数$\hat{x}$、$\hat{y}$均以 dm 为单位。试求P_1、P_2点的点位误差椭圆以及P_1、P_2点间的相对误差椭圆。

第 6 章　统计假设检验在测量平差中的应用

【学习要点及目标】

- 了解统计假设检验的基本概念；
- 熟悉统计假设检验的基本方法；
- 熟悉误差分布的假设检验；
- 熟悉平差数学模型正确性检验；
- 熟悉平差参数的假设检验和区间估计；
- 熟悉粗差检验的数据探测法。

在经典测量平差方法中，参数的最优线性无偏估计是基于观测数据中仅含有偶然误差、函数模型和随机模型正确为前提的。因此，一个完整的最优的平差系统，除了采用最小二乘准则获取待定量的最优估计外，还需要保证观测数据中剔除了粗差，并将系统误差的影响降低到可以忽略的程度。此外，还必须对误差分布特性和平差数学模型的正确性进行统计假设检验。

本章首先介绍统计假设检验的基本概念，然后逐步介绍其在测量平差中的主要应用。

6.1　概　　述

6.1.1　统计假设检验的概念

统计假设检验也称为显著性检验，是用来判断子样与总体，子样与子样的差异是由抽样误差引起还是本质差别造成的统计推断方法。其基本原理是先对总体的特征作出某种假设，然后通过抽样研究的统计推理，对此假设应该被拒绝还是接受作出推断。也就是说，在进行统计假设检验时，要有一定量的子样数据(也就是观测值)，统计假设检验所解决的问题，就是根据子样的信息，通过检验来判断母体分布是否具有指定的特征。例如，母体的数学期望 μ 是否等于某个已知的数值 μ_0，母体的方差 σ^2 是否等于某个已知的数值 σ_0^2，两个母体的数学期望或方差是否相等，即检验 $\mu_1=\mu_2$、$\sigma_1^2=\sigma_2^2$ 等。

6.1.2　统计假设检验的基本思想

从一个正态母体 $N(\mu,\sigma^2)$ 中抽取容量为 n 的子样 $(x_1,x_2,\cdots,x_n)$，设已知母体方差 σ^2，子样均值为

$$\bar{x} = \frac{1}{n}\sum_{i=1}^{n} x_i$$

数学期望为

$$E(\bar{x}) = \frac{1}{n}\sum_{i=1}^{n} E(x_i) = \frac{1}{n}\sum_{i=1}^{n} \mu = \mu$$

方差为

$$\sigma_{\bar{x}}^2 = \frac{1}{n^2}\sum_{i=1}^{n} \sigma_{x_i}^2 = \frac{1}{n^2}\sum_{i=1}^{n} \sigma^2 = \frac{\sigma^2}{n}$$

如果要由这些已知信息去检验母体的数学期望 μ 是否等于某个值 μ_0，应该怎么做呢？

上面的问题可以理解为，在相同的观测条件下对某个观测量进行观测，它的所有可能取值的范围为母体，这样母体方差的经验值可以根据采用的仪器和测量方法获得。而对于具体的测量实践而言，观测次数总是有限的，这些有限的观测值组成了子样，可以求得这些测量值的算术平均值、数学期望和方差。需要根据这些信息来推断母体的数学期望 μ 是否与某个值 μ_0 相等。

首先，要提出两种假设。原假设，记为 H_0： $\mu = \mu_0$，认为母体的数学期望与已知值相等；备择假设，记为 H_1： $\mu \neq \mu_0$，认为母体的数学期望与已知值不相等。因此，假设检验实际上就是在原假设 H_0 与备择假设 H_1 之间做出选择。

其次，需要找到一个适当的且分布为已知的统计量，选取恰当的显著性水平 α (是在统计假设检验中，小概率事件的概率值)，则置信水平为 $1-\alpha$，也称为置信度为 $1-\alpha$。在该置信水平下确定该统计量经常出现的区间，称为置信区间。如果由子样所计算的结果表明，统计量的值没有落在这个区间内，说明小概率事件发生了，则应拒绝原假设 H_0。当原假设遭到拒绝时，实质上相当于接受了备择假设。

因为 $\bar{x}$ 是 x_i 的线性函数，所以 $\bar{x}$ 也服从正态分布，即 $\bar{x} \sim N(\mu, \sigma^2/n)$，其标准化变量为

$$u = \frac{\bar{x}-\mu}{\sigma/\sqrt{n}} \sim N(0,1)$$

在置信水平 $p = 1-\alpha$ 下的置信区间概率表达式为

$$P\left\{-u_{\frac{\alpha}{2}} < \frac{\bar{x}-\mu}{\sigma/\sqrt{n}} < +u_{\frac{\alpha}{2}}\right\} = p = 1-\alpha \tag{6-1}$$

区间的下限 $-u_{\alpha/2}$ 和上限 $+u_{\alpha/2}$ 分别称为 u 分布在左、右尾上的分位值，在给定 α 时，$u_{\alpha/2}$ 是一个确定值，可用 α 为引数由正态分布表查得。

为了检验原假设是否成立，只要将式(6-1)中的 μ 代以假设的 μ_0，计算出 $u = \frac{\bar{x}-\mu_0}{\sigma/\sqrt{n}}$，如果式(6-2)成立，即

$$P\left\{-u_{\frac{\alpha}{2}} < \frac{\bar{x}-\mu_0}{\sigma/\sqrt{n}} < +u_{\frac{\alpha}{2}}\right\} = p = 1-\alpha \tag{6-2}$$

或

$$P\left\{\left|\frac{\bar{x}-\mu_0}{\sigma/\sqrt{n}}\right| > +u_{\frac{\alpha}{2}}\right\} = \alpha$$

则表示用μ_0代替μ所计算的u值落在$(-u_{\alpha/2},+u_{\alpha/2})$内，如图 6-1 所示。这样，就没有理由否定$\mu=\mu_0$的假设，换言之，就接受了原假设。通常将区间$(-u_{\alpha/2},+u_{\alpha/2})$称为接受域。如果计算的$u>u_{\alpha/2}$或$u<-u_{\alpha/2}$，此时用$\mu_0$代替$\mu$所计算的$u$值落在了图 6-1 中两尾的$\alpha/2$区间内，表示小概率事件居然发生了，根据小概率事情有限次试验中不可能出现的推断原理，就有充足的理由来否定$\mu=\mu_0$的假设，故而认为$\mu\neq\mu_0$。通常将区间$(-u_{\alpha/2},+u_{\alpha/2})$以外的范围称为拒绝域。

由图 6-1 可知，接受域和拒绝域的范围大小与事先给定的α值的大小有关。α值越大，则接受域越小，H_0被拒绝的机会就越大。α值的大小应根据问题的性质来选定，当不应轻易拒绝原假设H_0时，则应选定较小的α值，如 0.01、0.05 等。

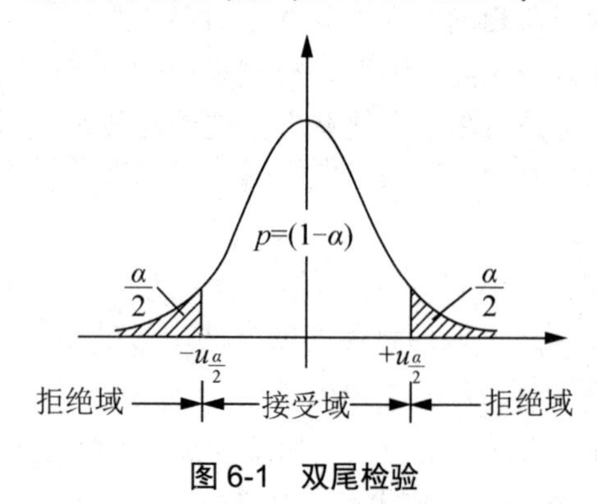

图 6-1　双尾检验

6.1.3　双尾检验和单尾检验

将拒绝域布置在分布密度曲线两侧的尾巴上，这种检验法称为双尾检验法，如图 6-1 所示。其假设检验形式为

$$H_0:\ \mu=\mu_0;\ H_1:\ \mu\neq\mu_0$$

有时需要判断新的母体均值μ是大于还是小于原来的母体均值μ_0。例如，某企业为了提高产品的使用寿命，采用了一种新工艺，自然希望母体均值越大越好。如果能判断在新工艺下母体均值确实比原来正常生产的大，则可考虑采用新工艺。解决此类问题需作式(6-3)所示右尾检验假设，即

$$H_0:\ \mu=\mu_0;\ H_1:\ \mu>\mu_0 \tag{6-3}$$

对于这种假设检验，只要把拒绝H_0的概率α布置在右尾上，查得右尾分位值$+u_\alpha$。由图 6-2 所示，有

$$P\left\{\frac{\overline{x}-\mu_0}{\sigma/\sqrt{n}}<+u_\alpha\right\}=1-\alpha$$

如果$\dfrac{\overline{x}-\mu_0}{\sigma/\sqrt{n}}>+u_\alpha$，则拒绝原假设$H_0$，接受备择假设$H_1$，表明新工艺生产的产品使用寿命比原来的使用寿命有了显著的改善，因而，应考虑采用新工艺。

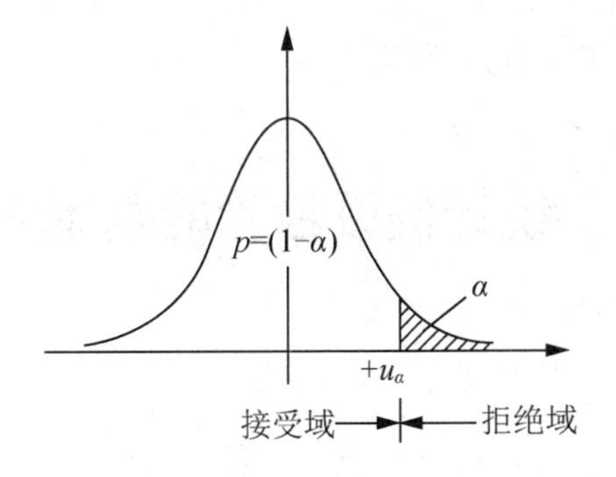

图 6-2　单尾检验

否则，接受原假设 H_0，拒绝备择假设 H_1，即表明采用新工艺生产的产品使用寿命与原来的使用寿命没有显著差异。同样，如果进行 H_0：$\mu=\mu_0$；H_1：$\mu<\mu_0$ 的左尾假设检验，则可将 α 布置在左尾上。右尾检验和左尾检验方法称为单尾检验法。

6.1.4　弃真和纳伪错误

由上述假设检验的基本思想可知，假设检验是以小概率事件在有限次实验中实际上是不可能发生的这一前提为依据的。但是，小概率事件虽然出现的概率很小，并不是说这种事件就完全不可能发生。若显著性水平取为 $\alpha=0.05$，由显著性水平的含义可知，即使原假设 H_0 是正确的，其中仍约有 5%的数值将会落入拒绝域中。由此可见，进行任何假设检验总是有做出不正确判断的可能性，换言之，不可能绝对不犯错误，只不过犯错误的可能性很小而已。通常把 H_0 为真(正确)而遭到拒绝的错误称为第一类错误，也称为弃真的错误，如图 6-3 所示，犯第一类错误的概率为 α。同样地，当 H_0 为假(不正确)时，即 H_1 为真时，也有可能接受 H_0，因为计算的统计量落入了 H_0 的接受域 β 区间内，这种错误称为犯第二类错误，或称为纳伪的错误，如图 6-3 所示，犯第二类错误的概率为 β。显然，当子样容量 n 确定后，犯这两类错误的概率不可能同时减小。当 α 增大，β 则减小；当 α 减小，β 则增大。

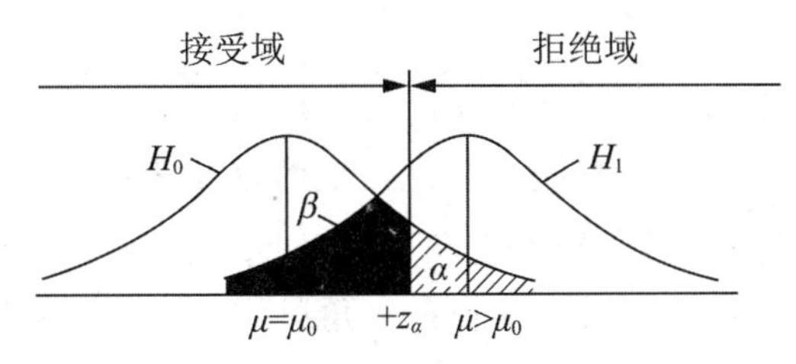

图 6-3　两类错误

6.1.5　统计假设检验的步骤

(1) 根据具体问题提出原假设 H_0 和备择假设 H_1。

(2) 选取适当的显著性水平 α。

(3) 确定检验用的统计量，其分布应是已知的。

(4) 根据选取的显著性水平 α，求出接受域的分位值，如被检验的数值落入接受域，则接受H_0，拒绝H_1；反之，拒绝H_0，接受H_1。

6.2 统计假设检验的基本方法

6.2.1 *u* 检验法

1. *u* 检验法的概念

设母体服从正态分布$N(\mu, \sigma^2)$，母体方差σ^2已知。从母体中随机抽取容量为n的子样，得子样均值$\overline{x}$，则可用统计量

$$u = \frac{\overline{x} - \mu}{\sigma/\sqrt{n}} \sim N(0,1) \tag{6-4}$$

对母体期望μ是否与一常数相符进行假设检验。这种服从标准正态分布的统计量称为u统计量。利用u统计量所进行的检验方法称为u检验法。

2. *u* 检验法的类型

(1) 双尾检验法。

假设
$$H_0\text{：} \mu = \mu_0\text{；} H_1\text{：} \mu \neq \mu_0$$

即
$$P\left\{-u_{\frac{\alpha}{2}} < \frac{\overline{x} - \mu_0}{\sigma/\sqrt{n}} < +u_{\frac{\alpha}{2}}\right\} = 1 - \alpha$$

如果$|u| < +u_{\alpha/2}$，则接受H_0，拒绝H_1；反之，拒绝H_0，接受H_1。

(2) 右尾检验法。

假设
$$H_0\text{：} \mu = \mu_0\text{；} H_1\text{：} \mu > \mu_0$$

即
$$P\left\{\frac{\overline{x} - \mu_0}{\sigma/\sqrt{n}} < +u_{\alpha}\right\} = 1 - \alpha$$

如果$u < +u_{\alpha}$，则接受H_0，拒绝H_1；反之，拒绝H_0，接受H_1。

例 6-1 统计某地区测角网中420个三角形闭合差，得闭合差平均值$\overline{x}$=0.05″，已知闭合差中误差为σ=0.58″，取α=0.05，则测角网的三角形闭合差的数学期望是否为零？

解 (1) H_0：$\mu = 0$；H_1：$\mu \neq 0$。

(2) 当H_0成立时，计算统计量为

$$u = \frac{0.05}{0.58/\sqrt{420}} = 1.79$$

(3) 查表得$u_{\alpha/2} = u_{0.025} = 1.96$。

(4) 现$u = 1.79 < u_{0.025} = 1.96$，故接受$H_0$，即认为在$\alpha$=0.05的显著性水平下，该测角网的三角形闭合差的数学期望为零。

在实际工作中，σ的真值往往是未知的，一般是利用实测数据计算的估值$\hat{\sigma}$代替。数理统计中已说明，当子样容量n≥200时，则可认为是严密的；当$n > 30$时，用$\hat{\sigma}$代σ进行u检

验则认为检验结果是近似可信的。

当母体方差未知，检验问题又是小子样时，u 检验法不再适用。此时，可以采用 t 检验法对母体均值 μ 进行检验。

6.2.2　*t* 检验法

1. *t* 检验法的概念

从正态母体 $N(\mu，\sigma^2)$ 抽取容量为 n 的子样，得子样均值 $\overline{x}$ 和子样中误差 $\hat{\sigma}$，此时要检验母体的期望是否与一常数相符，就需要采用 t 统计量，即

$$t=\frac{\overline{x}-\mu}{\hat{\sigma}/\sqrt{n}}\sim t(n-1) \tag{6-5}$$

式中

$$\hat{\sigma}=\sqrt{\frac{\sum_{i=1}^{n}(x_i-\overline{x})^2}{n-1}}$$

t 统计量已不服从正态分布，而是服从自由度为 $n-1$ 的 t 分布。用统计量 t 检验正态母体数学期望的方法，称为 t 检验法。

2. *t* 检验法的类型

(1) 双尾检验法。

假设

$$H_0：\mu=\mu_0；\quad H_1：\mu\neq\mu_0$$

即

$$P\left\{-t_{\frac{\alpha}{2}}(n-1)<\frac{\overline{x}-\mu_0}{\hat{\sigma}/\sqrt{n}}<+t_{\frac{\alpha}{2}}(n-1)\right\}=1-\alpha$$

如果 $|t|<+t_{\frac{\alpha}{2}}(n-1)$，则接受 H_0，拒绝 H_1；反之，拒绝 H_0，接受 H_1。

(2) 右尾检验法。

假设

$$H_0：\mu=\mu_0；\quad H_1：\mu>\mu_0$$

即

$$P\left\{\frac{\overline{x}-\mu_0}{\hat{\sigma}/\sqrt{n}}<+t_{\alpha}(n-1)\right\}=1-\alpha$$

如果 $t<+t_{\alpha}(n-1)$，则接受 H_0，拒绝 H_1；反之，拒绝 H_0，接受 H_1。

例 6-2　已知某基线长度为 100.000m，为了检验一台测距仪，用这台测距仪对这条基线测量了 12 次，得平均值 $\overline{x}$=99.985m，由观测值算得子样中误差 $\hat{\sigma}$=0.012m。取 α=0.05，试检验这台测距仪测量的长度与基线长度有无明显差异。

解　(1) $H_0：\mu=100；H_1：\mu\neq100$。

(2) 当 H_0 成立时，计算统计量为

$$t=\frac{\overline{x}-\mu}{\hat{\sigma}/\sqrt{n}}=\frac{99.985-100}{0.012/\sqrt{12}}=-3.46$$

(3) 选定 α=0.05，以自由度 $n-1$=11，查 t 分布表得

$$t_{\alpha/2}(n-1)=t_{0.025}(11)=2.20$$

(4) 现$|t|>t_{0.025}(11)$，故拒绝H_0，即认为在α=0.05 的显著性水平下，测距仪测量的长度与基线长度有显著差异。

当t的自由度$n-1>30$时，t检验法与u检验法的检验结果实际相同。

6.2.3 χ^2检验法

1. χ^2检验法的概念

设从正态母体$N(\mu，\sigma^2)$中随机抽取容量为n的子样，可求得子样方差$\hat{\sigma}^2$，在母体方差未知时，利用服从自由度为$n-1$的χ^2分布的统计量

$$\chi^2=\frac{(n-1)\hat{\sigma}^2}{\sigma^2}\sim\chi^2(n-1) \tag{6-6}$$

对母体方差σ^2进行假设检验的方法，称为χ^2检验法。

2. χ^2检验法的类型

(1) 双尾检验法。

假设
$$H_0\text{：}\ \sigma^2=\sigma_0^2\text{；}\ H_1\text{：}\ \sigma^2\neq\sigma_0^2$$

即
$$P\left\{\chi^2_{1-\frac{\alpha}{2}}<\frac{(n-1)\hat{\sigma}^2}{\sigma_0^2}<\chi^2_{\frac{\alpha}{2}}\right\}=1-\alpha$$

如果χ^2统计量的值位于区间$\left(\chi^2_{1-\alpha/2}(n-1),\chi^2_{\alpha/2}(n-1)\right)$内，则接受$H_0$，拒绝$H_1$；反之，拒绝$H_0$，接受$H_1$。

(2) 右尾检验法。

假设
$$H_0\text{：}\ \sigma^2=\sigma_0^2\text{；}\ H_1\text{：}\ \sigma^2>\sigma_0^2$$

这里H_0虽记为$\sigma^2=\sigma_0^2$，实际上相对H_1来说是$\sigma^2\leqslant\sigma_0^2$。当$H_0$成立时，有

$$P\{\ (n-1)\hat{\sigma}^2/{\sigma_0}^2<{\chi^2}_{\alpha}\}=1-\alpha$$

如果χ^2统计量的值$(n-1)\hat{\sigma}^2/\sigma^2<{\chi^2}_{\alpha}(n-1)$，则接受$H_0$，拒绝$H_1$；反之，拒绝$H_0$，接受$H_1$。

例 6-3 某种经纬仪由长期观测资料统计得到其测角中误差为 5″，另一型号经纬仪对某角观测了 20 个测回，求得测角中误差为$\hat{\sigma}_0$=4″，假设观测值均服从正态分布，取α=0.05，问两种仪器的测角精度是否相同？

解 (1) H_0：$\sigma^2=\sigma_0^2=25$；$H_1:\sigma^2\neq\sigma_0^2$。

(2) 当H_0成立时，计算统计量为

$$\chi^2=\frac{(n-1)\hat{\sigma}^2}{\sigma_0^2}=\frac{19\times16}{25}=12.16$$

(3) 查表得

$$\chi^2_{1-\alpha/2}(n-1)=\chi^2_{0.975}(9)=2.700,\quad \chi^2_{\alpha/2}(n-1)=\chi^2_{0.025}(9)=19.023$$

(4) 现χ^2落在了(2.700，19.023)区间内，故接受H_0，即认为在α=0.05 的显著性水平下，

两种仪器的测角精度相同。

6.2.4　*F* 检验法

1. *F* 检验法的概念

从两个正态母体中各抽取一组字样，容量分别 n_1 和 n_2，求得两组子样的子样方差 $\hat{\sigma}_1^2$ 和 $\hat{\sigma}_2^2$，要求检验两个正态母体方差是否相等或其中一个方差大于另一个方差，则采用 F 检验法。其统计量为

$$F=\frac{\sigma_2^2}{\sigma_1^2}\frac{\hat{\sigma}_1^2}{\hat{\sigma}_2^2}\sim F(n_1-1,\ n_2-1) \tag{6-7}$$

它的分子自由度为 n_1-1，分母自由度为 n_2-1。

2. *F* 检验法的类型

(1) 双尾检验法。

假设　　H_0: $\sigma_1^2=\sigma_2^2$；H_1: $\sigma_1^2\neq\sigma_2^2$

即

$$P\left\{F_{1-\frac{\alpha}{2}}(n_1-1,n_2-1)<\frac{\hat{\sigma}_1^2}{\hat{\sigma}_2^2}<F_{\frac{\alpha}{2}}(n_1-1,n_2-1)\right\}=1-\alpha \tag{6-8}$$

如果 $\hat{\sigma}_1^2/\hat{\sigma}_2^2$ 值位于区间 $\left(F_{1-\alpha/2}(n_1-1,n_2-1),F_{\alpha/2}(n_1-1,n_2-1)\right)$ 内，则接受 H_0，拒绝 H_1；反之，拒绝 H_0，接受 H_1。

但在实际检验时，总可以选择较大的一个子样方差 $\hat{\sigma}_1^2$ 作为分子，较小的一个子样方差 $\hat{\sigma}_2^2$ 作为分母，这样就可以使 $\hat{\sigma}_1^2/\hat{\sigma}_2^2$ 永远大于 1。对于 F 统计量有

$$F_{1-\frac{\alpha}{2}}(n_1-1,n_2-1)=\frac{1}{F_{\frac{\alpha}{2}}(n_2-1,n_1-1)} \tag{6-9}$$

而在这种情况下，F 分布表中的所有值均大于 1，即式(6-9)右端的值小于 1，而 $\hat{\sigma}_1^2/\hat{\sigma}_2^2>1$，所以就不必再去考虑左尾的拒绝域，而只需要考虑右尾的拒绝域，即

$$P\left\{\frac{\hat{\sigma}_1^2}{\hat{\sigma}_2^2}<F_{\frac{\alpha}{2}}(n_1-1,n_2-1)\right\}=1-\alpha \tag{6-10}$$

(2) 右尾检验法。

假设　　H_0: $\sigma_1^2=\sigma_2^2$；H_1: $\sigma_1^2>\sigma_2^2$

即

$$P\left\{\frac{\hat{\sigma}_1^2}{\hat{\sigma}_2^2}<F_a(n_1-1,\ n_2-1)\right\}=1-a \tag{6-11}$$

当 $\hat{\sigma}_1^2/\hat{\sigma}_2^2<F_a(n_1-1,\ n_2-1)$，接受 H_0，拒绝 H_1；反之，拒绝 H_0，接受 H_1。右尾检验时，分子 $\hat{\sigma}_1^2$ 必须是检验时备择假设 H_1 中的 $\hat{\sigma}_1^2$，即使 $\hat{\sigma}_1^2<\hat{\sigma}_2^2$，也不能将 $\hat{\sigma}_2^2$ 作为分子，$\hat{\sigma}_1^2$ 和 $\hat{\sigma}_2^2$ 的位置不能置换。

例 6-4　用两台测距仪测定某一距离，测回数和计算的测距方差分别为

测距仪甲：n_1=10，$\hat{\sigma}_1^2$=0.10cm^2；测距仪乙：n_2=16，$\hat{\sigma}_2^2$=0.07cm^2

试在显著性水平α=0.05下，检验两台仪器测距精度有否有显著差别？

解 (1) H_0：$\sigma_1^2=\sigma_2^2$；$H_1:\sigma_1^2\neq\sigma_2^2$。

(2) 当H_0成立时，计算统计量，采用双尾检验，$\sigma_1^2>\sigma_2^2$

$$F=\frac{\hat{\sigma}_1^2}{\hat{\sigma}_2^2}=\frac{0.10}{0.07}=1.43$$

(3) 以分子自由度9，分母自由度15，查表得

$$F_{\alpha/2}(n_1-1,n_2-1)=F_{0.025}(9,15)=3.12$$

(4) 现$F<F_{0.025}(9,15)$，故接受H_0，即认为在α=0.05的显著性水平下，两台仪器测距精度无显著差别。

若问测距仪乙的测距精度是否比甲高？采用单尾检验，此时的原假设和备择假设为

(1) H_0：$\sigma_1^2=\sigma_2^2$；H_1：$\sigma_1^2>\sigma_2^2$。

(2) 当H_0成立时，计算统计量

$$F=\frac{\hat{\sigma}_1^2}{\hat{\sigma}_2^2}=\frac{0.10}{0.07}=1.43$$

(3) 在F分布表中查得$F_\alpha(n_1-1,n_2-1)=F_{0.05}(15,9)=6.03$。

(4) 现$F<F_{0.05}(15,9)$，故接受H_0，即认为在α=0.05的显著性水平下，测距仪乙的测距精度与测距仪甲没有显著差异。

6.3 误差分布的假设检验

在前面的章节学习了4种经典平差方法，这些方法都是基于观测误差中仅含有偶然误差或者系统误差降低到可以忽略的程度，偶然误差是正态分布这一基本假设。如果观测误差中包含有系统误差或者粗差，所得到的平差结果将不再是最优无偏估计，甚至是无效的结果。因此，对误差分布的正态性进行检验是非常重要的。

6.3.1 偶然误差特性的检验

当进行一系列的观测，若观测误差中以偶然误差为主导，那么，无论是从误差的正负号还是从误差数值的大小等方面来进行分析和考察，它们都应该基本符合偶然误差的几个特性。而由于观测误差出现的随机性，实际出现的误差分布(以频率为基础的经验分布)不可能与其理论分布(以概率为极限的理论分布)完全吻合，总是会有不同程度的随机性波动。问题是这种波动的大小是在某种允许的界限范围之内，还是超出了这一界限。所以为了对一系列误差进行检验，从而判断其是否符合偶然误差的特性，其基本思想仍然是针对所要检验的具体项目，找出一个适当的且其分布为已知的统计量，并在给定的显著性水平α下，提出原假设H_0，然后根据实测数据来计算该统计量是否落在接受域内。如果落在拒绝域内，就表明它与理论分布之间显著的差异，超出了随机波动所允许的界限，因而可以认为该观测列有某种系统误差的存在。接下来学习4项偶然误差检验的方法。

1．误差正负号个数的检验

对于偶然误差而言，根据正态分布概率密度函数为偶函数的特点，正误差和负误差的个数应相等，对有限次观测而言，应该大致相等。

设用 x_i 表示误差序列中第 i 个误差的正负号，若误差恰好为 0，则不计入总数。当 Δ_i 为正时，取 $x_i=+1$；当 Δ_i 为负时，取 $x_i=0$，则

$$S_x = x_1 + x_2 + \cdots + x_n = [x] \tag{6-12}$$

S_x 表示 n 个误差中正误差出现的个数。由概论与数理统计的知识可知，S_x 是服从二项分布的随机变量，当 n 很大时，标准化后的 S_x 近似于标准正态分布。

由偶然误差的特性可知，正负误差出现的概率应相等，即 $P\{\Delta > 0\} = P\{\Delta < 0\} = \dfrac{1}{2}$ 或写成 $p = q = \dfrac{1}{2}$，则 S_x 的数学期望和方差分别为 $\dfrac{n}{2}$ 和 $\dfrac{n}{4}$，其标准化统计量为

$$\frac{S_x - \dfrac{n}{2}}{\dfrac{1}{2}\sqrt{n}} \sim N(0,1) \tag{6-13}$$

为了检验正误差发生的概率 p 是否为 $\dfrac{1}{2}$，作出假设

$$H_0：p = \frac{1}{2}；\ H_1：p \neq \frac{1}{2}$$

当 H_0 成立时，取 2 倍中误差为极限误差，即 $u_{\alpha/2}=2$，相当于取 95%的置信度。

$$p\left\{\left|\frac{S_x - \dfrac{n}{2}}{\dfrac{1}{2}\sqrt{n}}\right| < u_{\alpha/2}\right\} = 1-\alpha \tag{6-14}$$

即

$$\left|\frac{S_x - \dfrac{n}{2}}{\dfrac{1}{2}\sqrt{n}}\right| < 2,\quad \left|S_x - \frac{n}{2}\right| < \sqrt{n} \tag{6-15}$$

若统计量的值落在式(6-15)表示的接受域范围内，则接受 H_0，认为正负误差出现的概率基本相等；反之，认为正负误差出现的概率差异比较显著。

若以 S'_x 表示负误差的个数，则有

$$S'_x = n - S_x$$

同样地，可以得出负误差在置信度为 95%的接受域区间为

$$\left|\frac{n}{2} - S'_x\right| < \sqrt{n} \tag{6-16}$$

则由式(6-15)和式(6-16)可得用正负误差个数之差进行检验的公式为

$$|S - S'| < 2\sqrt{n} \tag{6-17}$$

2. 正负误差分配顺序的检验

有时误差的正负号可能是受到某一因素的支配而产生系统性的变化。例如，可能随着时间而改变，在某一时间段内误差大多为正，而在另一时间段内则大多为负，但是，在这种情况下，正负误差的个数有可能基本相等。如果只检验正负误差发生的概率，就难以发现是否存在着上述系统性的变化。所以，就应将误差按时间的先后顺序排列，从而检验其是否随时间而发生着系统性的变化。

对于一个偶然误差序列来说，前一个误差的正负号与后一个误差的正负号之间不应具有明显的规律性，即误差正负号的交替变换也是随机性的。换句话说，就是当前一个误差为正时，后一个误差可能为正，也可能为负；同样，当前一个误差为负时，后一个误差可能为正，也可能为负。

若将误差按某一因素的顺序排列，设以 f_i 表示第 i 个误差和第 $i+1$ 个误差的正负号的交替变换，当相邻两误差正负号相同时，取 $f_i=1$，正负号相反时，取 $f_i=0$。误差值恰好为零则不计入总数中。当有 n 个误差时，则有 $n-1$ 个交替变换。则

$$S_{\mathrm{f}}=f_1+f_2+f_3+\cdots+f_{n-1} \tag{6-18}$$

S_{f} 表示相邻两误差正负号相同时的个数，此时，S_{f} 仍然是二项分布的变量，且由于正负号交替变换的随机性，f_i 取正 1 和 0 的概率相等，即 $p=q=\dfrac{1}{2}$，仿照式(6-15)可得

$$\left|S_{\mathrm{f}}-\frac{n-1}{2}\right|<\sqrt{n-1} \tag{6-19}$$

仿照式(6-17)可得用相邻两误差正负号相同和相反个数进行检验的公式为

$$\left|S_{\mathrm{f}}-S_{\mathrm{f}}'\right|<2\sqrt{n-1} \tag{6-20}$$

式中的 S_{f}' 表示相邻两误差正负号相反时的个数，若检验结果不满足式(6-20)，则表明该误差列可能受到某种固定因素的影响而存在系统性的变化。

3. 误差数值和的检验

有一组独立的偶然误差 $\Delta_i \sim N(0,\sigma^2)$，根据偶然误差的特性，绝对值相等的正负误差出现的概率相等，因此，其代数和应互相抵消。

$$S_{\Delta}=\Delta_1+\Delta_2+\Delta_3+\cdots+\Delta_n=[\Delta] \tag{6-21}$$

由式(6-21)可得，S_{Δ} 也是符合正态分布的随机变量，而且

$$E(S_{\Delta})=0，D(S_{\Delta})=n\sigma^2$$

它的标准化变量为

$$\frac{S_{\Delta}}{\sigma\sqrt{n}}\sim N(0,1)$$

为了检验误差的数值和是否为零，作出假设

$$H_0：E(S_{\Delta})=0；\quad H_1：E(S_{\Delta})\neq 0$$

取 95%的置信度，用 u 检验法，则有

$$P\left\{\left|\frac{S_{\Delta}}{\sigma\sqrt{n}}\right|<2\right\}=95\%$$

整理可得对误差数值和进行检验的公式为

$$|S_\Delta| < 2\sigma\sqrt{n} \tag{6-22}$$

4．最大误差值的检验

在有限次观测条件下，超过一定限值的偶然误差出现的概率为零。在对观测成果质量要求较高的情况下，这个限值为 2 倍中误差，而对观测成果要求质量不高的情况下，这个限值可以取 3 倍中误差。

有一组偶然误差

$$\Delta_i \sim N(0, \sigma^2)$$

标准化后得

$$\frac{\Delta_i}{\sigma} \sim N(0, 1)$$

取 2 倍中误差为极限值，即取 95%的置信度，则

$$P\left\{\left|\frac{\Delta_i}{\sigma}\right| < 2\right\} = 0.95$$

也就是

$$|\Delta_i| < 2\sigma \tag{6-23}$$

由式(6-23)可知，对于单个误差，其绝对值大于 2σ 的概率仅为 5%，这是小概率事件。因此，当某一误差的绝对值大于 2σ 时，就把该误差作为粗差处理，并把其对应的观测值舍弃不用。

同样地，如果取 3 倍中误差作为极限值，则有

$$|\Delta_i| < 3\sigma \tag{6-24}$$

如果单个误差的绝对值大于 3σ 时，就把该误差作为粗差处理，并把其对应的观测值舍弃不用。

例 6-5　在某地区进行三角观测，共 30 个三角形，其闭合差(以″为单位)如下，试对该闭合差进行偶然误差特性的检验。

+1.5	+1.0	+0.8	−1.1	+0.6	+1.1	+0.2	−0.3	−0.5	+0.6
−2.0	−0.7	−0.8	−1.2	+0.8	−0.3	+0.6	+0.8	−0.3	−0.9
−1.1	−0.4	−1.0	−0.5	+0.2	+0.3	+1.8	+0.6	−1.1	−1.3

解　首先计算三角形闭合差的中误差

$$\hat{\sigma}_w = \sqrt{\frac{[ww]}{n}} = \sqrt{\frac{25.86}{30}} = 0.93''$$

设检验时均取置信度为 95%，即显著性水平 α =0.05。

(1) 正负号个数的检验。

正误差的个数：S_x =14；负误差的个数：S'_x =16。所以 $|S_x - S'_x| = 2$，而 $2\sqrt{n} = 2\sqrt{30} = 11$，可见 $|S_x - S'_x| < 2\sqrt{n}$，即满足式(6-17)。

(2) 正负误差分配顺序的检验。

相邻两误差同号的个数：S_f =18；相邻两误差异号的个数：S'_f =11。所以 $|S_f - S'_f| = 7$，

而 $2\sqrt{n-1}=2\sqrt{29}=10.8$，可见 $\left|S_{\mathrm{f}}-S_{\mathrm{f}}'\right|<2\sqrt{n-1}$，即满足式(6-20)。

(3) 误差数值和的检验。

$|S_{\Delta}|=|[w]|=2.6$，而 $2\sqrt{n}\hat{\sigma}_{\mathrm{w}}=2\sqrt{30}\times 0.93=10.2$，可见 $|S_{\Delta}|<\left|2\sqrt{n}\hat{\sigma}_{\mathrm{w}}\right|$，即满足式(6-22)。

(4) 最大误差值的检验。

此处最大的一个闭合差为−2.0，如以 2 倍中误差 $2\hat{\sigma}_{\mathrm{w}}=1.86''$ 作为极限误差，可见该闭合差超限。如以 3 倍中误差 $3\hat{\sigma}_{\mathrm{w}}=2.79''$ 作为极限误差，则该闭合差不超限。

6.3.2 偏度、峰值检验法

正态分布的重要特征是分布的对称性、分布形态的尖峭程度和两尾的长短，描述分布不对称性的特征值是偏度或称偏态系数，描述分布尖峭程度的特征值是峰度或称峰态系数，偏度的定义为

$$v_1=\frac{\mu_3}{\sigma^3} \tag{6-25}$$

对于正态分布而言，峰度的定义是

$$v_2=\frac{\mu_4}{\sigma^4}-3 \tag{6-26}$$

式中的 μ_3 和 μ_4 分别是 3 阶、4 阶中心矩。k 阶中心矩的定义为

$$\mu_k=E(X-\mu)^k \tag{6-27}$$

即随机变量 X 减去其期望 $E(X)=\mu$ 的 k 次方的期望。当 k=1、2 时

$$\mu_1=E(X-\mu)=E(X)-\mu=0$$

$$\mu_2=E(X-\mu)^2=\sigma_x^2$$

即二阶中心矩就是方差。

设 X 的 n 个子样为 $(x_1,x_2,\cdots,x_n)$，则 k 阶中心矩的估值为

$$\hat{\mu}_k=\frac{1}{n-1}\sum_{i=1}^{n}(x_i-\overline{x})^k \tag{6-28}$$

特别地，当 k=2 时，$\mu_2=\sigma^2$。因此，由子样 $(x_1,x_2,\cdots,x_n)$ 计算的偏度和峰度为

$$\hat{v}_1=\frac{\hat{\mu}_3}{\hat{\sigma}^3},\quad \hat{v}_2=\frac{\hat{\mu}_4}{\hat{\sigma}^4}-3 \tag{6-29}$$

偏度和峰度 v_1 和 v_2 均有正负之分。v_1 为正值，分布称为正偏的，此时分布密度曲线向左靠，曲线最高纵坐标在期望坐标左面。分布密度曲线右端有一长尾巴；反之，v_1 为负值。v_1=0 分布对称。正态分布的 v_2=0，若 v_2 为正值，其分布密度曲线较尖瘦而左右尾较长，反之，v_2 为负值，其分布密度曲线较为扁平。

检验正态分布的 v_1 和 v_2 是否为零就是偏度和峰度检验法，是一种较灵敏的检验正态性的方法。

当子样的容量 $n\to\infty$ 时，子样偏度 $\hat{v}_1$ 和子样峰度 $\hat{v}_2$ 趋于正态分布，概率论与数理统计中已证明，当母体为正态，$n\to\infty$，子样偏度和峰度的期望和方差分别为

$$E(\hat{v}_1)=0,\quad \hat{\sigma}^2_{\hat{v}_1}=\frac{6}{n}$$
$$E(\hat{v}_2)=0,\quad \hat{\sigma}^2_{\hat{v}_2}=\frac{24}{n} \tag{6-30}$$

标准化为

$$u_1=\frac{\hat{v}_1-0}{\sqrt{\dfrac{6}{n}}}\sim N(0,1)$$
$$u_2=\frac{\hat{v}_2-0}{\sqrt{\dfrac{24}{n}}}\sim N(0,1) \tag{6-31}$$

采用 u 检验法

$$H_0:E(\hat{v}_1)=0\quad H_1:E(\hat{v}_1)\neq 0$$
$$H_0:E(\hat{v}_2)=0\quad H_1:E(\hat{v}_2)\neq 0$$

则检验拒绝域为

$$|u_1|>u_{\frac{\alpha}{2}},\ |u_2|>u_{\frac{\alpha}{2}}$$

例 6-6　由 800 个三角形闭合差按式(6-27)算得偏度和峰度为

$$\hat{v}_1=+0.1287,\quad \hat{v}_2=-0.1740$$
$$\hat{\sigma}_{\hat{v}_1}=\sqrt{\frac{6}{800}}=0.0866,\quad \hat{\sigma}_{\hat{v}_2}=\sqrt{\frac{24}{800}}=0.1733$$

按式(6-30)、式(6-31)计算统计量得

$$u_1=1.49,\quad u_2=-1.00$$

以 $\alpha=0.05$ 查正态分布表得 $u_{\frac{\alpha}{2}}=1.96$。故就偏度和峰度而言，以 0.05 的显著性水平判断，这组闭合差服从正态分布可信。

6.3.3　假设检验的方法

目前学习过的检验方法都是在已知母体分布为正态分布为前提。但在许多实际问题中，对母体分布的情况可能事先一无所知，或者仅需要判断其是否服从于正态分布，这时就需要先根据子样的信息来对母体分布进行假设检验，根据检验的结果来判断对母体分布所作的原假设是否正确。

χ^2 检验法是用来检验母体分布特征的常用方法。其基本思想是假定母体服从某种类型的分布，而且分布类型不限于正态分布，然后根据子样信息来检验原假设 H_0 是否成立。例如，已知 $(x_1,x_2,\cdots,x_n)$ 是取自母体分布函数为 $F(X)$ 的一个子样，现在要根据子样来检验原假设是否成立：

$$H_0:\ F(X)=F_0(X)$$

式中，$F_0(X)$ 为事先假设的某一已知的分布函数。

为了检验子样是否来自分布函数为 $F(X)$ 的母体，χ^2 检验法的做法如下：

(1) 分组并求频数。

先将观测值组成的子样$(x_1, x_2, \cdots, x_n)$按一定的组距分成k组，并统计子样值落入各组内的实际频数$v_i(i=1,2,\cdots,k)$。

(2) 估计$F_0(x)$中的参数。

在用χ^2检验法进行检验时，要求在假设H_0下，$F_0(x)$的形式及其参数都是已知的。例如，假设$F_0(x)$是正态分布函数，那么其中的两个参数μ和σ应该是已知的。可是实际上参数值往往是未知的，因此要根据子样值来估计原假设中分布函数$F_0(x)$中的参数，从而确定该分布函数的具体形式。

(3) 求各分组概率。

当$F_0(x)$确定后，就可以在假设H_0下，计算出子样值落入各分组中的理论频率：$p_1, p_2, \cdots, p_n$，然后p_i与子样容量n的乘积算出理论频数$np_1, np_2, \cdots, np_k$。

(4) 构造统计量。

由于子样总是带有随机性，因而落入各组中的实际频数f_i不会和理论频数np_i完全相等。可是当H_0为真，f_i与np_i的差异应不显著；若H_0为假，这种差异就显著。因此，应该找出一个能够描述它们之间偏离程度的一个统计量，从而通过此统计量的大小来判断它们之间的差异是由于子样随机性引起的还是由于$F(x) \neq F_0(x)$所引起的。描述这种偏离程度的统计量为

$$\chi^2 = \sum_{i=1}^{k} \frac{(f_i - np_i)^2}{np_i} \tag{6-32}$$

从理论上已经证明，不论母体是服从什么分布，若分布函数中的参数为t个，当子样容量充分大($n \geqslant 50$)时，则上述统计量总是近似地服从自由度为$k-t-1$的χ^2分布，即

$$\chi^2 = \sum_{i=1}^{k} \frac{(f_i - np_i)^2}{np_i} \sim \chi^2(k-t-1) \tag{6-33}$$

该统计量只有当观测数n足够大时才能成立，而且np_i也不应太小，一般要求$n \geqslant 50, np_i > 5$。如果$np_i < 5$，则应将某些组并成一组，使得$np_i > 5$。

(5) 进行检验。

对于给定的显著性水平α，可由

$$P(\chi^2 > \chi_\alpha^2) = \alpha$$

定义临界值χ_α^2，如果$\chi^2 < \chi_\alpha^2$，则接受H_0；否则，拒绝H_0。

例 6-7 某地震形变台站在两个固定点之间进行重复水准测量，测得 100 个高差观测值，取显著性水平α=0.05，试检验该列观测高差是否服从正态分布。

解 (1) 分组并求频数。

首先将 100 个高差观测值按等间隔分组，一般分成 10～15 组为宜。现按 0.0ldm 的间隔(或称组距)将其分成 10 组，即k=10，并求出各组的频数，见表 6-1。

(2) 估计$F_0(x)$中的参数。

检验观测高差是否服从正态分布，即$F_0(x) \sim N(\hat{\mu}, \hat{\sigma}^2)$，要先根据观测值计算参数$\hat{\mu}$、$\hat{\sigma}^2$，计算如下

$$\hat{\mu}=\overline{x}=\frac{1}{n}\sum_{i=1}^{n}f_i\overline{h}_i=\frac{1}{100}(1\times6.885+4\times6.895+7\times6.905+22\times6.915+23\times6.925+$$

$$25\times6.935+10\times6.945+6\times6.955+1\times6.965+1\times6.975)=6.927$$

$$\sum f_i\overline{h}_i^2=1\times6.885^2+4\times6.895^2+7\times6.905^2+22\times6.915^2+23\times6.925^2+$$

$$25\times6.935^2+10\times6.945^2+6\times6.955^2+1\times6.965^2+1\times6.975^2=4798.3587$$

$$\hat{\sigma}^2=\frac{1}{n}\left(\sum f_i\overline{h}_i^2-n\hat{\mu}^2\right)=\frac{1}{100}\times(4798.3587-4798.3329)=0.000258$$

$$\hat{\sigma}=\sqrt{0.000258}=0.016\ \text{dm}$$

因此，求出 $F_0(x)\sim N(6.927,0.000258)$。

表 6-1　观测值分组与频数

高差分组/dm	频　数 f_i	频　率 $\left(\frac{f_i}{100}\right)$	累计频率 $\frac{1}{100}\sum_{1}^{i}f_i$
6.880～6.890	1	0.01	0.01
6.890～6.900	4	0.04	0.05
6.900～6.910	7	0.07	0.12
6.910～6.920	22	0.22	0.34
6.920～6.930	23	0.23	0.57
6.930～6.940	25	0.25	0.82
6.940～6.950	10	0.10	0.92
6.950～6.960	6	0.06	0.98
6.960～6.970	1	0.01	0.99
6.970～6.980	1	0.01	1.00
Σ	$n=100$	1.00	

注：观测高差等于组上限的数值算入该区间内。

(3) 求各分组概率。

根据前面讲述的检验原理，需要检验的原假设应为

$$H_0：X\sim N(6.927，0.000258)$$

根据该具体的正态分布函数，就可以计算某一个区间的概率。为了便于计算 np_i，先将其标准化，以便查取标准正态分布表，标准化变量为

$$y=\frac{x-\hat{\mu}}{\sqrt{\hat{\sigma}^2}}=\frac{x-6.927}{0.016}$$

根据表 6-1 中各组的组限(其中第一组下限应为 $-\infty$，末组上限应为 $+\infty$)和正态分布表算得 p，其计算结果列于表 6-2 中。

(4) 检验的统计量计算。

由于前 3 组和末 3 组的频数太小，故分别将 3 组并成一组，这样分组数合并为 k=6。由表 6-2 的计算结果知，统计量之值为

$$\chi^2=\sum_{i=1}^{k}\frac{(f_i-np_i)^2}{np_i}=2.6068$$

(5) 进行检验。

由于k=6，t=2，故自由度$k-t-1=3$。查χ^2分布表得

$$\chi_{\alpha}^{2}(k-t-1)=\chi_{0.05}^{2}(3)=7.815$$

现$\chi^2<\chi_{0.05}^{2}(3)=7.815$，故接受$H_0$，认为观测高差服从正态分布。

表 6-2　统计量计算

y 的组限	f_i	np_i	f_i-np_i	$(f_i-np_i)^2$	$\frac{(f_i-np_i)^2}{np_i}$
$-\infty$～-2.31	1	1.04			
-2.31～-1.69	4	3.51	-2.46	6.0516	0.4185
-1.69～-1.06	7	9.91			
-1.06～-0.44	22	18.54	3.46	11.9716	0.6457
-0.44～0.19	23	24.53	-1.53	2.3409	0.0954
0.19～0.81	25	21.57	3.43	11.7649	0.5454
0.81～1.44	10	13.41	-3.41	11.6281	0.8671
1.44～2.06	6	5.52			
2.06～2.69	1	1.61	0.51	0.2601	0.0347
2.69～$+\infty$	1	0.36			
$\sum$	100				2.6068

6.4　平差数学模型正确性检验

经典平差方法获得的平差值和参数都是在最小二乘准则下的最优线性无偏估计，它的前提是给定的函数模型正确且误差服从正态分布。如果平差的函数模型或随机模型自身不完善，就不能保证估值的最优性质，因此就需要探讨模型正确性的统计检验问题。

函数模型不完善的原因很多。例如，非线性函数线性化时参数的近似值与其真值相差很大，造成高次项舍弃误差较大；起算数据与观测数据不匹配；起算数据误差较大或者观测数据中存在粗差等。随机模型的误差主要是观测值之间权的比例关系不正确造成的。为了保证平差结果的正确性，必须查明原因，完善平差模型，然后重新进行平差。

平差模型正确性的检验，是一种对平差模型的总体检验方法，以后验方差为统计量，即采用平差后计算的单位权方差估值，故也称后验方差检验。它的基本思想是：定权时先验单位权方差σ_0^2是已知的，通过平差可求得其估值即后验方差$\hat{\sigma}_0^2$，两者应该满足统计一致，即满足$E(\hat{\sigma}_0^2)=\sigma_0^2$，在一定的置信水平下，如果不满足此等式，说明所求的$\hat{\sigma}_0^2$并非σ_0^2的最优无偏估计，就说明平差数学模型不正确。

以间接平差为例，平差模型正确性的检验假设是

$$H_0\text{：}E(\hat{\sigma}_0^2)=\sigma_0^2\text{；}H_1\text{：}E(\hat{\sigma}_0^2)\neq\sigma_0^2$$

误差方程和单位权方差估值为

$$\boldsymbol{V}=\boldsymbol{B}\hat{\boldsymbol{x}}-\boldsymbol{l}$$

$$\hat{\sigma}_0^2 = \frac{\boldsymbol{V}^{\mathrm{T}}\boldsymbol{PV}}{n-t}$$

统计量

$$\chi^2(f) = \frac{\boldsymbol{V}^{\mathrm{T}}\boldsymbol{PV}}{\sigma_0^2} = f\frac{\hat{\sigma}_0^2}{\sigma_0^2} \tag{6-34}$$

是服从自由度 $f = n-t$ 的 χ^2 分布，故采用 χ^2 检验法。给定显著性水平 α，查表得 $\chi^2_{\alpha/2}$ 和 $\chi^2_{1-\alpha/2}$，组成区间 $(\chi^2_{1-\alpha/2}, \chi^2_{\alpha/2})$，如果统计量 $\chi^2(f)$ 落在此区间内，则接受 H_0，认为平差数学模型正确；否则认为平差数学模型不正确。只有在通过检验后才能使用平差成果，因此平差数学模型正确性的检验是平差的一个重要组成部分，不可省略。

例 6-8　如图 6-4 所示的水准网，平差定权时，以 1km 观测高差为单位权观测，即取 $P_i = 1/S_i$。平差后，算得 $\hat{\sigma}_0^2 = \frac{\boldsymbol{V}^{\mathrm{T}}\boldsymbol{PV}}{n-t} = \frac{19.75}{4} = 4.94$，试在 α =0.05 水平下进行平差数学模型正确性检验。

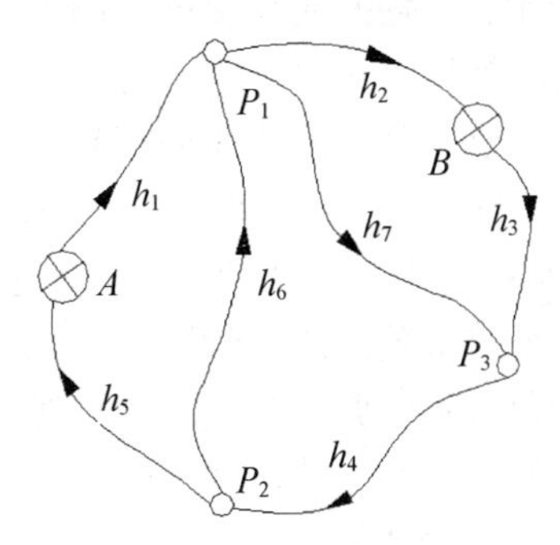

图 6-4　水准网示意图

解　因为定权时以 1km 观测高差为单位权观测，实际上就是取 1km 观测高差的中误差作先验单位权中误差 σ_0，虽然未给出 σ_0 的值，可以按规范中等级水准的要求进行讨论。例如，若是二等水准测量则 σ_0 =1.0mm，若是三等水准测量则 σ_0 =3.0mm。

如属二等水准测量，后验方差检验假设为

$$H_0\text{：} E(\hat{\sigma}_0^2) = 1.0\text{；} H_1\text{：} E(\hat{\sigma}_0^2) \neq 1.0$$

计算统计量

$$\chi^2(4) = \frac{\boldsymbol{V}^{\mathrm{T}}\boldsymbol{PV}}{\sigma_0^2} = \frac{19.75}{1} = 19.75$$

以自由度 f =4，α =0.05，查 χ^2 分布表得

$$\chi^2_{1-\alpha/2}(f) = \chi^2_{0.975}(4) = 0.48\text{，} \chi^2_{\alpha/2}(f) = \chi^2_{0.025}(4) = 11.14$$

现 $\chi^2(4)$ =19.75 不在区间(0.48，11.14)内，故拒绝 H_0，即对二等水准测量而言，平差数学模型不正确。

如是三等水准测量，后验方差检验假设为

$$H_0\text{：} E(\hat{\sigma}_0^2) = 9.0\text{；} H_1\text{：} E(\hat{\sigma}_0^2) \neq 9.0$$

计算统计量

$$\chi^2(4)=\frac{\boldsymbol{V}^{\mathrm{T}}\boldsymbol{PV}}{\sigma_0^2}=\frac{19.75}{9}=2.19$$

现 $\chi^2(4)=2.19$ 位于区间(0.48，11.14)内，故接受 H_0，检验通过，平差数学模型正确，成果适用。

6.5 平差参数的假设检验和区间估计

在测量实践中，经常会遇到下面的问题。

在某矿区进行地表变形监测，已知矿区原有地面控制点的平面坐标或高程，但是由于控制网建立的时间较早，矿区的后续采动有可能影响到部分控制点。经过实地踏勘，怀疑某些点发生了变化，为了后续工作的开展，需要判断这些控制点是否可用。一般来说，需要重新布设控制网，采用间接平差法，选取怀疑发生变化的点的平面坐标或高程作为参数，然后判断这些参数的平差值与已知数据的差异来进行取舍。这个问题也可以归结为对控制网在不同时间进行了两期观测，分别平差，要求判断两次平差结果的平差值是否有显著的差异。

为了考察钢尺长度随温度变化的线性函数关系，常根据多组实测数据用待定系数法来求解方程中的参数，但是个别参数的选择是否是必要的，则需要通过统计检验的方法来判定。

以上问题的解决就需要通过平差参数的统计检验和区间估计的方法来解决。该方法对检验基准点的稳定性、变形监测与预报和回归模型的有效性等都有十分重要的作用。

对间接平差而言，有

$$\underset{n\times1}{\boldsymbol{V}}=\underset{n\times1}{\boldsymbol{B}}\,\underset{n\times1}{\hat{\boldsymbol{x}}}-\underset{n\times1}{\boldsymbol{l}}$$

$$\hat{\boldsymbol{x}}=(\boldsymbol{B}^{\mathrm{T}}\boldsymbol{PB})^{-1}\boldsymbol{B}^{\mathrm{T}}\boldsymbol{Pl}$$

$$\hat{\sigma}_0^2=\frac{\boldsymbol{V}^{\mathrm{T}}\boldsymbol{PV}}{\boldsymbol{n}-\boldsymbol{t}}$$

$$\boldsymbol{D}_{\hat{X}\hat{X}}=\hat{\sigma}_0^2\boldsymbol{Q}_{\hat{X}\hat{X}}=\hat{\sigma}_0^2(\boldsymbol{B}^{\mathrm{T}}\boldsymbol{PB})^{-1}$$

6.5.1 某个平差参数 $\hat{X}_i$ 是否与已知值 W_i 相符

可作以下假设

$$H_0\text{：}E(\hat{X}_i)=W_i\text{；}H_1\text{：}E(\hat{X}_i)\neq W_i \tag{6-35}$$

可以采用 t 检验法，做统计量

$$t=\frac{\hat{X}_i-W_i}{\hat{\sigma}_{\hat{X}_i}}=\frac{\hat{X}_i-W_i}{\hat{\sigma}_0\sqrt{Q_{\hat{X}_i\hat{X}_i}}}\sim t(n-t) \tag{6-36}$$

例 6-9 如图 6-5 所示的水准网，A、B 为已知高程点，P_2 点高程已知为 7.045m，但是怀疑其发生沉降，平差时将其作为待定点。选取 P_1、P_2 点的高程为参数 $\hat{X}_1$、$\hat{X}_2$，经间接平差得

$$\hat{X}_1=6.3747\text{m}，\hat{X}_2=7.0279\text{m}，\hat{\sigma}_0^2=2.2\text{mm}$$

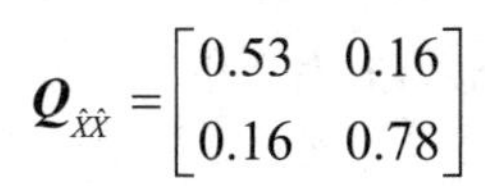

$$Q_{\hat{X}\hat{X}}=\begin{bmatrix}0.53 & 0.16\\ 0.16 & 0.78\end{bmatrix}$$

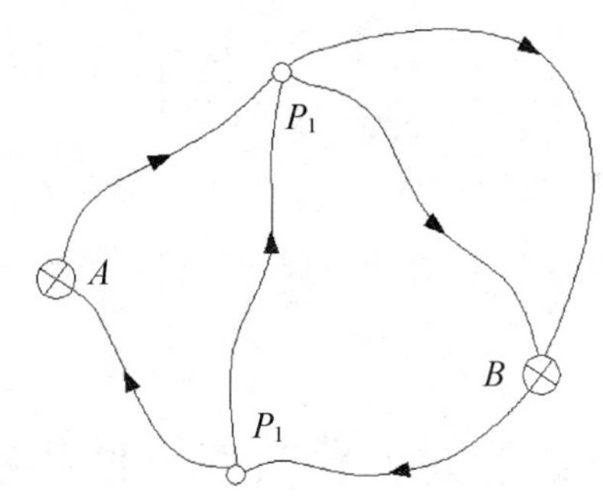

图 6-5　水准网示意图

为了检验 P_2 点的高程正确性，取显著性水平在 $\alpha=0.05$，作假设

$$H_0\text{：}E(\hat{X}_2)=7.045;\quad H_1\text{：}E(\hat{X}_2)\neq 7.045$$

按照式(6-36)作统计量 $t=\dfrac{\hat{X}_3-W_3}{\hat{\sigma}_0\sqrt{Q_{\hat{X}_2\hat{X}_2}}}=\dfrac{7027.9-7045.0}{2.2\sqrt{0.78}}=\dfrac{-17.1}{1.9}=-9.0$

以自由度 $f=4$，查 t 分布表得：$t_{\alpha/2}(n-t)=t_{0.025}(4)=2.78$。现 $|t|>t_{0.025}(4)$，故拒绝 H_0，接受 H_1，即认定 P_2 点发生了沉降，其高程不能作为起算数据，作为待定点处理。

例 6-10　为了考察经纬仪视距乘常数 C 在测量时随温度变化的影响，选择 10 段不同的距离进行了试验。测得 10 组平均 C 值和平均气温 t，结果列于表 6-3 中。设 C 与 t 呈线性关系，检验平差参数的显著性。

表 6-3　平均温度与乘常数观测值数据

t/℃	11.9	11.5	14.5	15.2	15.9	16.3	14.6	12.9	15.8	14.1
C	96.84	96.84	97.14	97.03	97.05	97.13	97.04	96.96	96.95	96.98

解　设视距常数 C 与温度之间的线性函数关系(回归模型)为

$$\hat{C}_i=\hat{b}_0+\hat{b}_1 t_i \qquad i=1,2,\cdots,10$$

误差方程为

$$v_i=\hat{b}_0+\hat{b}_1 t_i-C_i$$

组成法方程解得

$$\hat{b}_0=96.31\text{，}\quad \hat{b}_1=0.048$$

计算中得到

$$Q_{\hat{X}\hat{X}}=\begin{bmatrix}Q_{11} & Q_{12}\\ Q_{21} & Q_{22}\end{bmatrix}=\begin{bmatrix}8.16 & -0.56\\ -0.56 & 0.039\end{bmatrix}$$

$$\hat{\sigma}_0=\sqrt{\frac{[vv]}{n-2}}=\sqrt{\frac{0.0377}{8}}=0.068$$

现在要检验参数 $\hat{b}_1$ 的显著性，作假设

$$H_0: \hat{b}_1 = 0; \quad H_1: \hat{b}_1 \neq 0$$

作统计量

$$t = \frac{\hat{b}_1 - 0}{\hat{\sigma}_0 \sqrt{Q_{22}}} = \frac{0.048}{0.0134} = 3.58$$

取显著性水平 $\alpha = 0.05$，自由度 $n-t=10-2=8$，查 t 分布表，得 $t_{\alpha/2}(n-t) = t_{0.025}(8) = 2.31$，现 $|t| > t_{0.025}(8)$，故拒绝 H_0，即 $\hat{b}_1 \neq 0$，说明参数 $\hat{b}_1$ 显著，视距常数与温度有关，回归模型有效。视距常数 C 与温度 t 的回归方程为 $C = 96.31 + 0.048t$。

6.5.2 两个独立平差系统的同名参数差异性的检验

设对控制网进行了两期观测，分别采用间接平差，获得两期平差成果如下：

第Ⅰ期 $\hat{X}_{\mathrm{I}} = X_{\mathrm{I}}^0 + \hat{x}_{\mathrm{I}}$，$\hat{\sigma}_{0_{\mathrm{I}}} = \frac{(\boldsymbol{V}^{\mathrm{T}}\boldsymbol{PV})_{\mathrm{I}}}{f_{\mathrm{I}}}$，参数的协因数阵为 $\boldsymbol{Q}_{\hat{X}_{\mathrm{I}}\hat{X}_{\mathrm{I}}}$

第Ⅱ期 $\hat{X}_{\mathrm{II}} = X_{\mathrm{II}}^0 + \hat{x}_{\mathrm{II}}$，$\hat{\sigma}_{0_{\mathrm{II}}} = \frac{(\boldsymbol{V}^{\mathrm{T}}\boldsymbol{PV})_{\mathrm{II}}}{f_{\mathrm{II}}}$，参数的协因数阵为 $\boldsymbol{Q}_{\hat{X}_{\mathrm{II}}\hat{X}_{\mathrm{II}}}$

要通过假设检验的方法判断同名点坐标两期平差值之间是否有显著性差异。

假设

$$H_0: E(\hat{X}_{\mathrm{I}}) - E(\hat{X}_{\mathrm{II}}) = 0; \quad H_1: E(\hat{X}_{\mathrm{I}}) - E(\hat{X}_{\mathrm{II}}) \neq 0 \tag{6-37}$$

统计量为

$$t = \frac{\hat{X}_{\mathrm{I}} - \hat{X}_{\mathrm{II}}}{\sqrt{\hat{\sigma}_{\hat{X}_{\mathrm{I}}}^2 + \hat{\sigma}_{\hat{X}_{\mathrm{II}}}^2}} = \frac{\hat{X}_{\mathrm{I}} - \hat{X}_{\mathrm{II}}}{\sqrt{\hat{\sigma}_{0_{\mathrm{I}}}^2 Q_{\hat{X}_{\mathrm{I}}\hat{X}_{\mathrm{I}}} + \hat{\sigma}_{0_{\mathrm{II}}}^2 Q_{\hat{X}_{\mathrm{II}}\hat{X}_{\mathrm{II}}}}} \sim t(f_{\mathrm{I}} + f_{\mathrm{II}}) \tag{6-38}$$

统计量的自由度为 $f = (f_{\mathrm{I}} + f_{\mathrm{II}})$，分母为两期平差参数差数的中误差，分子为两期平差参数之差。检验的拒绝域为 $\left|t_{(f)}\right| > t_{\alpha/2}$。

例 6-11 如图 6-6 所示的水准网，A、B 为已知高程点，P_1、P_2 为待定点。第Ⅰ期平差，选取 P_1、P_2 两点的高程为参数 $\hat{X}_1$、$\hat{X}_2$，平差结果为

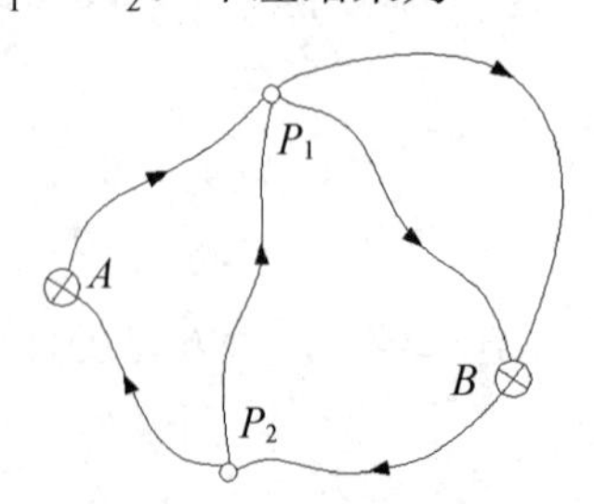

图 6-6 水准网示意图

$$\hat{X}_{11} = 6.3747\mathrm{m}, \quad \hat{X}_{21} = 7.0279\mathrm{m}$$

$$\hat{\sigma}_{01} = \sqrt{\frac{\boldsymbol{V}^{\mathrm{T}}\boldsymbol{PV}}{n-t}} = 2.2 \ \ (\mathrm{mm})$$

$$\boldsymbol{Q}_{\hat{X}\hat{X}} = \begin{bmatrix} 0.53 & 0.16 \\ 0.16 & 0.78 \end{bmatrix}$$

第Ⅱ期采用相同的观测方法和平差方法，平差结果为

$$\hat{X}_{12} = 6.3604\text{m}，\ \hat{X}_{22} = 7.0264\text{m}$$

$$\hat{\sigma}_{02} = \sqrt{\frac{\boldsymbol{V}^{\mathrm{T}}\boldsymbol{PV}}{n-t}} = 2.1\text{mm}$$

因为网形不变、观测精度不变，因此，误差方程系数阵 $\boldsymbol{B}$ 、观测值的权阵 $\boldsymbol{P}$ 和参数的协因数阵 $\boldsymbol{Q}_{\hat{X}\hat{X}}$ 也不变。根据以上信息检验 P_1 和 P_2 两点是否沉降？

假设

$$H_0:\ E(\hat{X}_{i_{\mathrm{I}}}) - E(\hat{X}_{i_{\mathrm{II}}}) = 0;\ H_1:\ E(\hat{X}_{i_{\mathrm{I}}}) - E(\hat{X}_{i_{\mathrm{II}}}) \neq 0\quad i = 1,2$$

根据式(6-38)计算统计量

$$P_1\text{点：}\ t_{(8)} = \frac{\hat{X}_{11} - \hat{X}_{12}}{\sqrt{\hat{\sigma}_{01}^2 Q_{\hat{X}_{11}\hat{X}_{11}} + \hat{\sigma}_{02}^2 Q_{\hat{X}_{12}\hat{X}_{12}}}} = \frac{6374.7 - 6360.4}{\sqrt{2.2^2 \times 0.53 + 2.1^2 \times 0.53}} = \frac{14.3}{2.21} = 6.47$$

$$P_2\text{点：}\ t_{(8)} = \frac{\hat{X}_{21} - \hat{X}_{22}}{\sqrt{\hat{\sigma}_{01}^2 Q_{\hat{X}_{21}\hat{X}_{21}} + \hat{\sigma}_{02}^2 Q_{\hat{X}_{22}\hat{X}_{22}}}} = \frac{7027.9 - 7026.4}{\sqrt{2.2^2 \times 0.78 + 2.1^2 \times 0.78}} = \frac{1.5}{2.69} = 0.56$$

取显著性水平 α =0.05，以自由度 $f = f_1 + f_2 = 4 + 4 = 8$ ，查 t 分布表得 $t_{\alpha/2}(f_1 + f_2) = t_{0.025}(8) = 2.31$ 。因为，P_1 点的 $|t_{(8)}| = 6.47 > t_{\alpha/2} = 2.31$ ，故拒绝 H_0 ；P_2 点的 $|t_{(8)}| = 0.56 < t_{\alpha/2} = 2.31$ ，故接受 H_0 。

因此，在显著性水平 α =0.05 下，可以判断 P_1 点在两期观测期间有显著的沉降；而 P_2 点在两期观测期间可认为没有显著的变化。

6.5.3　平差参数的区间估计

平差参数的真值一般是不可知的，真值的估计有两种方法：一是点估计；二是区间估计。点估计就是对真值作出具体数值的估计，用平差值来估计其真值就是点估计方法，前述的经典平差方法都是属于点估计法。区间估计就是在给定的置信度 P 的条件下，给出参数真值变化的数值区间。换言之，就是给出确定真值的某一范围，而这个范围是与置信度相联系的。

对于参数的平差值 $\hat{X}_i$ ，采用 t 检验法，作统计量

$$t(f) = \frac{\hat{X}_i - \tilde{X}_i}{\hat{\sigma}_0 \sqrt{Q_{\hat{X}_i\hat{X}_i}}} \tag{6-39}$$

式中真值 $\tilde{X}_i$ 为参数平差值 $\hat{X}_i$ 的数学期望 $E(\hat{X}_i)$ 。通过 t 分布将 $\hat{X}_i$ 与其真值 $\tilde{X}_i$ 建立了关系。现给定置信度 $p = 1 - \alpha$ ，则

$$P\left(-t_{\frac{\alpha}{2}} < \frac{\hat{X}_i - \tilde{X}_i}{\hat{\sigma}_0 \sqrt{Q_{\hat{X}_i\hat{X}_i}}} < +t_{\frac{\alpha}{2}}\right) = p = 1 - \alpha$$

按不等式运算，可得

$$P\left(\hat{X}_i - t_{\frac{\alpha}{2}}\hat{\sigma}_0\sqrt{Q_{\hat{X}_i\hat{X}_i}} < \tilde{X}_i < \hat{X}_i + t_{\frac{\alpha}{2}}\hat{\sigma}_0\sqrt{Q_{\hat{X}_i\hat{X}_i}}\right) = p = 1-\alpha$$

或

$$P(\hat{X}_i - t_{\frac{\alpha}{2}}\hat{\sigma}_{\hat{X}_i} < \tilde{X}_i < \hat{X}_i + t_{\frac{\alpha}{2}}\hat{\sigma}_{\hat{X}_i}) = p = 1-\alpha \tag{6-40}$$

这就是参数真值 $\tilde{X}_i$ 的区间估计式，区间 $(\hat{X}_i - t_{\frac{\alpha}{2}}\hat{\sigma}_{\hat{X}_i}, \hat{X}_i + t_{\frac{\alpha}{2}}\hat{\sigma}_{\hat{X}_i})$ 称为置信区间，其置信度为 $p=1-\alpha$。p 值大小不同，相应的区间长短也不同，即置信区间取决于其置信度。由式(6-40)可知参数的区间估计与点估计的联系和区别。

如果单位权方差 σ_0^2 已知，则采用 u 检验法，作统计量

$$u = \frac{\hat{X}_i - \tilde{X}_i}{\sigma_0\sqrt{Q_{\hat{X}_i\hat{X}_i}}} = \frac{\hat{X}_i - \tilde{X}_i}{\sigma_{\hat{X}_i}}$$

则 $\tilde{X}_i$ 的区间估计式为

$$P(\hat{X}_i - u_{\frac{\alpha}{2}}\sigma_{\hat{X}_i} < \tilde{X}_i < \hat{X}_i + u_{\frac{\alpha}{2}}\sigma_{\hat{X}_i}) = p = 1-\alpha$$

当 p =0.9545 时，$u_{\frac{\alpha}{2}} = u_{0.02275} = 2$，则 $\tilde{X}_i$ 的置信区间为 $(\hat{X}_i - 2\sigma_{\hat{X}_i}, \hat{X}_i + 2\sigma_{\hat{X}_i})$。

6.6 粗差检验的数据探测法

粗差作为一种大量级的误差，是可以通过采用适当的方法和观测措施、认真负责的工作态度来避免的。但是在测量数据传输和自动化处理过程中，会因为种种原因而产生系统误差。观测数据中的系统误差如果不及时处理，将使平差结果受到严重的歪曲。因此，从 20 世纪 60 年代开始，对粗差的研究一直是误差理论发展的重要理论问题之一。

现以间接平差方法为例说明数据探测的基本原理。误差方程可写为

$$\boldsymbol{V} = \boldsymbol{B}\hat{\boldsymbol{x}} - \boldsymbol{l} = \boldsymbol{B}(\hat{\boldsymbol{x}} - \tilde{\boldsymbol{x}}) + (\boldsymbol{B}\tilde{\boldsymbol{x}} - \boldsymbol{l}) \tag{6-41}$$

将

$$\hat{\boldsymbol{x}} = \boldsymbol{N}_{\mathrm{bb}}^{-1}\boldsymbol{B}^{\mathrm{T}}\boldsymbol{P}\boldsymbol{l}，\quad \boldsymbol{\varDelta} = \boldsymbol{B}\tilde{\boldsymbol{x}} - \boldsymbol{l}$$

代入式(6-41)得

$$\begin{aligned}\boldsymbol{V} = \boldsymbol{B}(\boldsymbol{N}_{\mathrm{bb}}^{-1}\boldsymbol{B}^{\mathrm{T}}\boldsymbol{P}\boldsymbol{l} - \boldsymbol{N}_{\mathrm{bb}}^{-1}\boldsymbol{B}^{\mathrm{T}}\boldsymbol{P}\boldsymbol{B}\tilde{\boldsymbol{x}}) + \boldsymbol{\varDelta} = \\ \boldsymbol{B}\boldsymbol{N}_{\mathrm{bb}}^{-1}\boldsymbol{B}^{\mathrm{T}}\boldsymbol{P}(\boldsymbol{l} - \boldsymbol{B}\tilde{\boldsymbol{x}}) + \boldsymbol{\varDelta} = (\boldsymbol{I} - \boldsymbol{B}\boldsymbol{N}_{\mathrm{bb}}^{-1}\boldsymbol{B}^{\mathrm{T}}\boldsymbol{P})\boldsymbol{\varDelta} = \boldsymbol{R}\boldsymbol{\varDelta}\end{aligned} \tag{6-42}$$

式中

$$\boldsymbol{R} = \boldsymbol{I} - \boldsymbol{B}\boldsymbol{N}_{\mathrm{bb}}^{-1}\boldsymbol{B}^{\mathrm{T}}\boldsymbol{P} = \boldsymbol{I} - \boldsymbol{B}(\boldsymbol{B}^{\mathrm{T}}\boldsymbol{P}\boldsymbol{B})^{-1}\boldsymbol{B}^{\mathrm{T}}\boldsymbol{P} \tag{6-43}$$

由间接平差精度评定知道

$$\boldsymbol{Q}_{\mathrm{VV}} = \boldsymbol{Q} - \boldsymbol{B}\boldsymbol{N}_{\mathrm{bb}}^{-1}\boldsymbol{B}^{\mathrm{T}}$$

所以式(6-43)也可写成

$$\boldsymbol{R} = \boldsymbol{Q}_{\mathrm{VV}}\boldsymbol{P} \tag{6-44}$$

由此可见，$\boldsymbol{R}$ 取决于误差方程系数阵 $\boldsymbol{B}$ 和观测权阵 $\boldsymbol{P}$，它与观测值无关。在给定观测权阵 $\boldsymbol{P}$ 的情况下，$\boldsymbol{R}$ 反映了网形结构。

$\boldsymbol{R}$ 与式(6-42)是研究粗差探测和可靠性理论的一个重要关系式。

令

$$\boldsymbol{R}=\begin{bmatrix} r_{11} & r_{12} & \cdots & r_{1n} \\ r_{21} & r_{22} & \cdots & r_{2n} \\ \vdots & \vdots & & \vdots \\ r_{n1} & r_{n2} & \cdots & r_{nn} \end{bmatrix}$$

则式(6-42)可写成显式为

$$\left.\begin{aligned} v_1 &= r_{11}\Delta_1 + r_{12}\Delta_2 + \cdots + r_{1n}\Delta_n \\ v_2 &= r_{21}\Delta_1 + r_{22}\Delta_2 + \cdots + r_{2n}\Delta_n \\ &\vdots \\ v_n &= r_{n1}\Delta_1 + r_{n2}\Delta_2 + \cdots + r_{nn}\Delta_n \end{aligned}\right\} \tag{6-45}$$

由于 $|\boldsymbol{R}|=0$，所以由式(6-45)的 n 个改正数 v_i 不能解出 n 个 Δ_i。

对式(6-42)两边取数学期望

$$E(\boldsymbol{V})=\boldsymbol{R}E(\boldsymbol{\Delta}) \tag{6-46}$$

由式(6-46)可见，当 $\boldsymbol{\Delta}$ 仅是偶然误差，不含粗差时，$E(\boldsymbol{\Delta})=0$，故 $E(\boldsymbol{V})=0$。$\boldsymbol{V}$ 是 $\boldsymbol{\Delta}$ 的线性函数，$\boldsymbol{V}$ 与 $\boldsymbol{\Delta}$ 的概率分布相同。由此当 $\boldsymbol{\Delta}$ 是偶然误差时，$\boldsymbol{V}$ 为正态随机向量，其期望为零，方差 $D(\boldsymbol{V})=\sigma_0^2\boldsymbol{Q}_{\mathrm{VV}}$。

数据探测法的原假设是 H_0：$E(v_i)=0$，即观测值 L_i 不存在粗差，考虑 $v_i \sim N(0,\sigma_0^2 Q_{v_i v_i})$，于是作标准正态分布统计量

$$u_i=\frac{v_i}{\sigma_0\sqrt{Q_{v_i v_i}}}=\frac{v_i}{\sigma_{v_i}} \tag{6-47}$$

进行 u 检验，如果 $|u_i|>+u_{\frac{\alpha}{2}}$，则拒绝 H_0，亦即 $E(v_i)\neq 0$，L_i 可能存在粗差。

利用数据探测法，一次只能发现一个粗差，当要再次发现另一个粗差时，就要先剔除已发现的粗差，重新平差，计算统计量。逐次不断进行，直至不再发现粗差为止。数据探测法的优点是计算方便、实用，已普遍用于平差计算中。但由于每次只能处理一个粗差，并未顾及各改正数之间的相关性，因此，检验可靠性受到一定的限制。

习　题

6-1　对某地区的三角网中 421 个三角形闭合差进行统计，得闭合差的平均值 $\bar{x}$=0.06″，闭合差的中误差为 0.62″，若取 0.01 的显著水平，问该列三角形闭合差中是否存在系统误差？

6-2　为了研究外界条件变化对测角的影响，在两个不同时间段内测角，一个是在日间测角 12 测回，得角度平均值为 80° 12′22.7″，测角中误差为 0.81″，另一个是在夜间测角 9 测回，得角度平均值为 80° 12′23.8″，测角中误差为 0.84″，取显著性水平 α=0.05，问日、夜间的观测结果是否存在显著差异。

6-3　用某种型号的仪器测角，由多年大量测角资料分析，知其测角中误差为1.5″，今用试制的同类型仪器测角 9 测回，得一测回中误差为 2″。取显著性水平 α=0.05，问试制的仪器的测角精度与原仪器相比是否存在显著差异。

6-4　用两台同类型的经纬仪测角，第一台观测了 9 个测回，得一测回中误差为 1.5″；第二台也观测了 9 个测回，得一测回中误差为 2.2″。取显著水平 α=0.05，问两台仪器的测角精度是否存在显著差异。

6-5　对某三角形闭合差观测了 30 次，得到闭合差 $\varDelta_i$ (单位：″)如下：

−0.8	−3.0	+0.7	+1.2	−1.1	+1.5	+1.2	−1.4	−0.5	−1.3
+2.4	−1.5	+1.6	−1.7	+1.0	−1.2	−1.3	−1.6	−2.5	−2.0
+1.3	+2.0	−2.5	+1.9	+1.2	+1.1	−0.6	−1.8	+0.8	−1.2

试检验以上观测误差是否符合偶然误差特性。

6-6　由计算机产生 200 条伪随机数，分为 12 组，各组频数见表 6-4：

表 6-4　伪随机数的各组频数

区　间		频　数
−∞	−1.306	4
−1.306	−1.046	11
−1.046	−0.786	16
−0.786	−0.527	25
−0.527	−0.267	19
−0.267	−0.007	20
−0.007	0.253	22
0.253	0.513	29
0.513	0.773	21
0.773	1.032	16
1.032	1.812	13
1.812	+∞	4

已知 $\hat{\mu}=\bar{x}=0.0182$，$\hat{\sigma}=0.7664$。试用 χ^2 检验法检验其是否服从正态分布(取 α=0.05)。

6-7　对某测边网进行处理，得单位权方差估值为

$$\hat{\sigma}_0^2=\frac{\boldsymbol{V}^{\mathrm{T}}\boldsymbol{PV}}{r}=\frac{0.00165}{3}=0.00055\,(\mathrm{dm}^2)$$

自由度 $r=n-t=3$，已知测边验前中误差为 σ_0=0.0447 dm，取 α=0.05，试问平差模型是否正确？

6-8　为监测某大坝的水平形变，埋设了两个固定标志，分别在两年内以同样的方法对两标志间的长度进行测定。第一年重复测定 16 次，得平均长度 $\bar{x}=750.360$ m，子样标准差为 σ_1=12 mm；第二年重复测定 22 次，得平均长度 $\bar{y}=750.396$ m，子样标准差为 σ_2=10 mm。设母体服从正态分布，试求长度形变量 95%的置信区间。

6-9　设有两条三角锁，各自经独立平差后的单位权方差估值分别为

$$\hat{\sigma}_{01}^2=\frac{\boldsymbol{V}^{\mathrm{T}}\boldsymbol{PV}}{r_1}=\frac{4.3928}{31}=0.1417$$

$$\hat{\sigma}_{02}^2=\frac{\boldsymbol{V}^{\mathrm{T}}\boldsymbol{PV}}{r_2}=\frac{8.7152}{49}=0.1779$$

取 α=0.05，试检验原假设 H_0：$E(\hat{\sigma}_{01}^2)=E(\hat{\sigma}_{02}^2)$ 是否成立。

第 7 章　近代平差基础

【学习要点及目标】

- 了解秩亏自由网平差的基本概念；
- 熟悉最小二乘配置的数学模型及平差原理；
- 熟悉方差分量估计原理及计算步骤。

近几十年来，随着计算机技术的普及和矩阵理论在测量平差中的广泛应用，产生了一些新的测量平差模型，如秩亏自由网平差、最小二乘滤波与配置、方差分量估计和稳健估计等。为了与前面学习的 4 种经典平差方法，即条件平差、附有参数的条件平差、间接平差和附有限制条件的间接平差法相区别，称这些新的平差模型为近代平差理论。本章将介绍这些平差基本理论及其应用，部分只阐述其原理。

7.1　秩亏自由网平差

在经典间接平差中，要求控制网要有必要的起算数据。例如，水准网需要已知一个点的高程；测角网需要已知网中两个点的坐标或一个点的坐标、一个方位角和一条基线；测边网需要 3 个起算数据，比测角网少一个基线数据；GPS 网在采用隐含的方位和尺度基准下，需要已知一个点的三维坐标，否则需要 7 个起算数据。这种起算数据就是平差问题的基准。

当控制网中仅有必要的起算数据时，通常称为自由网。用经典间接平差法平差这种网，称为经典自由网平差。当控制网中除必要起算数据外，还有多余起算数据，则称为附合网。不论是自由网还是附合网，在间接平差时，如果所选的待定参数独立，误差方程的系数矩阵 $\boldsymbol{B}$ 总是列满秩的，即 $R(\boldsymbol{B})=t$ (t 为必要观测数)。由此所得到的法方程系数阵 $\boldsymbol{N}=\boldsymbol{B}^{\mathrm{T}}\boldsymbol{P}\boldsymbol{B}$ 就是一个对称的满秩方阵，法方程有唯一解。

在间接平差中，如果将网中全部点的坐标选作平差参数，则误差方程中的参数比经典间接平差多了 d 个，d 就是经典间接平差中必要起算数据的个数。在这种情况下，误差方程系数矩阵 $\boldsymbol{B}$ 的秩产生列亏，列亏数为 d。这种没有足够起算数据的平差问题就是秩亏自由网平差问题。

系数矩阵 $\boldsymbol{B}$ 列秩亏，参数的最小二乘解不唯一，因此必须考虑平差基准。如果引入 d 个起算数据的约束条件，就是经典的自由网平差，即仅具有必要起算数据的间接平差。没有或不足起算数据情况下就要采用实际应用上需要的其他基准，基准不同其最小二乘解也各异。

在秩亏自由网中，设未知参数的个数为 u，误差方程为

$$\underset{n\times1}{\boldsymbol{V}}=\underset{n\times u}{\boldsymbol{B}}\,\underset{u\times1}{\hat{\boldsymbol{x}}}-\underset{n\times1}{\boldsymbol{l}} \tag{7-1}$$

式中 $u=t+d$，d 为必要的起算数据个数。此时，$R(\boldsymbol{B})=t<u$，列秩亏 $d=u-t$，按最小二

乘准则$\boldsymbol{V}^{\mathrm{T}}\boldsymbol{P}\boldsymbol{V}$=min，$\boldsymbol{P}$ 为权阵，是非奇异阵，所得法方程为

$$\underset{u\times u}{\boldsymbol{N}}\underset{u\times 1}{\hat{\boldsymbol{x}}}-\underset{u\times 1}{\boldsymbol{W}}=\boldsymbol{0} \tag{7-2}$$

式中，$\underset{u\times u}{\boldsymbol{N}}=\boldsymbol{B}^{\mathrm{T}}\boldsymbol{P}\boldsymbol{B}$，$\underset{u\times 1}{\boldsymbol{W}}=\boldsymbol{B}^{\mathrm{T}}\boldsymbol{P}\boldsymbol{l}$，且$R(\boldsymbol{N})=R(\boldsymbol{B}^{\mathrm{T}}\boldsymbol{P}\boldsymbol{B})=R(\boldsymbol{B})=t<u$，所以 $\boldsymbol{N}$ 也为秩亏阵，秩亏数为$d=u-t$，$\boldsymbol{N}$ 是奇异阵，不存在凯利逆，法方程具有无穷多组解。也就是说，仅满足最小二乘准则，仍无法求得 $\hat{\boldsymbol{x}}$ 的唯一解，这就是秩亏自由网平差与经典平差的根本区别。为了求得秩亏自由网的唯一解，还必须增加新的约束条件。秩亏自由网平差就是在满足最小二乘$\boldsymbol{V}^{\mathrm{T}}\boldsymbol{P}\boldsymbol{V}=\min$和附加的约束条件下，求参数一组最佳估值的平差方法。

秩亏自由网平差的随机模型仍为

$$\boldsymbol{D}=\sigma_0^2\boldsymbol{Q}=\sigma_0^2\boldsymbol{P}^{-1}$$

下面介绍解算秩亏自由网的平差原理和方法。

7.1.1　广义逆解法

广义逆解法需要附加参数的约束条件为

$$\hat{\boldsymbol{x}}^{\mathrm{T}}\hat{\boldsymbol{x}}=\min \tag{7-3}$$

组成新的极值函数

$$\varPhi=\hat{\boldsymbol{x}}^{\mathrm{T}}\hat{\boldsymbol{x}}-2\boldsymbol{K}^{\mathrm{T}}(\boldsymbol{N}\hat{\boldsymbol{x}}-\boldsymbol{W})$$

$\varPhi$ 函数对 $\hat{\boldsymbol{x}}$ 求偏导数并令其等于零，得

$$\frac{\partial\varPhi}{\partial\hat{\boldsymbol{x}}}=2\hat{\boldsymbol{x}}^{\mathrm{T}}-2\boldsymbol{K}^{\mathrm{T}}\boldsymbol{N}=\boldsymbol{0}$$

转置后得

$$\hat{\boldsymbol{x}}=\boldsymbol{N}^{\mathrm{T}}\boldsymbol{K} \tag{7-4}$$

将式(7-4)代入法方程式(7-3)得联系数 $\boldsymbol{K}$，即

$$\boldsymbol{K}=(\boldsymbol{N}\boldsymbol{N}^{\mathrm{T}})^{-}\boldsymbol{W} \tag{7-5}$$

将式(7-5)代入式(7-4)得

$$\hat{\boldsymbol{x}}=\boldsymbol{N}^{\mathrm{T}}(\boldsymbol{N}\boldsymbol{N}^{\mathrm{T}})^{-}\boldsymbol{W} \tag{7-6}$$

令

$$\boldsymbol{N}_{\mathrm{m}}^{-}=\boldsymbol{N}^{\mathrm{T}}(\boldsymbol{N}\boldsymbol{N}^{\mathrm{T}})^{-} \tag{7-7}$$

$\boldsymbol{N}_{\mathrm{m}}^{-}$ 称为矩阵 $\boldsymbol{N}$ 的最小范数 g 逆，$(\boldsymbol{N}\boldsymbol{N}^{\mathrm{T}})^{-}$ 称为矩阵 $\boldsymbol{N}\boldsymbol{N}^{\mathrm{T}}$ 的 g 逆。
则式(7-6)可写为

$$\hat{\boldsymbol{x}}=\boldsymbol{N}_{\mathrm{m}}^{-}\boldsymbol{W} \tag{7-8}$$

式(7-8)就是根据广义逆理论求解参数唯一最小范数解的公式。为了应用方便，给出广义逆计算的改化公式。

令

$$\underset{u\times u}{\boldsymbol{N}}=\begin{bmatrix}\underset{t\times t}{\boldsymbol{N}_{11}} & \underset{t\times d}{\boldsymbol{N}_{12}}\\ \underset{d\times t}{\boldsymbol{N}_{21}} & \underset{d\times d}{\boldsymbol{N}_{22}}\end{bmatrix}=\begin{bmatrix}\underset{t\times u}{\boldsymbol{N}_1}\\ \underset{d\times u}{\boldsymbol{N}_2}\end{bmatrix},\quad \underset{u\times 1}{\boldsymbol{W}}=\begin{bmatrix}\underset{t\times 1}{\boldsymbol{W}_1}\\ \underset{d\times 1}{\boldsymbol{W}_2}\end{bmatrix} \tag{7-9}$$

式(7-9)中 $\boldsymbol{N}_1$ 行满秩，即 $R(\boldsymbol{N}_1)=t$，于是有

$$NN^{T} = \begin{bmatrix} N_1 \\ N_2 \end{bmatrix} \begin{bmatrix} N_1^{T} & N_2^{T} \end{bmatrix} = \begin{bmatrix} N_1N_1^{T} & N_1N_2^{T} \\ N_2N_1^{T} & N_2N_2^{T} \end{bmatrix}$$

而 $R(N_1N_1^{T}) = R(N_1) = t$，所以 $(N_1N_1^{T})$ 为满秩方阵，按照降阶求矩阵广义逆的方法，即如果有矩阵

$$\underset{m\times n}{A} = \begin{bmatrix} \underset{r\times r}{A_{11}} & \underset{r\times(n-r)}{A_{12}} \\ \underset{(m-r)\times r}{A_{21}} & \underset{(m-r)\times(n-r)}{A_{22}} \end{bmatrix}$$

其中 $R(A_{11}) = r$，A_{11} 存在凯利逆，则有 $\underset{m\times n}{A}$ 的 g 逆

$$\underset{n\times m}{A^{-}} = \begin{bmatrix} \underset{r\times r}{A_{11}^{-1}} & 0 \\ 0 & 0 \end{bmatrix} \tag{7-10}$$

根据式(7-10)，并令 $Q_{11} = (N_1N_1^{T})^{-1}$，可得

$$(NN^{T})^{-} = \begin{bmatrix} (N_1N_1^{T})^{-1} & 0 \\ 0 & 0 \end{bmatrix} = \begin{bmatrix} Q_{11} & 0 \\ 0 & 0 \end{bmatrix}$$

代入式(7-7)，得

$$\hat{x} = \begin{bmatrix} N_1^{T} & N_2^{T} \end{bmatrix} \begin{bmatrix} Q_{11} & 0 \\ 0 & 0 \end{bmatrix} \begin{bmatrix} W_1 \\ W_2 \end{bmatrix} = N_1^{T}Q_{11}W_1 \tag{7-11}$$

也可写为

$$\hat{x} = N_1^{T}(N_1N_1^{T})^{-1}W_1 \tag{7-12}$$

单位权中误差为

$$\hat{\sigma}_0 = \sqrt{\frac{V^{T}PV}{n-(u-d)}} \tag{7-13}$$

未知参数的协因数阵为

$$Q_{\hat{X}\hat{X}} = N_1^{T}Q_{11}Q_{W_1W_1}(N_1^{T}Q_{11})^{T} = N_1^{T}Q_{11}N_{11}Q_{11}N_1 \tag{7-14}$$

7.1.2 附加基准条件法

秩亏网是由于网中没有起算数据，平差时选择所有待定量为参数，多选了 d 个参数，即缺少的基准个数，因此在 u 个参数之间必定存在 d 个限制条件方程，从而可以按附有限制条件的间接平差法求解。

设 d 个限制条件方程(基准条件)的形式为

$$\underset{d\times u}{S^{T}}\ \underset{u\times 1}{\hat{x}} = 0 \tag{7-15}$$

这 d 个方程要求线性无关，即 $R(\mathbf{S}) = d$ 。

附加的基准条件应与法方程线性无关，这一要求等价于满足

$$\underset{u\times u}{N}\ \underset{u\times d}{S} = 0 \tag{7-16}$$

因为 $N=B^{T}PB$，故式(7-16)也等价于

$$\underset{n\times u}{B}\ \underset{u\times d}{S} = 0 \tag{7-17}$$

此时，秩亏自由网平差的基础方程为

$$\left.\begin{aligned}\underset{n\times1}{V} &= \underset{n\times u}{B}\,\underset{u\times1}{\hat{x}} - \underset{n\times1}{l}\\ \underset{d\times u}{S^{\mathrm{T}}}\,\underset{u\times1}{\hat{x}} &= 0\end{aligned}\right\}\tag{7-18}$$

组成拉格朗日条件极值函数

$$\Phi = V^{\mathrm{T}}PV + 2K^{\mathrm{T}}(S^{\mathrm{T}}\hat{x})\tag{7-19}$$

为求函数 Φ 的极小值，将其对 $\hat{x}$ 求偏导数并令其等于零，有

$$\frac{\partial\Phi}{\partial\hat{x}} = 2V^{\mathrm{T}}PB + 2K^{\mathrm{T}}S^{\mathrm{T}} = 0$$

两边转置得

$$B^{\mathrm{T}}PV + SK = 0\tag{7-20}$$

将误差方程代入式(7-20)得法方程

$$\left.\begin{aligned}&B^{\mathrm{T}}PB\hat{x} + SK - B^{\mathrm{T}}Pl = 0\\ &S^{\mathrm{T}}\hat{x} = 0\end{aligned}\right\}\tag{7-21}$$

式中 $R(B^{\mathrm{T}}PB) = R(N) = R(B) = t < u$，这里 N 为秩亏阵。

将式(7-21)第一个方程两边左乘 S^{T}，顾及 $BS = 0$，得

$$S^{\mathrm{T}}SK = 0$$

因矩阵 $S^{\mathrm{T}}S$ 正则，故

$$K = 0\tag{7-22}$$

将式(7-22)代入式(7-19)，得

$$\Phi = V^{\mathrm{T}}PV + 2K^{\mathrm{T}}(S^{\mathrm{T}}\hat{x}) = V^{\mathrm{T}}PV$$

即秩亏自由网平差中的 V 和 $V^{\mathrm{T}}PV$ 是与基准条件无关的不变量。

将(7-21)第二式左乘 S 并与第一式相加，考虑 $K = 0$ 得

$$(B^{\mathrm{T}}PB + SS^{\mathrm{T}})\hat{x} - B^{\mathrm{T}}Pl = 0$$

解得

$$\hat{x} = (B^{\mathrm{T}}PB + SS^{\mathrm{T}})^{-1}B^{\mathrm{T}}Pl = Q'W\tag{7-23}$$

式中
$$Q' = (B^{\mathrm{T}}PB + SS^{\mathrm{T}})^{-1}$$

单位权中误差为

$$\hat{\sigma}_0 = \sqrt{\frac{V^{\mathrm{T}}PV}{n-(u-d)}}\tag{7-24}$$

未知参数的协因数阵为

$$Q_{\hat{X}\hat{X}} = Q'Q_{\mathrm{WW}}Q' = Q'B^{\mathrm{T}}PBQ' = Q'NQ'\tag{7-25}$$

7.1.3　S 的具体形式

附加基准条件法的特点就是用求凯利逆替代了求广义逆，因此便于计算，但前提是必须知道附加阵 S。附加阵 S 的形式有多种。例如，秩亏自由水准网中取平差后某一点的高程改正数为零，平面网中取平差后某两点的坐标改正数为零等，这种形式属于经典自由网平差的基准，其具体形式为如下：

水准网：设有 u 个点，秩亏数 d=1，S 的表达式可取为

$$\underset{1\times u}{\boldsymbol{S}^{\mathrm{T}}}=\begin{bmatrix}1 & 1 & \cdots & 1\end{bmatrix} \tag{7-26}$$

代入 $\boldsymbol{S}^{\mathrm{T}}\hat{\boldsymbol{x}}=0$，得基准条件方程为

$$\hat{x}_1+\hat{x}_2+\cdots+\hat{x}_u=0 \tag{7-27}$$

即所有点的高程平差改正数之和为零。平差后各点高程的平均值为

$$\bar{X}=\frac{1}{u}\sum_{i=1}^{u}\hat{X}_i=\frac{1}{u}\sum_{i=1}^{u}(X_i^0+\hat{x}_i)=\frac{1}{u}\sum_{i=1}^{u}X_i^0=\bar{X}_0$$

即平差后各点高程的平均值 $\bar{X}$ 等于平差前各点高程近似值的平均值 $\bar{X}_0$，水准网的重心高程不变，故采用该种确定 $\boldsymbol{S}$ 的方法组成基准条件，称为秩亏自由网平差的重心基准。

测边网(设有 m 个未知点)，秩亏数为 d=3，$\boldsymbol{S}$ 的表达式可取为

$$\underset{3\times 2m}{\boldsymbol{S}^{\mathrm{T}}}=\begin{bmatrix}1 & 0 & 1 & 0 & \ldots & 1 & 0\\ 0 & 1 & 0 & 1 & \ldots & 0 & 1\\ -Y_1^0 & X_1^0 & -Y_2^0 & X_2^0 & \ldots & -Y_m^0 & X_m^0\end{bmatrix} \tag{7-28}$$

基准条件方程为

$$\left.\begin{aligned}&\hat{x}_1+\hat{x}_2+\cdots+\hat{x}_m=0\\&\hat{y}_1+\hat{y}_2+\cdots+\hat{y}_m=0\\&-Y_1^0\hat{x}_1+X_1^0\hat{y}_1+\cdots-Y_m^0\hat{x}_m+X_m^0\hat{y}_m=0\end{aligned}\right\} \tag{7-29}$$

式(7-29)中第一个方程是纵坐标基准条件，第 2 个方程是横坐标基准条件，第 3 个方程是方位角基准条件。

测角网(设有 m 个未知点)，秩亏数为 d=4，$\boldsymbol{S}$ 的表达式可取为

$$\underset{4\times 2m}{\boldsymbol{S}^{\mathrm{T}}}=\begin{bmatrix}1 & 0 & 1 & 0 & \ldots & 1 & 0\\ 0 & 1 & 0 & 1 & \ldots & 0 & 1\\ -Y_1^0 & X_1^0 & -Y_2^0 & X_2^0 & \ldots & -Y_m^0 & X_m^0\\ X_1^0 & Y_1^0 & X_2^0 & Y_2^0 & \ldots & X_m^0 & Y_m^0\end{bmatrix} \tag{7-30}$$

基准条件方程为

$$\left.\begin{aligned}&\hat{x}_1+\hat{x}_2+\cdots+\hat{x}_m=0\\&\hat{y}_1+\hat{y}_2+\cdots+\hat{y}_m=0\\&-Y_1^0\hat{x}_1+X_1^0\hat{y}_1+\cdots-Y_m^0\hat{x}_m+X_m^0\hat{y}_m=0\\&X_1^0\hat{x}_1+Y_1^0\hat{y}_1+\cdots+X_m^0\hat{x}_m+Y_m^0\hat{y}_m=0\end{aligned}\right\} \tag{7-31}$$

式(7-30)中前 3 个方程与测边网一样，分别是纵、横坐标和方位角基准条件，第 4 个方程为边长基准条件。

例 7-1 如图 7-1 所示水准网，A、B、C 点全为待定点，同精度独立高差观测值为 h_1=12.345m，h_2=3.478m，h_3=−15.817m，平差时选取 A、B、C 3 个待定点的高程平差值 $\hat{X}_1$、$\hat{X}_2$、$\hat{X}_3$ 为参数估值，并取近似值

$$\boldsymbol{X}^0=\begin{bmatrix}X_1^0\\X_2^0\\X_3^0\end{bmatrix}=\begin{bmatrix}10\\22.345\\25.823\end{bmatrix}(\mathrm{m})$$

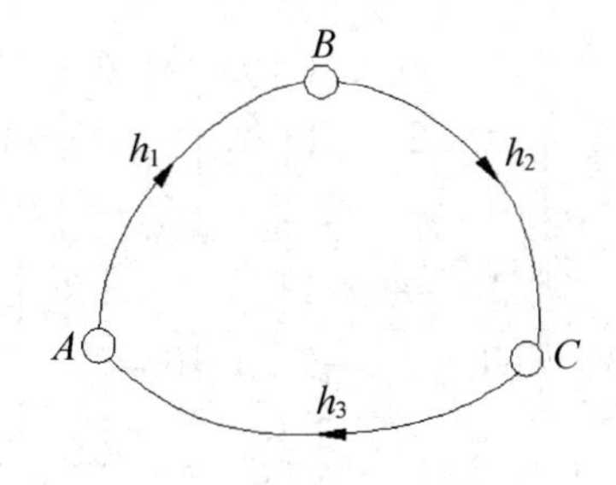

图 7-1　水准网

试分别用直接解法和附加限制条件法求解参数的平差值及其协因数阵。

解　(1) 广义逆解法。

误差方程为

$$\boldsymbol{V}=\begin{bmatrix}-1 & 1 & 0\\ 0 & -1 & 1\\ 1 & 0 & -1\end{bmatrix}\begin{bmatrix}\hat{x}_1\\ \hat{x}_2\\ \hat{x}_3\end{bmatrix}-\begin{bmatrix}0\\ 0\\ 6\end{bmatrix}$$

法方程为

$$\begin{bmatrix}2 & -1 & -1\\ -1 & 2 & -1\\ -1 & -1 & 2\end{bmatrix}\begin{bmatrix}\hat{x}_1\\ \hat{x}_2\\ \hat{x}_3\end{bmatrix}-\begin{bmatrix}6\\ 0\\ -6\end{bmatrix}=0$$

由法方程知

$$\boldsymbol{N}_{11}=\begin{bmatrix}2 & -1\\ -1 & 2\end{bmatrix},\quad \boldsymbol{N}_1=\begin{bmatrix}2 & -1 & -1\\ -1 & 2 & -1\end{bmatrix},\quad \boldsymbol{W}_1=\begin{bmatrix}6\\ 0\end{bmatrix}$$

所以有

$$\boldsymbol{Q}_{11}=(\boldsymbol{N}_1\boldsymbol{N}_1^{\mathrm{T}})^{-1}=\frac{1}{27}\begin{bmatrix}6 & 3\\ 3 & 6\end{bmatrix}$$

未知参数的改正数为

$$\hat{\boldsymbol{x}}=\boldsymbol{N}_1^{\mathrm{T}}(\boldsymbol{N}_1\boldsymbol{N}_1^{\mathrm{T}})^{-1}\boldsymbol{W}_1=\boldsymbol{N}_1^{\mathrm{T}}\boldsymbol{Q}_{11}\boldsymbol{W}_1=\begin{bmatrix}2\\ 0\\ -2\end{bmatrix}(\mathrm{mm})$$

未知参数的平差值为

$$\begin{bmatrix}\hat{X}_1\\ \hat{X}_2\\ \hat{X}_3\end{bmatrix}=\begin{bmatrix}X_1^0\\ X_2^0\\ X_3^0\end{bmatrix}+\begin{bmatrix}\hat{x}_1\\ \hat{x}_2\\ \hat{x}_3\end{bmatrix}=\begin{bmatrix}10.002\\ 22.345\\ 25.821\end{bmatrix}(\mathrm{m})$$

未知参数的协因数阵为

$$\boldsymbol{Q}_{\hat{X}\hat{X}}=\boldsymbol{N}_1^{\mathrm{T}}\boldsymbol{Q}_{11}\boldsymbol{N}_{11}\boldsymbol{Q}_{11}\boldsymbol{N}_1=\frac{1}{9}\begin{bmatrix}2 & -1 & -1\\ -1 & 2 & -1\\ -1 & -1 & 2\end{bmatrix}$$

(2) 附加基准条件法。

广义逆解法中已求得法方程为 $\boldsymbol{N}\hat{\boldsymbol{x}}-\boldsymbol{W}=\boldsymbol{0}$ 的具体形式为

$$\begin{bmatrix} 2 & -1 & -1 \\ -1 & 2 & -1 \\ -1 & -1 & 2 \end{bmatrix}\begin{bmatrix} \hat{x}_1 \\ \hat{x}_2 \\ \hat{x}_3 \end{bmatrix}-\begin{bmatrix} 6 \\ 0 \\ -6 \end{bmatrix}=0$$

式中
$$\boldsymbol{N}=\begin{bmatrix} 2 & -1 & -1 \\ -1 & 2 & -1 \\ -1 & -1 & 2 \end{bmatrix},\ \boldsymbol{W}=\begin{bmatrix} 6 \\ 0 \\ -6 \end{bmatrix}$$

该水准网有 3 个待定点，所以附加阵为

$$\underset{1\times3}{\boldsymbol{S}^{\mathrm{T}}}=\begin{bmatrix} 1 & 1 & 1 \end{bmatrix}$$

求得
$$\boldsymbol{Q}'=(\boldsymbol{B}^{\mathrm{T}}\boldsymbol{PB}+\boldsymbol{SS}^{\mathrm{T}})^{-1}=\begin{bmatrix} 1/3 & 0 & 0 \\ 0 & 1/3 & 0 \\ 0 & 0 & 1/3 \end{bmatrix}$$

则由
$$\hat{\boldsymbol{x}}=(\boldsymbol{B}^{\mathrm{T}}\boldsymbol{PB}+\boldsymbol{SS}^{\mathrm{T}})^{-1}\boldsymbol{B}^{\mathrm{T}}\boldsymbol{Pl}=\boldsymbol{Q}'\boldsymbol{W}$$

得参数的改正数为

$$\hat{\boldsymbol{x}}=\boldsymbol{Q}'\boldsymbol{W}=\begin{bmatrix} 2 \\ 0 \\ -2 \end{bmatrix}(\mathrm{mm})$$

未知参数的平差值为

$$\begin{bmatrix} \hat{X}_1 \\ \hat{X}_2 \\ \hat{X}_3 \end{bmatrix}=\begin{bmatrix} X_1^0 \\ X_2^0 \\ X_3^0 \end{bmatrix}+\begin{bmatrix} \hat{x}_1 \\ \hat{x}_2 \\ \hat{x}_3 \end{bmatrix}=\begin{bmatrix} 10.002 \\ 22.345 \\ 25.821 \end{bmatrix}(\mathrm{m})$$

未知参数的协因数阵为

$$\boldsymbol{Q}_{\hat{X}\hat{X}}=\boldsymbol{Q}'\boldsymbol{B}^{\mathrm{T}}\boldsymbol{PBQ}'=\boldsymbol{Q}'\boldsymbol{NQ}'=\frac{1}{9}\begin{bmatrix} 2 & -1 & -1 \\ -1 & 2 & -1 \\ -1 & -1 & 2 \end{bmatrix}$$

结果与直接解法完全相同。

7.2　最小二乘配置

以上所介绍的各种平差方法，尽管函数模型各异，但它们都有一个共同点，就是各种方法的函数模型中都只含有无先验统计信息的非随机参数。在实际测量中，有些参数在平差前就已知其期望和方差的先验信息，像这种具有先验信息的参数是随机参数。考虑附有随机参数的平差问题称为最小二乘配置或称最小二乘拟合推估。

7.2.1　最小二乘配置的数学模型

函数模型为

$$\underset{n\times1}{\boldsymbol{L}}=\underset{n\times t}{\boldsymbol{B}}\underset{t\times1}{\tilde{\boldsymbol{X}}}+\underset{n\times m}{\boldsymbol{A}}\underset{m\times1}{\boldsymbol{Y}}-\underset{n\times1}{\boldsymbol{\varDelta}} \tag{7-32}$$

式中，$\boldsymbol{L}$ 为观测向量；$\tilde{\boldsymbol{X}}$ 为非随机参数(简称参数)；$\boldsymbol{Y}$ 为随机参数(称为信号)。$\boldsymbol{Y}$ 又可分为两种情况：一是已测点的信号，与观测值间已建立函数关系，用 $\boldsymbol{S}$ 表示，它是 $m_1\times1$ 向量；另一种是未测点信号，用 $\boldsymbol{S}'$ 表示，是 $m_2\times1$ 向量，与观测值没有建立函数关系，$m_1+m_2=m$，但 $\boldsymbol{S}'$ 与 $\boldsymbol{S}$ 统计相关，它们的协方差不为零，即

$$\boldsymbol{Y}^{\mathrm{T}}=(\boldsymbol{S}^{\mathrm{T}}\quad \boldsymbol{S}'^{\mathrm{T}}),\ \boldsymbol{A}=\begin{pmatrix}\underset{n\times m_1}{\boldsymbol{A}_1} & \underset{n\times m_2}{0}\end{pmatrix}$$

此外，$\boldsymbol{A}_1$ 与 $\boldsymbol{B}$ 的秩为

$$R(\boldsymbol{A}_1)=m_1,\ R(\boldsymbol{B})=t$$

已知的随机模型包括先验的数学期望和方差，式(7-32)中随机量为误差向量 $\boldsymbol{\varDelta}$、信号向量 $\boldsymbol{Y}$ 和观测向量 $\boldsymbol{L}$，随机量的期望已知为

$$E(\boldsymbol{\varDelta})=0$$

$$E(\boldsymbol{Y})=\begin{pmatrix}E(\boldsymbol{S})\\E(\boldsymbol{S}')\end{pmatrix}$$

$$E(\boldsymbol{L})=\boldsymbol{B}\tilde{\boldsymbol{X}}+\boldsymbol{A}E(\boldsymbol{Y})$$

令单位权方差 $\sigma_0{}^2=1$，则随机量的方差已知为

$$D(\boldsymbol{\varDelta})=\boldsymbol{D}_{\Delta}=\boldsymbol{P}_{\Delta}^{-1}$$

$$D(\boldsymbol{Y})=\boldsymbol{D}_{Y}=\begin{pmatrix}\boldsymbol{D}_S & \boldsymbol{D}_{SS'}\\ \boldsymbol{D}_{S'S} & \boldsymbol{D}_{S'}\end{pmatrix}=\boldsymbol{P}_{Y}^{-1}$$

$\boldsymbol{D}_{\Delta Y}=0$（$\boldsymbol{\varDelta}$ 与 Y 不相关）

$$D(\boldsymbol{L})=\boldsymbol{D}_L=\boldsymbol{D}_{\Delta}+\boldsymbol{A}\boldsymbol{D}_Y\boldsymbol{A}^{\mathrm{T}}=\boldsymbol{D}_{\Delta}+(\boldsymbol{A}_1\quad 0)\begin{pmatrix}\boldsymbol{D}_S & \boldsymbol{D}_{SS'}\\ \boldsymbol{D}_{S'S} & \boldsymbol{D}_{S'}\end{pmatrix}\begin{pmatrix}\boldsymbol{A}_1^{\mathrm{T}}\\0\end{pmatrix}$$

$$=\boldsymbol{D}_{\Delta}+\boldsymbol{A}_1\boldsymbol{D}_S\boldsymbol{A}_1^{\mathrm{T}} \tag{7-33}$$

从以上数学模型可以看出最小二乘配置有以下特点：

(1) 函数模型中引入了随机参数(信号)$\boldsymbol{Y}$，且已知其先验期望和方差，这是最小二乘配置的主要特点，因此该法的应用前提是必须较精确地已知其先验统计特性。

(2) 求参数 $\tilde{\boldsymbol{X}}$ 的估值可称为拟合，求已测点信号 $\boldsymbol{S}$ 称为滤波。估计与 $\boldsymbol{S}$ 存在协方差关系，而与观测无直接关系的未测点信号称为推估，因此最小二乘配置这种平差法，是最小二乘滤波、拟合和推估融为一体。

(3) 由式(7-32)知，由于模型中引入了信号，$\boldsymbol{D}_L$ 不再等于其误差方差 $\boldsymbol{D}_{\Delta}$，而是 $\boldsymbol{D}_{\Delta}$ 和信号方差 $\boldsymbol{D}_S$ 合成的一种方差，但衡量观测精度的指标仍是其误差方差。

7.2.2　平差原理

由式(7-32)得误差方程为

$$\boldsymbol{V}=\boldsymbol{B}\hat{\boldsymbol{X}}+\boldsymbol{A}\hat{\boldsymbol{Y}}-\boldsymbol{L} \tag{7-34}$$

式中

$$\hat{\boldsymbol{Y}}=\begin{pmatrix}\hat{\boldsymbol{S}}\\ \hat{\boldsymbol{S}}'\end{pmatrix}$$

根据最小二乘准则有

$$\boldsymbol{V}^{\mathrm{T}}\boldsymbol{P}_{\Delta}\boldsymbol{V}+\boldsymbol{V}_{Y}^{\mathrm{T}}\boldsymbol{P}_{Y}\boldsymbol{V}_{Y}=\min$$

式中，$\boldsymbol{V}$为观测值$\boldsymbol{L}$的改正数；$\boldsymbol{V}_{Y}$是$\boldsymbol{Y}$的先验期望$E(\boldsymbol{Y})$的改正数，且

$$\boldsymbol{V}_{Y}=\begin{pmatrix}\boldsymbol{V}_{S}\\ \boldsymbol{V}_{S'}\end{pmatrix}$$

为了导出参数$\tilde{X}$和$\boldsymbol{Y}$的估计公式，不妨将$E(\boldsymbol{Y})$看成是方差为$D(\boldsymbol{Y})$，权为P_{Y}的虚拟观测值，故可令

$$L_{Y}=\begin{pmatrix}\boldsymbol{L}_{S}\\ \boldsymbol{L}_{S'}\end{pmatrix}=E\left(\boldsymbol{Y}\right)=\begin{pmatrix}E(\boldsymbol{S})\\ E(\boldsymbol{S}')\end{pmatrix}$$

并令与L_{Y}相对应的观测误差为

$$\varDelta_{Y}=\begin{pmatrix}\varDelta_{S}\\ \varDelta_{S'}\end{pmatrix}$$

则虚拟观测方程可写为

$$L_{Y}=\left(Y-\varDelta_{Y}\right)=\begin{pmatrix}S\\ S'\end{pmatrix}-\begin{pmatrix}\varDelta_{S}\\ \varDelta_{S'}\end{pmatrix}\tag{7-35}$$

与L_{Y}相应的误差方程为

$$\boldsymbol{V}_{Y}=\hat{\boldsymbol{Y}}-\boldsymbol{L}_{Y}\tag{7-36}$$

由式(7-34)和式(7-36)可得最小二乘配置的误差方程为

$$\begin{aligned}\boldsymbol{V}&=\boldsymbol{B}\hat{\boldsymbol{X}}+\boldsymbol{A}\hat{\boldsymbol{Y}}-\boldsymbol{L}\\ \boldsymbol{V}_{Y}&=\hat{\boldsymbol{Y}}-\boldsymbol{L}_{Y}\end{aligned}\tag{7-37}$$

利用误差方程式(7-37)在最小二乘准则下平差，此时已将配置问题转化为一般间接平差问题了，于是可得法方程

$$\begin{pmatrix}\boldsymbol{B}^{\mathrm{T}}\boldsymbol{P}_{\Delta}\boldsymbol{B} & \boldsymbol{B}^{\mathrm{T}}\boldsymbol{P}_{\Delta}\boldsymbol{A}\\ \boldsymbol{A}^{\mathrm{T}}\boldsymbol{P}_{\Delta}\boldsymbol{B} & \boldsymbol{A}^{\mathrm{T}}\boldsymbol{P}_{\Delta}\boldsymbol{A}+\boldsymbol{P}_{Y}\end{pmatrix}\begin{pmatrix}\hat{\boldsymbol{X}}\\ \hat{\boldsymbol{Y}}\end{pmatrix}=\begin{pmatrix}\boldsymbol{B}^{\mathrm{T}}\boldsymbol{P}_{\Delta}\boldsymbol{L}\\ \boldsymbol{A}^{\mathrm{T}}\boldsymbol{P}_{\Delta}\boldsymbol{A}+\boldsymbol{P}_{Y}\boldsymbol{L}_{Y}\end{pmatrix}$$

解之得

$$\begin{pmatrix}\hat{\boldsymbol{X}}\\ \hat{\boldsymbol{Y}}\end{pmatrix}=\begin{pmatrix}\boldsymbol{B}^{\mathrm{T}}\boldsymbol{P}_{\Delta}\boldsymbol{B} & \boldsymbol{B}^{\mathrm{T}}\boldsymbol{P}_{\Delta}\boldsymbol{A}\\ \boldsymbol{A}^{\mathrm{T}}\boldsymbol{P}_{\Delta}\boldsymbol{B} & \boldsymbol{A}^{\mathrm{T}}\boldsymbol{P}_{\Delta}\boldsymbol{A}+\boldsymbol{P}_{Y}\end{pmatrix}^{-1}\begin{pmatrix}\boldsymbol{B}^{\mathrm{T}}\boldsymbol{P}_{\Delta}\boldsymbol{L}\\ \boldsymbol{A}^{\mathrm{T}}\boldsymbol{P}_{\Delta}\boldsymbol{A}+\boldsymbol{P}_{Y}\boldsymbol{L}_{Y}\end{pmatrix}\tag{7-38}$$

由此就可求得平差参数$\tilde{X}$和信号向量$\boldsymbol{Y}$的平差值。

令式(7-38)中的逆矩阵为

$$\begin{pmatrix}\boldsymbol{B}^{\mathrm{T}}\boldsymbol{P}_{\Delta}\boldsymbol{B} & \boldsymbol{B}^{\mathrm{T}}\boldsymbol{P}_{\Delta}\boldsymbol{A}\\ \boldsymbol{A}^{\mathrm{T}}\boldsymbol{P}_{\Delta}\boldsymbol{B} & \boldsymbol{A}^{\mathrm{T}}\boldsymbol{P}_{\Delta}\boldsymbol{A}+\boldsymbol{P}_{Y}\end{pmatrix}^{-1}=\begin{pmatrix}\boldsymbol{Q}_{11} & \boldsymbol{Q}_{12}\\ \boldsymbol{Q}_{21} & \boldsymbol{Q}_{22}\end{pmatrix}$$

则$\hat{\boldsymbol{X}}$、$\hat{\boldsymbol{Y}}$的协因数阵为

$$
\begin{aligned}
\boldsymbol{Q}_{\hat{X}\hat{X}} &= \boldsymbol{Q}_{11} \\
\boldsymbol{Q}_{\hat{Y}\hat{Y}} &= \boldsymbol{Q}_{22} \\
\boldsymbol{Q}_{\hat{X}\hat{Y}} &= \boldsymbol{Q}_{12}
\end{aligned} \tag{7-39}
$$

单位权方差为

$$
\sigma_0{}^2 = \frac{\boldsymbol{V}^{\mathrm{T}}\boldsymbol{P}_{\Delta}\boldsymbol{V} + \boldsymbol{V}_Y{}^{\mathrm{T}}\boldsymbol{P}_Y\boldsymbol{V}_Y}{f} = \frac{\boldsymbol{V}^{\mathrm{T}}\boldsymbol{P}_{\Delta}\boldsymbol{V} + \boldsymbol{V}_Y{}^{\mathrm{T}}\boldsymbol{P}_Y\boldsymbol{V}_Y}{(n+m)-(t+m)} = \frac{\boldsymbol{V}^{\mathrm{T}}\boldsymbol{P}_{\Delta}\boldsymbol{V} + \boldsymbol{V}_Y{}^{\mathrm{T}}\boldsymbol{P}_Y\boldsymbol{V}_Y}{n-t} \tag{7-40}
$$

式中，$n+m$ 为观测总数；$t+m$ 为未知参数数；自由度 f 仍是网中多余观测数。

7.3　方差分量估计

在平差时，不同类型观测值或同类不同精度观测值的方差——协方差一般是验前得到的，但这种验前方差——协方差存在一定的局限性，有时不能够如实地反映观测值的精度，而由此确定的各类观测值的权的比例关系也不尽合理，为提高平差结果的可靠性，准确地给出各类观测值的权的比例关系，提出了验后估计的问题，称为随机模型的验后估计，又称方差分量估计。为了合理地确定观测值的权，可以根据验前方差进行预平差，用平差后得到的改正数来估计观测值的方差，然后重新定权，以改善第一次平差时权的初始值，依据重新确定的观测值的权再次进行平差，如此重复，直到不同类或不同精度观测值的权趋于合理。此概念最早由赫尔默特(F.R.Helmert)于 1924 年提出，所以又称为赫尔默特方差分量估计。

7.3.1　赫尔默特方差分量估计原理

设观测向量由两类不同的观测量 $\boldsymbol{L}_1$、$\boldsymbol{L}_2$ 组成，其先验权阵分别为 $\boldsymbol{P}_1$、$\boldsymbol{P}_2$，且这两类观测量之间互不相关，按间接平差列观测方程为

$$
\left.\begin{aligned}
\boldsymbol{L}_1 &= \boldsymbol{B}_1\tilde{\boldsymbol{X}} - \boldsymbol{\Delta}_1 \\
\boldsymbol{L}_2 &= \boldsymbol{B}_2\tilde{\boldsymbol{X}} - \boldsymbol{\Delta}_2
\end{aligned}\right\} \tag{7-41}
$$

随机模型为

$$
\left.\begin{aligned}
D(\boldsymbol{L}_1) &= D(\boldsymbol{\Delta}_1) = \sigma_0^2\boldsymbol{P}_1^{-1} \\
D(\boldsymbol{L}_2) &= D(\boldsymbol{\Delta}_2) = \sigma_0^2\boldsymbol{P}_2^{-1} \\
D(\boldsymbol{L}_1,\ \boldsymbol{L}_2) &= D(\boldsymbol{\Delta}_1, \boldsymbol{\Delta}_2) = \boldsymbol{0}
\end{aligned}\right\} \tag{7-42}
$$

对应的误差方程为

$$
\begin{pmatrix} \boldsymbol{V}_1 \\ \boldsymbol{V}_2 \end{pmatrix} = \begin{pmatrix} \boldsymbol{B}_1 \\ \boldsymbol{B}_2 \end{pmatrix}\hat{\boldsymbol{x}} - \begin{pmatrix} \boldsymbol{l}_1 \\ \boldsymbol{l}_2 \end{pmatrix}
$$

法方程为

$$
\boldsymbol{N}\hat{\boldsymbol{x}} - \boldsymbol{W} = 0
$$

式中

$$
\boldsymbol{N} = \boldsymbol{N}_1 + \boldsymbol{N}_2,\ \boldsymbol{N}_1 = \boldsymbol{B}_1^{\mathrm{T}}\boldsymbol{P}_1\boldsymbol{B}_1,\ \boldsymbol{N}_2 = \boldsymbol{B}_2^{\mathrm{T}}\boldsymbol{P}_2\boldsymbol{B}_2
$$

$$
\boldsymbol{W} = \boldsymbol{W}_1 + \boldsymbol{W}_2,\ \boldsymbol{W}_1 = \boldsymbol{B}_1^{\mathrm{T}}\boldsymbol{P}_1\boldsymbol{l}_1,\ \boldsymbol{W}_2 = \boldsymbol{B}_2^{\mathrm{T}}\boldsymbol{P}_2\boldsymbol{l}_2
$$

一般来说，给定的先验权阵 $\boldsymbol{P}_1$、$\boldsymbol{P}_2$ 是不恰当的，或者说两类观测值对应的单位权方差是不相等的，设为 σ_{01}^2 和 σ_{02}^2，则有

$$\left.\begin{aligned} D(\boldsymbol{L}_1)=\sigma_{01}^2\boldsymbol{P}_1^{-1}\\ D(\boldsymbol{L}_2)=\sigma_{02}^2\boldsymbol{P}_2^{-1}\end{aligned}\right\} \tag{7-43}$$

只有当 $\sigma_{01}^2=\sigma_{02}^2=\sigma_0^2$ 时，$\boldsymbol{P}_1$、$\boldsymbol{P}_2$ 才是合理的。方差分量估计的目的就是根据先验权阵 $\boldsymbol{P}_1$、$\boldsymbol{P}_2$ 进行预平差，然后利用平差后两类观测值的 $\boldsymbol{V}_1^{\mathrm{T}}\boldsymbol{P}_1\boldsymbol{V}_1$、$\boldsymbol{V}_2^{\mathrm{T}}\boldsymbol{P}_2\boldsymbol{V}_2$ 来求两类观测值的单位权方差的估计量 $\hat{\sigma}_{01}^2$、$\hat{\sigma}_{02}^2$，再根据式(7-42)求出 $\hat{D}(\boldsymbol{L}_1)$、$\hat{D}(\boldsymbol{L}_2)$，由这个方差估值再重新定权，再平差，直到 $\hat{\sigma}_{01}^2=\hat{\sigma}_{02}^2$ 为止。为此需要建立 $\boldsymbol{V}_1^{\mathrm{T}}\boldsymbol{P}_1\boldsymbol{V}_1$、$\boldsymbol{V}_2^{\mathrm{T}}\boldsymbol{P}_2\boldsymbol{V}_2$ 与估计量 $\hat{\sigma}_{01}^2$、$\hat{\sigma}_{02}^2$ 之间的关系式。

由统计知识可知，若有服从任一分布的 q 维随机变量 $\underset{q\times1}{\boldsymbol{Y}}$，已知其数学期望为 $\underset{q\times1}{\boldsymbol{\eta}}$，方差阵为 $\underset{q\times q}{\boldsymbol{\Sigma}}$，则 $\underset{q\times1}{\boldsymbol{Y}}$ 向量的任一二次型的数学期望可以表达为

$$E(\boldsymbol{Y}^{\mathrm{T}}\boldsymbol{B}\boldsymbol{Y})=\mathrm{tr}(\boldsymbol{B}\boldsymbol{\Sigma})+\boldsymbol{\eta}^{\mathrm{T}}\boldsymbol{B}\boldsymbol{\eta}$$

式中，$\boldsymbol{B}$ 为任意 q 阶的二次型对称可逆阵。

现用 $\boldsymbol{V}$ 向量代替上式中的 $\boldsymbol{Y}$ 向量，则其中的 $\boldsymbol{\eta}$ 应换为 $E(\boldsymbol{V})$，$\boldsymbol{\Sigma}$ 应换为 $D(\boldsymbol{V})$，$\boldsymbol{B}$ 阵可以换成权阵 $\boldsymbol{P}$，于是有

$$E(\boldsymbol{V}^{\mathrm{T}}\boldsymbol{P}\boldsymbol{V})=\mathrm{tr}(\boldsymbol{P}D(\boldsymbol{V}))+E(\boldsymbol{V})^{\mathrm{T}}\boldsymbol{P}E(\boldsymbol{V})$$

已知 $E(\boldsymbol{V})=0$，于是有

$$E(\boldsymbol{V}_1^{\mathrm{T}}\boldsymbol{P}_1\boldsymbol{V}_1)=\mathrm{tr}(\boldsymbol{P}_1D(\boldsymbol{V}_1)) \tag{7-44}$$

而

$$\boldsymbol{V}_1=\boldsymbol{B}_1\boldsymbol{N}^{-1}\boldsymbol{W}-\boldsymbol{l}_1=\boldsymbol{B}_1\boldsymbol{N}^{-1}(\boldsymbol{W}_1+\boldsymbol{W}_2)-\boldsymbol{l}_1=$$
$$\boldsymbol{B}_1\boldsymbol{N}^{-1}\boldsymbol{B}_1^{\mathrm{T}}\boldsymbol{P}_1\boldsymbol{l}_1+\boldsymbol{B}_1\boldsymbol{N}^{-1}\boldsymbol{B}_2^{\mathrm{T}}\boldsymbol{P}_2\boldsymbol{l}_2-\boldsymbol{l}_1=(\boldsymbol{B}_1\boldsymbol{N}^{-1}\boldsymbol{B}_1^{\mathrm{T}}\boldsymbol{P}_1-\boldsymbol{I})\boldsymbol{l}_1+\boldsymbol{B}_1\boldsymbol{N}^{-1}\boldsymbol{B}_2^{\mathrm{T}}\boldsymbol{P}_2\boldsymbol{l}_2$$

对上式应用协方差传播律得

$$D(\boldsymbol{V}_1)=(\boldsymbol{B}_1\boldsymbol{N}^{-1}\boldsymbol{B}_1^{\mathrm{T}}\boldsymbol{P}_1-\boldsymbol{I})D(\boldsymbol{L}_1)(\boldsymbol{B}_1\boldsymbol{N}^{-1}\boldsymbol{B}_1^{\mathrm{T}}\boldsymbol{P}_1-\boldsymbol{I})^{\mathrm{T}}+\boldsymbol{B}_1\boldsymbol{N}^{-1}\boldsymbol{B}_2^{\mathrm{T}}\boldsymbol{P}_2D(\boldsymbol{L}_2)\boldsymbol{P}_2\boldsymbol{B}_2\boldsymbol{N}^{-1}\boldsymbol{B}_1^{\mathrm{T}}$$

将 $D(\boldsymbol{L}_1)=\sigma_{01}^2\boldsymbol{P}_1^{-1}$、$D(\boldsymbol{L}_2)=\sigma_{02}^2\boldsymbol{P}_2^{-1}$ 代入上式，整理后得

$$D(\boldsymbol{V}_1)=\sigma_{01}^2(\boldsymbol{B}_1\boldsymbol{N}^{-1}\boldsymbol{N}_1\boldsymbol{N}^{-1}\boldsymbol{B}_1^{\mathrm{T}}-2\boldsymbol{B}_1\boldsymbol{N}^{-1}\boldsymbol{B}_1^{\mathrm{T}}+\boldsymbol{P}_1^{-1})+\sigma_{02}^2\boldsymbol{B}_1\boldsymbol{N}^{-1}\boldsymbol{N}_2\boldsymbol{N}^{-1}\boldsymbol{B}_1^{\mathrm{T}} \tag{7-45}$$

将式(7-45)代入式(7-44)，得

$$\begin{aligned}E(\boldsymbol{V}_1^{\mathrm{T}}\boldsymbol{P}_1\boldsymbol{V}_1)&=\mathrm{tr}(\boldsymbol{P}_1D(\boldsymbol{V}_1))\\&=\sigma_{01}^2\mathrm{tr}(\boldsymbol{P}_1\boldsymbol{B}_1\boldsymbol{N}^{-1}\boldsymbol{N}_1\boldsymbol{N}^{-1}\boldsymbol{B}_1^{\mathrm{T}}-2\boldsymbol{P}_1\boldsymbol{B}_1\boldsymbol{N}^{-1}\boldsymbol{B}_1^{\mathrm{T}}+\boldsymbol{P}_1\boldsymbol{P}_1^{-1})+\sigma_{02}^2\mathrm{tr}(\boldsymbol{P}_1\boldsymbol{B}_1\boldsymbol{N}^{-1}\boldsymbol{N}_2\boldsymbol{N}^{-1}\boldsymbol{B}_1^{\mathrm{T}})\end{aligned}$$

顾及矩阵迹的性质，上式可写为

$$E(\boldsymbol{V}_1^{\mathrm{T}}\boldsymbol{P}_1\boldsymbol{V}_1)=\sigma_{01}^2[n_1-2\mathrm{tr}(\boldsymbol{N}_1\boldsymbol{N}^{-1})+\mathrm{tr}(\boldsymbol{N}_1\boldsymbol{N}^{-1}\boldsymbol{N}_1\boldsymbol{N}^{-1})]+\sigma_{02}^2\mathrm{tr}(\boldsymbol{N}_1\boldsymbol{N}^{-1}\boldsymbol{N}_2\boldsymbol{N}^{-1})$$

同理可得

$$E(\boldsymbol{V}_2^{\mathrm{T}}\boldsymbol{P}_2\boldsymbol{V}_2)=\sigma_{02}^2[n_2-2\mathrm{tr}(\boldsymbol{N}_2\boldsymbol{N}^{-1})+\mathrm{tr}(\boldsymbol{N}_2\boldsymbol{N}^{-1}\boldsymbol{N}_2\boldsymbol{N}^{-1})]+\sigma_{01}^2\mathrm{tr}(\boldsymbol{N}_1\boldsymbol{N}^{-1}\boldsymbol{N}_2\boldsymbol{N}^{-1})$$

去掉上面两式的期望符号，将相应的单位权方差 σ_{01}^2、σ_{02}^2 改用估值符号 $\hat{\sigma}_{01}^2$、$\hat{\sigma}_{02}^2$ 表示，整理后得

$$[n_1-2\mathrm{tr}(\boldsymbol{N}_1\boldsymbol{N}^{-1})+\mathrm{tr}(\boldsymbol{N}_1\boldsymbol{N}^{-1}\boldsymbol{N}_1\boldsymbol{N}^{-1})]\hat{\sigma}_{01}^2+\mathrm{tr}(\boldsymbol{N}_1\boldsymbol{N}^{-1}\boldsymbol{N}_2\boldsymbol{N}^{-1})\hat{\sigma}_{02}^2=\boldsymbol{V}_1^{\mathrm{T}}\boldsymbol{P}_1\boldsymbol{V}_1$$
$$\mathrm{tr}(\boldsymbol{N}_1\boldsymbol{N}^{-1}\boldsymbol{N}_2\boldsymbol{N}^{-1})\hat{\sigma}_{01}^2+[n_2-2\mathrm{tr}(\boldsymbol{N}_2\boldsymbol{N}^{-1})+\mathrm{tr}(\boldsymbol{N}_2\boldsymbol{N}^{-1}\boldsymbol{N}_2\boldsymbol{N}^{-1})]\hat{\sigma}_{02}^2=\boldsymbol{V}_2^{\mathrm{T}}\boldsymbol{P}_2\boldsymbol{V}_2$$

其矩阵形式可写为

$$\underset{2\times2}{\boldsymbol{S}}\underset{2\times1}{\hat{\boldsymbol{\theta}}}=\underset{2\times1}{\boldsymbol{W}_{\theta}} \tag{7-46}$$

$$\underset{2\times1}{\hat{\boldsymbol{\theta}}}=\underset{2\times2}{\boldsymbol{S}^{-1}}\underset{2\times1}{\boldsymbol{W}_{\theta}} \tag{7-47}$$

式中

$$\boldsymbol{S}=\begin{bmatrix} n_1-2\text{tr}(\boldsymbol{N}_1\boldsymbol{N}^{-1})+\text{tr}(\boldsymbol{N}_1\boldsymbol{N}^{-1}\boldsymbol{N}_1\boldsymbol{N}^{-1}) & \text{tr}(\boldsymbol{N}_1\boldsymbol{N}^{-1}\boldsymbol{N}_2\boldsymbol{N}^{-1}) \\ \text{tr}(\boldsymbol{N}_1\boldsymbol{N}^{-1}\boldsymbol{N}_2\boldsymbol{N}^{-1}) & n_2-2\text{tr}(\boldsymbol{N}_2\boldsymbol{N}^{-1})+\text{tr}(\boldsymbol{N}_2\boldsymbol{N}^{-1}\boldsymbol{N}_2\boldsymbol{N}^{-1}) \end{bmatrix},$$

$\hat{\boldsymbol{\theta}}=\begin{bmatrix}\hat{\sigma}_{01}^2 & \hat{\sigma}_{02}^2\end{bmatrix}^{\text{T}}$，$\mathbf{W}_{\theta}=\begin{bmatrix}\boldsymbol{V}_1^{\text{T}}\boldsymbol{P}_1\boldsymbol{V}_1 & \boldsymbol{V}_2^{\text{T}}\boldsymbol{P}_2\boldsymbol{V}_2\end{bmatrix}^{\text{T}}$

式(7-46)即为赫尔默特方差分量估计的严密公式。由此式可以求得两类观测值的单位权方差估值，从而可以根据式(7-43)求得观测值方差的估值，以此方差估值再次定权，再次平差，直至满足要求为止。

现将以上推导扩展至 m 组观测值。误差方程为

$$\boldsymbol{V}_i=\boldsymbol{B}_i\hat{\boldsymbol{x}}-\boldsymbol{l}_i \quad i=1,2,\cdots,m$$

令 $\quad D(\boldsymbol{L}_i)=\sigma_{0i}^2\boldsymbol{P}_i^{-1}$，$\boldsymbol{N}_i=\boldsymbol{B}_i^{\text{T}}\boldsymbol{P}_i\boldsymbol{B}_i$，$\boldsymbol{N}=\sum_1^m\boldsymbol{N}_i$，$\boldsymbol{W}_i=\boldsymbol{B}_i^{\text{T}}\boldsymbol{P}_i\boldsymbol{l}_i$，$\boldsymbol{W}=\sum_1^m\boldsymbol{W}_i$

则得参数的估值为

$$\hat{\boldsymbol{x}}=\boldsymbol{N}^{-1}\boldsymbol{W} \tag{7-48}$$

按照上述类似的推导，则有

$$E(\boldsymbol{V}_i^{\text{T}}\boldsymbol{P}_i\boldsymbol{V}_i)=\sigma_{0i}^2[n_i-2\text{tr}(\boldsymbol{N}_i\boldsymbol{N}^{-1})+\text{tr}(\boldsymbol{N}_i\boldsymbol{N}^{-1}\boldsymbol{N}_i\boldsymbol{N}^{-1})]+\sum_{j=1,j\neq i}^{m}\sigma_{0j}^2\text{tr}(\boldsymbol{N}_i\boldsymbol{N}^{-1}\boldsymbol{N}_j\boldsymbol{N}^{-1})$$

去掉期望符号，相应的单位权方差 σ_{0i}^2 改用估值符号 $\hat{\sigma}_{0i}^2$，则有

$$\underset{m\times m}{\boldsymbol{S}}\underset{m\times1}{\hat{\boldsymbol{\theta}}}=\underset{m\times1}{\boldsymbol{W}_{\theta}} \tag{7-49}$$

式中

$$\boldsymbol{S}=\begin{bmatrix} n_1-2\text{tr}(\boldsymbol{N}_1\boldsymbol{N}^{-1})+\text{tr}(\boldsymbol{N}_1\boldsymbol{N}^{-1}\boldsymbol{N}_1\boldsymbol{N}^{-1}), & \text{tr}(\boldsymbol{N}_1\boldsymbol{N}^{-1}\boldsymbol{N}_2\boldsymbol{N}^{-1})\cdots\text{tr}(\boldsymbol{N}_1\boldsymbol{N}^{-1}\boldsymbol{N}_m\boldsymbol{N}^{-1}) \\ \text{tr}(\boldsymbol{N}_2\boldsymbol{N}^{-1}\boldsymbol{N}_1\boldsymbol{N}^{-1}), & n_2-2\text{tr}(\boldsymbol{N}_2\boldsymbol{N}^{-1})+\text{tr}(\boldsymbol{N}_2\boldsymbol{N}^{-1}\boldsymbol{N}_2\boldsymbol{N}^{-1})\cdots\text{tr}(\boldsymbol{N}_2\boldsymbol{N}^{-1}\boldsymbol{N}_m\boldsymbol{N}^{-1}) \\ & \vdots \\ \text{tr}(\boldsymbol{N}_m\boldsymbol{N}^{-1}\boldsymbol{N}_1\boldsymbol{N}^{-1}), & \text{tr}(\boldsymbol{N}_m\boldsymbol{N}^{-1}\boldsymbol{N}_2\boldsymbol{N}^{-1})\cdots n_m-2\text{tr}(\boldsymbol{N}_m\boldsymbol{N}^{-1})+\text{tr}(\boldsymbol{N}_m\boldsymbol{N}^{-1}\boldsymbol{N}_m\boldsymbol{N}^{-1}) \end{bmatrix},$$

$\hat{\boldsymbol{\theta}}=\begin{bmatrix}\hat{\sigma}_{01}^2 & \hat{\sigma}_{02}^2 & \ldots & \hat{\sigma}_{0m}^2\end{bmatrix}^{\text{T}}$，$\boldsymbol{W}_{\theta}=\begin{bmatrix}\boldsymbol{V}_1^{\text{T}}\boldsymbol{P}_1\boldsymbol{V}_1 & \boldsymbol{V}_2^{\text{T}}\boldsymbol{P}_2\boldsymbol{V}_2 & \ldots & \boldsymbol{V}_m^{\text{T}}\boldsymbol{P}_m\boldsymbol{V}_m\end{bmatrix}^{\text{T}}$

因为 $\boldsymbol{S}$ 非奇异，所以式(7-49)的解为

$$\underset{m\times1}{\hat{\boldsymbol{\theta}}}=\underset{m\times m}{\boldsymbol{S}^{-1}}\underset{m\times1}{\boldsymbol{W}_{\theta}} \tag{7-50}$$

赫尔默特方差分量估计的严密公式非常复杂，特别是当控制网较大时，不便于实际计算应用。为此，下面介绍一个近似公式，该式是由 Welsch 提出来的，所以称为 Welsch 公式。

$$\hat{\sigma}_{0i}^2=\frac{\boldsymbol{V}_i^{\text{T}}\boldsymbol{P}_i\boldsymbol{V}_i}{n_i}$$

7.3.2　计算步骤

(1) 将观测值分为 m 类，并组成误差方程。

(2) 初次定权。根据权的定义式 $P_i = c/\sigma_i^2$ 和先验方差确定各类观测值权的初值 P_1、P_2、…、P_m，c 一般选 σ_i^2 中的某个值。

(3) 组成法方程并进行第一次平差计算，求得 $\boldsymbol{V}_i^{\mathrm{T}}\boldsymbol{P}_i\boldsymbol{V}_i$ 。

(4) 方差分量估计。按严密估计公式 $\hat{\boldsymbol{\theta}} = \boldsymbol{S}^{-1}\boldsymbol{W}_\theta$ 或近似公式 $\hat{\sigma}_{0i}^2 = \dfrac{\boldsymbol{V}_i^{\mathrm{T}}\boldsymbol{P}_i\boldsymbol{V}_i}{n_i}$，求各类观测值的第一次单位权方差估值 $\hat{\sigma}_{0i}^2$ 。

(5) 按式 $\hat{\sigma}_i^2 = \hat{\sigma}_{0i}^2 P_i^{-1}$ 计算各类观测值的第一次方差估值 $\hat{\sigma}_i^2$，并根据权的定义式 $\hat{P}_i = c/\hat{\sigma}_i^2$ 确定各类观测值的第二次权 $\hat{P}_i$，c 一般选 $\hat{\sigma}_i^2$ 中的某个值，再进行第二次平差和第二次方差分量估计，如此反复，即定权→平差→方差分量估计→再定权→再平差→再方差分量估计，直到

$$\hat{\sigma}_{01}^2 = \hat{\sigma}_{02}^2 = \cdots = \hat{\sigma}_{0m}^2$$

为止，或者通过检验认为各类单位权方差估值之比等于 1 为止。

(6) 输出最后一次平差结果。

7.4 稳健估计简介

经典平差总是假设观测值中只含偶然误差，不含粗差，平差模型正确。但测量实践表明，由于种种原因可能产生粗差或错误。粗差即粗大误差，粗差要比偶然误差大许多倍。

对粗差的处理，目前有两种基本途径。一是从函数模型入手，在未正式进行最小二乘平差计算之前进行数据预处理，设法探测和定位粗差，然后剔除含粗差的观测值，从而得到一组较干净的观测值。最后，再用这组较干净的观测值进行最小二乘平差。6.6 节介绍的粗差检验的数据探测法就属于这种途径的方法。二是从随机模型入手，寻找既能自动抵抗粗差的影响，又基本上具备经典最优估计统计特性的估计方法。稳健(Robust)估计就是这种途径的一种有效估计方法。

稳健估计是针对最小二乘估计不具备抗粗差这一缺陷提出来的，对粗差具有一定的抵抗能力，它具有以下特点：

(1) 当不含有粗差时，所估计的参数是接近最优的。

(2) 当含有少量粗差时，所估计的参数变化也较小。

(3) 当含有较多粗差时，所估计的参数也不会太差。

第(1)个特点的不足之处是所获得的估计结果不是最优的；第(2)个特点表明，虽然所获得的估计结果不是最优的，但能得到比较满意的结果，估计方法是比较好的；第(3)个特点可以防止某些相当坏的情况出现时，估计结果也不会变得太坏。如果一个估计方法，在实际模型与假定模型相差较小时，其性能变化也较小，则称它是稳健的，可见稳健就是实际模型偏离假定模型的不敏感性。

稳健估计的具体方法很多，下面只作简单介绍。

设有误差方程为

$$\underset{n\times1}{\boldsymbol{V}} = \underset{n\times t}{\boldsymbol{B}}\,\underset{t\times1}{\hat{\boldsymbol{x}}} - \underset{n\times1}{\boldsymbol{l}}$$

假定为等权观测，若不等权则可转化为等权观测。稳健估计的原则是

$$\sum_{i=1}^{n}\rho(v_i)=\sum_{i=1}^{n}\rho(\boldsymbol{b}_i\hat{\boldsymbol{x}}-l_i)=\min \tag{7-51}$$

令

$$\boldsymbol{B}=(\boldsymbol{b}_1\quad \boldsymbol{b}_2\quad \ldots\quad \boldsymbol{b}_n)^{\mathrm{T}}$$

即 $\boldsymbol{b}_i$ 为 $\boldsymbol{B}$ 阵中第 i 行向量。最小二乘估计，可理解为 $\rho^*(v_i)=v_i^2$，由于 v^2 随 v 的增加而迅速增大，所以最小二乘估计不具有稳健性。为使估计稳健化，要求能控制奇异值对解的影响，寻求增长速度缓慢的有界函数作为极值函数。例如，选取 $\rho(\boldsymbol{V})=|\boldsymbol{V}|$，即一次范数最小，就是一种稳健估计的极值函数。选取不同的极值函数，就会得出不同稳健程度的估计值。

稳健估计是一种求非线性方程的极值解的过程，其中迭代权函数法是一种利用已经掌握的最小二乘估计的计算方法，简单、实用，现以一次范数最小估计为例说明这种解法。

设极值函数为

$$\sum\rho(v_i)=\sum|v_i|=\min$$

于是

$$\frac{\partial}{\partial\hat{\boldsymbol{x}}}\sum|v_i|=\frac{\partial}{\partial\hat{\boldsymbol{x}}}\sum\sqrt{v_i^2}=\sum\left(v_i^2\right)^{-\frac{1}{2}}v_i\frac{\partial v_i}{\partial\hat{\boldsymbol{x}}}=\boldsymbol{0} \tag{7-52}$$

由 $v_i=\boldsymbol{b}_i\hat{\boldsymbol{x}}-l_i$ 得

$$\frac{\partial v_i}{\partial\hat{\boldsymbol{x}}}=\boldsymbol{b}_i$$

则式(7-52)为

$$\sum\frac{v_i\boldsymbol{b}_i}{|v_i|}=\boldsymbol{0}$$

或

$$\sum\frac{\boldsymbol{b}_i^{\mathrm{T}}v_i}{|v_i|}=\boldsymbol{0} \tag{7-53}$$

令权函数为

$$\underset{n\times n}{\boldsymbol{W}}=\mathrm{diag}\begin{bmatrix}\frac{1}{|v_1|} & \frac{1}{|v_2|} & \cdots & \frac{1}{|v_n|}\end{bmatrix} \tag{7-54}$$

则式(7-53)为

$$\sum\boldsymbol{b}_i^{\mathrm{T}}W_iv_i=\boldsymbol{B}^{\mathrm{T}}\boldsymbol{W}\boldsymbol{V}=\boldsymbol{0} \tag{7-55}$$

式(7-55)与间接平差中的方程 $\boldsymbol{B}^{\mathrm{T}}\boldsymbol{P}\boldsymbol{V}=\boldsymbol{0}$ 相似，故将 $\boldsymbol{W}$ 视为间接平差的权阵 $\boldsymbol{P}$，又因 $\boldsymbol{W}$ 是改正数 $\boldsymbol{V}$ 的函数，故称其为权函数，$\boldsymbol{W}$ 必须通过迭代运算来确定。

定权函数时，为了避免因 $v=0$ 而出现的计算问题，可取

$$W_i=\frac{1}{|v_i|+c} \tag{7-56}$$

一次范数最小估计的步骤如下：

(1) 列出误差方程。

(2) 令 $P_1=P_2=\cdots=P_n=1$，组成法方程 $\boldsymbol{B}^{\mathrm{T}}\boldsymbol{B}\hat{\boldsymbol{x}}=\mathbf{B}^{\mathrm{T}}\boldsymbol{l}$。

(3) 计算 $\hat{\boldsymbol{x}}$ 和改正数 $\boldsymbol{V}$。

(4) 计算权函数 $W_1, W_2, \cdots, W_n$。

(5) 再次组成法方程 $\boldsymbol{B}^{\mathrm{T}}\boldsymbol{W}\boldsymbol{B}\hat{\boldsymbol{x}} = \mathbf{B}^{\mathrm{T}}\boldsymbol{W}\boldsymbol{l}$。

(6) 重新计算 $\hat{\boldsymbol{x}}$ 和 $\boldsymbol{V}$，再定权函数 $\boldsymbol{W}$。

(7) 重复第(4)～(6)步进行迭代，直至两次迭代权函数之差的最大值小于限值为止，最后求得的 $\hat{\boldsymbol{x}}$ 为其稳健估计结果。

稳健估计方法最常用的有 Huber 估计法、丹麦法、周江文法及李德仁法等，这些方法都具有各自的稳健估计极值函数和权函数。

例 7-2 已知两个高程点 A、B，3 个待定高程点 C、D、E 和 6 个独立高差观测值，敷设三等水准路线，如图 7-2 所示。其 1km 观测高差中误差 $\sigma_0 = 3.0\,\mathrm{mm}$，观测值中不含粗差。现在 h_2 位置加了 4 倍于中误差的粗差，观测值变为 11.094m，其他条件不变，A 和 B 点的高程、观测高差和相应水准路线的长度见表 7-1，试进行稳健估计。

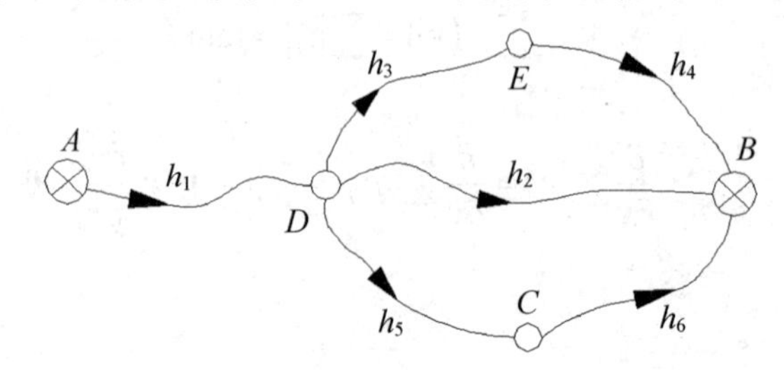

图 7-2 水准网示意图

表 7-1 观测数据与计算数据

线路号	观测高差/m	线路长度/km	线路号	观测高差/m	线路长度/km	已知点高程/m
h_1	12.705	1.1	h_4	4.570	1.5	H_A=788.135
h_2	11.094	2.3	h_5	−4.225	2.0	H_B=811.920
h_3	6.518	0.8	h_6	15.302	1.9	

解 本例中有 6 个观测值，必要观测数 t=3，所以 r=n−t=3，选取 C、D、E 3 点高程 $\hat{X}_1$、$\hat{X}_2$、$\hat{X}_3$ 为参数估值，参数改正数为 $\hat{x}_1$、$\hat{x}_2$、$\hat{x}_3$，参数近似值取 X_1^0=796.6m、X_2^0=800.8m、X_3^0=807.3m。

(1) 误差方程为

$$
\begin{aligned}
v_1 &= \quad\quad +x_2 \quad\quad -40 \\
v_2 &= \quad\quad -x_2 \quad\quad +26 \\
v_3 &= \quad\quad -x_2 + x_3 \ -18 \\
v_4 &= \quad\quad\quad\quad -x_3 \ +50 \\
v_5 &= +x_1 - x_2 \quad\quad +25 \\
v_6 &= -x_1 \quad\quad\quad\quad +18
\end{aligned}
\quad (\mathrm{mm})
$$

(2) 令 $P_1 = P_2 = \cdots = P_6 = 1$，组成法方程，计算得 $\hat{\boldsymbol{x}}$ 和改正数 $\boldsymbol{V}$

$$\hat{\boldsymbol{x}} = [13.7 \quad 34.5 \quad 51.3]^{\mathrm{T}}\ (\mathrm{mm})$$

$$\boldsymbol{V} = [-5.5 \quad -8.5 \quad -1.3 \quad -1.3 \quad 4.2 \quad 4.2]^{\mathrm{T}}\ (\mathrm{mm})$$

单位权中误差

$$\hat{\sigma}_0 = \sqrt{\frac{\boldsymbol{V}^{\mathrm{T}}\boldsymbol{PV}}{r}} = 6.87\ \mathrm{mm}$$

(3) 后验方差检验假设为

$$H_0：\ \sigma^2 = \sigma_0^2 = 3.0^2；\ H_1：\ \sigma^2 \neq \sigma_0^2$$

统计量为

$$\chi^2(3) = \frac{(n-t)\hat{\sigma}^2}{\sigma_0^2} = \frac{3\times 6.87^2}{3.0^2} = 15.732$$

以自由度 $f=3$，$\alpha=0.05$ 查 χ^2 分布表得

$$\chi^2_{1-\alpha/2}(n-t) = \chi^2_{0.975}(3) = 0.216，\ \chi^2_{\alpha/2}(n-t) = \chi^2_{0.025}(3) = 9.348$$

现 χ^2 落在了(0.216，9.348)区间外，故拒绝 H_0，即认为在 $\alpha=0.05$ 的显著性水平下，观测数据可能存在粗差。

(4) 计算权函数 W_i，取 $c=1$，得权函数值为

$$\boldsymbol{W} = \mathrm{diag}\begin{bmatrix}0.15385 & 0.10526 & 0.44444 & 0.44444 & 0.19048 & 0.19048\end{bmatrix}$$

(5) 再计算得 $\hat{\boldsymbol{x}}$ 和改正数 $\boldsymbol{V}$

$$\hat{\boldsymbol{x}} = [13.9\quad 34.9\quad 51.4]^{\mathrm{T}}\ (\mathrm{mm})$$

$$\boldsymbol{V} = [-5.1\quad -8.9\quad -1.4\quad -1.4\quad 4.1\quad 4.1]^{\mathrm{T}}\ (\mathrm{mm})$$

(6) 再计算权函数 W_i，取 $c=1$，得权函数值为

$$\boldsymbol{W} = \mathrm{diag}\,[0.16277\quad 0.1014\quad 0.41184\quad 0.41184\quad 0.19717\quad 0.19717]$$

(7) 再次计算得 $\hat{\boldsymbol{x}}$ 和改正数 $\boldsymbol{V}$ 为

$$\hat{\boldsymbol{x}} = [14.1\quad 35.1\quad 51.6]^{\mathrm{T}}\ (\mathrm{mm})$$

$$\boldsymbol{V} = [-4.9\quad -9.1\quad -1.6\quad -1.6\quad 3.9\quad 3.9]^{\mathrm{T}}\ (\mathrm{mm})$$

(8) 再次计算权函数 W_i，取 $c=1$，得权函数值为

$$\boldsymbol{W} = \mathrm{diag}\,[0.17024\quad 0.09876\quad 0.39018\quad 0.39018\quad 0.20255\quad 0.20255]$$

$$\max\left|\boldsymbol{W}_i^k - \boldsymbol{W}_i^{k-1}\right| < 0.08$$

停止迭代，最后一次计算结果即为稳健估计结果，成果如下。

C、D 和 E 点高程平差值为

$$\hat{\boldsymbol{H}} = \begin{bmatrix}\hat{H}_{\mathrm{C}} & \hat{H}_{\mathrm{D}} & \hat{H}_{\mathrm{E}}\end{bmatrix}^{\mathrm{T}} = \begin{bmatrix}796.6142 & 800.8353 & 807.3517\end{bmatrix}^{\mathrm{T}}\ (\mathrm{m})$$

单位权中误差

$$\hat{\sigma}_0 = \sqrt{\frac{\boldsymbol{V}^{\mathrm{T}}\boldsymbol{PV}}{r}} = 2.61\ \mathrm{mm}$$

经 χ^2 检验，平差模型正确。

平差后 D 点的高程中误差为

$$\hat{\sigma}_{\hat{H}_{\mathrm{D}}} = \hat{\sigma}_0\sqrt{Q_{\hat{H}_{\mathrm{D}}\hat{H}_{\mathrm{D}}}} = 3.5\ \mathrm{mm}$$

D 点至 E 点间高差平差值的中误差为

$$\hat{\sigma}_{\hat{h}_3} = \hat{\sigma}_0\sqrt{Q_{\hat{h}_3\hat{h}_3}} = 3.4\ \mathrm{mm}$$

习　　题

7-1　如图 7-3 所示的水准网中，观测高差为：

$$\boldsymbol{h}=[12.345 \quad 3.478 \quad -15.817]^{\mathrm{T}}\ \mathrm{m}$$

设 $\boldsymbol{P}=\boldsymbol{I}$，各点的近似高程为 $X_1^0=H_1^0=10.000$ m，$X_2^0=H_2^0=22.345$ m，$X_3^0=H_4^0=25.823$ m。试按广义逆解法和附加基准条件法进行秩亏自由网平差，求各点高程平差值及其协因数阵 $\boldsymbol{Q}_{\hat{X}\hat{X}}$。

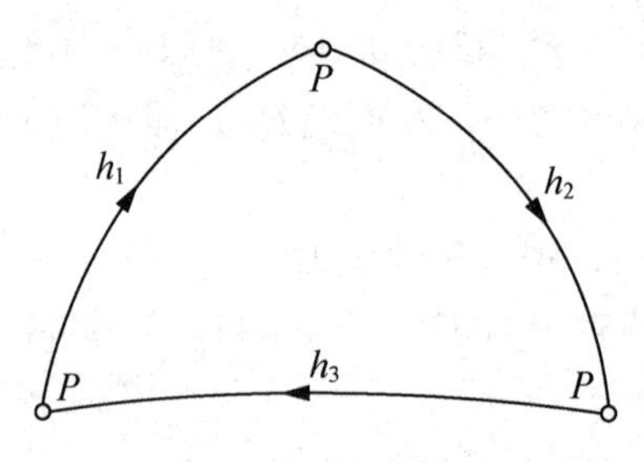

图 7-3　水准网

7-2　如图 7-4 所示的大地四边形中，A、B、C、D 均为待定点。观测全部角度，得观测值为 β_i（i=1,2,3,⋯,8）。设各待定点的坐标为未知参数，即

$$\underset{8\times1}{\hat{X}}=[\hat{X}_{\mathrm{A}} \quad \hat{Y}_{\mathrm{A}} \quad \hat{X}_{\mathrm{B}} \quad \hat{Y}_{\mathrm{B}} \quad \hat{X}_{\mathrm{C}} \quad \hat{Y}_{\mathrm{C}} \quad \hat{X}_{\mathrm{D}} \quad \hat{Y}_{\mathrm{D}}]$$

其近似值为

$$\boldsymbol{X}^0=[X_{\mathrm{A}}^0 \quad Y_{\mathrm{A}}^0 \quad X_{\mathrm{B}}^0 \quad Y_{\mathrm{B}}^0 \quad X_{\mathrm{C}}^0 \quad Y_{\mathrm{C}}^0 \quad X_{\mathrm{D}}^0 \quad Y_{\mathrm{D}}^0]$$

试写出按附加基准条件法进行秩亏自由网平差的 $\boldsymbol{G}^{\mathrm{T}}$ 阵及其标准化($\boldsymbol{G}^{\mathrm{T}}\boldsymbol{G}=\boldsymbol{I}$)的 $\boldsymbol{G}_{标}^{\mathrm{T}}$ 阵。

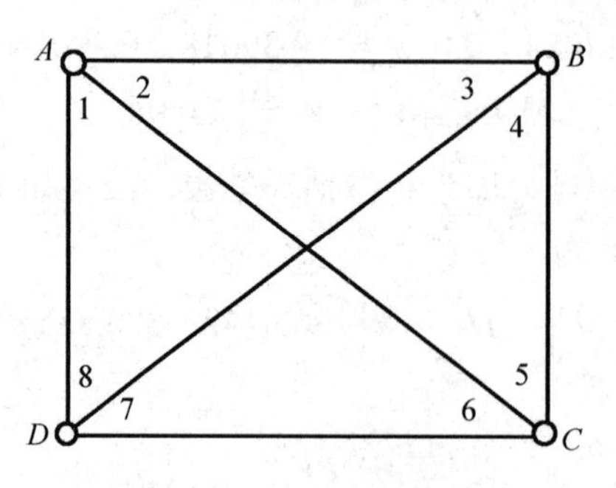

图 7-4　大地四边形测角网

参考文献

[1] 陶本藻，邱卫宁．误差理论与测量平差[M]．武汉：武汉大学出版社，2012.
[2] 武汉大学测绘学院测量平差学科组．误差理论与测量平差基础[M]. 2 版．武汉：武汉大学出版社，2009.
[3] 葛永惠，夏春林，魏峰远，王列平．测量平差基础[M]．北京：煤炭工业出版社，2007.
[4] 武汉大学测绘学院测量平差学科组．误差理论与测量平差基础习题集[M]．武汉：武汉大学出版社，2005.
[5] 武汉测绘科技大学测量平差教研室．测量平差基础[M]. 3 版．北京：测绘出版社，2000.
[6] 纪奕君，夏春林．测量平差[M]．北京：教育科学出版社，2003.
[7] 赵长胜，石金峰，王仲峰，钱建国．测量平差[M]．北京：教育科学出版社，2000.
[8] 张书毕，等．测量平差[M]. 2 版．徐州：中国矿业大学出版社，2013.
[9] 王勇智．测量平差习题集[M]．北京：中国电力出版社，2007.
[10] 聂俊兵．测量平差实训指导书[M]．北京：测绘出版社，2011.
[11] 高士纯，于正林．测量平差基础习题集[M]．北京：测绘出版社，1983.